高等职业教育教学改革精品教材

电 气 制 图

第 3 版

朱献清　华红芳　李雁南　编著

机械工业出版社

本书具有专业的综合性、知识的系统性、应用的实用性、内容的时代性特点。按照实用、新颖、简明、贴近实际、学以致用的原则，本书由制图基础知识到绘图技能，由手工尺规绘图到计算机绘图，前后融会贯通，结合若干工程实例进行系统阐述。

本书共分为四章：电气制图基础，电气电路图制图，建筑电气制图，计算机绘图。书末附有常用的电气制图和识图资料。

本书在编写时贯彻和应用了国家最新制图技术标准和规范。

凡是选用本书作为教材使用的教师，可登录机械工业出版社教育服务网 www. cmpedu. com 下载配套电子课件、教学大纲、教学计划、模拟试卷等，或致电咨询。咨询电话：010-88379375。

图书在版编目（CIP）数据

电气制图/朱献清，华红芳，李雁南编著. —3 版. —北京：机械工业出版社，2019.9（2025.1 重印）
高等职业教育教学改革精品教材
ISBN 978-7-111-63803-2

Ⅰ.①电… Ⅱ.①朱…②华…③李… Ⅲ.①电气制图-高等职业教育-教材 Ⅳ.①TM02

中国版本图书馆 CIP 数据核字（2019）第 235031 号

机械工业出版社（北京市百万庄大街22号 邮政编码100037）
策划编辑：高亚云 责任编辑：高亚云 王宗锋
责任校对：佟瑞鑫 封面设计：鞠 杨
责任印制：常天培
固安县铭成印刷有限公司印刷
2025 年 1 月第 3 版第 11 次印刷
184mm×260mm · 16.5 印张 · 409 千字
标准书号：ISBN 978-7-111-63803-2
定价：39.00 元

电话服务　　　　　　　　网络服务
客服电话：010-88361066　　机 工 官 网：www.cmpbook.com
　　　　　010-88379833　　机 工 官 博：weibo.com/cmp1952
　　　　　010-68326294　　金 书 网：www.golden-book.com
封底无防伪标均为盗版　　机工教育服务网：www.cmpedu.com

前　言

我国经济和科技快速发展，作为新科技革命和产业变革的标志，5G、互联网、大数据、人工智能、量子信息、区块链等现代信息技术不断取得突破，数字经济蓬勃发展，这些都为我国电力、电气事业的发展、创新，输入了强劲动力和新的活力。电气类专业大有可为。新的制图国家标准不断发布，对电气技术人员的专业知识和业务素质提出了更高的要求。

为了适应电气类专业师生教学和技术人员的需要，2009 年 3 月，由机械工业出版社出版了《电气制图》。由于其具有专业的综合性、知识的系统性、应用的实用性、内容的时代性特点，体现了实用、新颖、简明、贴近实际、学以致用的原则，得到了兄弟院校和社会的认可。2014 年 8 月，又出版了《电气制图　第 2 版》。承蒙各兄弟院校和相关单位技术人员的认可及厚爱，现出版《电气制图　第 3 版》。

《电气制图　第 3 版》与第 1、2 版比较，主要特点有：

1) 按照最新国家标准进行了修订，体现行业的新规范、新要求。

2) 有机融入"课程思政"内容，知识传授和职业素养培养并重，将爱国精神、工匠精神和职业精神融入专业内容讲解。

3) 将原来"第四章 计算机绘图"重新编写，去繁就简，增加插图直观易学，并将 AutoCAD 2012 改为功能更加完善、更加实用便捷、更加流畅的版本 AutoCAD 2016。

4) 为了给学校老师教学提供方便，制作了丰富的立体化配套资料（包括绪论及各章的电子课件、教学大纲、教学计划、模拟试卷等）。

5) 对绪论及前三章内容进行了部分修改和补充。

本书由无锡职业技术学院朱献清、华红芳和李雁南编著，朱献清编写前言、绪论和第一、二、三章及附录等，并负责全书的统稿；华红芳编写第四章；李雁南参与了前三章部分内容的编写，并且制作了全书的电子课件。

感谢四川水利职业技术学院余建军高级工程师，四川西点电力设计有限公司董事长、总经理仲应贵博士、邓广高级工程师，重庆市水利电力勘测设计研究院向仕芬高级工程师，无锡职业技术学院孙燕华教授、陆荣副教授、芮长颖副教授，无锡市康宇科技有限公司总经理王宇峰等，为本书提供了资料和修改意见。

由于编著者水平有限，书中难免有不足之处，恳请各位同行和读者批评指正！

编著者

目　录

绪 论

在现代社会的各个领域，各种机械、工具、电器、仪器仪表、计算机、车辆、建筑、道路、桥梁、船舶等硬件和软件的设计制造、生产、施工、安装维修及经营管理，都要以图样为重要依据。需求方要由图样阐述其对项目的意图、要求；设计者需要通过图样表达设计对象、设计意图、设计要求；生产制造者要通过图样熟悉设计及生产的要求，按照图样进行生产加工；施工安装者要根据图样了解建设项目的施工安装要求、尺寸等，并根据图样进行竣工验收；使用者则依据图样了解使用对象的结构、性能、使用注意事项及维修知识等。

图样，是工程界交流的共同技术语言，是表达设计者设计意图，交流技术思想和要求，指导建设、生产、管理、服务的重要技术文件。

一、电气制图课程的性质和研究对象

现代社会各行各业，都离不开电气。因此，电气制图表达的内容是十分宽泛的。从表达的原理来看，可划分为两大类：一类是按正投影法绘制的图，如建筑电气安装图及用于电器生产制造的图样；另一类是不按投影关系，而是用规定的电气符号绘制的简图，如常见的各种电路原理图和接线图。

由电气制图所表达的对象、方式来看，电气制图与机械制图、建筑制图、水工制图等虽有相似之处，但具有明显的区别。

电气制图是一门学习、研究绘制和阅读电气图样，图解电气、电路、电器空间设计、制造、安装的技术基础课程。

本书由制图的基本知识入手，讲述电气图的分类、主要特点、基本构成和制图规则，然后分别阐述不按投影关系绘制的电气电路图、按投影关系（或基本按投影关系）绘制的建筑电气图。

随着计算机的普及和广泛应用，使用计算机绘图越来越成为工程界的重要手段和技能。本书第四章讲解应用 AutoCAD 2016 绘图软件进行计算机绘图的基本方法，并结合典型实例进行研究分析和绘图。

二、电气制图课程的学习目的和任务

学习本课程的主要目的是培养学生正确运用国家相关的制图规范、标准和方法，以及绘制和阅读常用电气图样的能力，进而提高学生的空间想象能力。同时，通过电气制图学习也为学生学习后续专业课程、进行课程设计和毕业设计打下良好的基础。

本课程的主要任务如下：

1）熟悉国家有关电气制图的标准及规范。

2）培养绘图基本技能技巧，进一步提高几何作图能力。

3）初步掌握用正投影法在平面上表达空间几何形体的图示方法，从而提高空间想象能力。

4）培养绘制和阅读常用电气图样（主要是电气简图和建筑电气安装图）的基本能力。

5）培养能较熟练使用 AutoCAD 2016 绘图软件进行计算机绘图的基本能力。

6）培养勤奋努力的学习风气、认真踏实的工作作风和严谨细致的工作态度。

三、电气制图课程的内容和学习要求

（1）本课程的主要内容

1）制图的基本知识，制图国家标准中的相关规定。

2）手工尺规绘图的基本方法、步骤。

3）电气制图的分类、特点、基本构成及制图规则。

4）用简图表达的电气电路图的绘图方法。

5）用正投影法表达的建筑电气安装图的绘制方法。

6）用计算机绘制电气电路图和建筑电气安装图的方法及步骤。

（2）本课程的学习要求

1）要培养和提高绘图能力，必须大量实践。一个字、一根线、一个圆，看似简单，但要写好、画好并非易事，要下功夫苦练基本功。在使用绘图工具时，要掌握要领，养成正确的使用习惯。

2）要熟悉国家标准中规定的常用制图标准及规范。学会查阅相关标准、规范、规定的手册和资料，对常用标准及电气符号（包括电气图形符号、电气文字符号等）要熟悉牢记。

3）要认真负责、严谨细致地学习和完成作业。图样是工程界交流的语言，它不仅供设计者本人使用，更主要的是要让使用者，即需求方（甲方）及有关人员看清读懂，否则将会造成不同程度的贻误和损失。因此，从学生时代起，就必须重视对图样重要性的充分认识，就要从学习、作业等具体任务做起，培养严谨的工作态度和工作作风。

一张布局合理匀称、图线清晰均匀、文字规范端正、内容完整正确、图面干净整洁的图样，不仅是工程交流的工具，还会像艺术品那样让人爱不释手。这无疑是每个绘图者应努力追求的目标和境界。

4）对理论部分的学习要举一反三，在理解原理的基础上拓展知识。例如，在学习第二章"电气电路图制图"时，由于相关专业课可能尚未学习，要在读懂其工作原理的基础上绘图就会有一定困难，这就要通过教师讲解及学生自学有关专业书籍来掌握相关内容，至少需要基本弄懂电路的工作原理，再着手绘图。又如，在学习第三章"建筑电气制图"时，关于投影的基本理论，要由简到繁，由易到难，善于分析和空间想象，由此拓展知识，加深理解，提高应用能力。

5）要综合学习运用相关专业知识。"电气制图"是一门综合性的技术基础课程，电气制图尤其是建筑电气安装图所表达的内容，涉及电气、建筑、机械、暖通空调、给排水等专业知识，本书在有关章节中已进行讲解，或列出了国家标准的名称及代号，并在附录中列有常用资料。学习本课程及后续基础课、专业课和进行课程设计、毕业设计时，都要学会查阅并善于应用相关资料。

6）要认真完成好布置的习题和作图题。通过分析、思考及绘图，不断提高制图的基本技能和技巧。

7）要培养应用计算机绘图的基本能力。能初步使用 AutoCAD 2016 绘制一般的电气图样。

四、电气制图的教学方法

电气制图课程是一门具有一定理论、但更具有较强实践性的技术基础课程，因此，只有通过多画、多读、多实践才能较好地掌握它。为了达到本课程的教学目的和要求，要注意做到以下几点：

1）熟悉和遵守有关电气制图及其他技术制图的国家标准规定，学会查阅和使用相关技术标准及资料的方法。

2）正确使用绘图工具和计算机。按照正确的方法及步骤绘图，认真、严谨地画好每一张图。尤其是在手工尺规绘图时，要在基本作图、图线、字体上掌握要领，狠下功夫，只有坚持不懈地进行练习才能有所长进。应当指出，尽管计算机绘图的应用已越来越普遍，但手工尺规绘图的灵活运用，对提高学生的制图动手能力和增强人文素质，仍是不可替代的。

3）画图与读图相结合，图样与实物相结合。"照葫芦画瓢"是目前阶段学习本课程的基本方法，但要画好图，还是首先要读懂图。在后续专业课尚未学习的情况下，教师可用典型电器（如接触器、继电器、按钮及某些开关等）实物演示，有条件的还可以到变配电所进行现场教学，使学生易于掌握有关内容。

4）善于学习、运用、联想投影基础知识。在第三章"建筑电气制图"中讲述的投影知识，主要是为了使学生掌握建筑电气安装图的识读、绘制。读者要在弄懂原理的基础上，多进行空间几何关系的分析，多进行形体的空间想象，多进行平面、形体与图形相互之间的对应分析。

5）本教材的教学时数及安排建议如下：第一章12学时；第二章14学时，其中大型作业（不包括课余）2学时；第三章18学时，其中大型作业（不含课余）2学时；考查和机动各2学时。合计48学时。第四章"计算机绘图"的教学，建议安排在制图专用周进行。

素 养 阅 读

1949年10月1日，毛泽东主席在天安门城楼上按动电钮，天安门前第一面五星红旗由电力驱动冉冉升起。这不仅宣告了新中国的诞生，也是中国电力事业获得新的生命力的开始。

21世纪的今天，现代信息技术不断取得突破，数字经济蓬勃发展，正在迅速、彻底改变世界和颠覆人类的认知。中央"一带一路"倡议和建立人类命运共同体的理念，是百年大计，为世界发展、合作共赢创造了新的维度，也为我国电力、交通、电器、电子、通信等工业的发展创新、做大做强，注入了强大动力和开启了广阔的发展空间。

作为青年学生，要把内心对国家的支持和认同转化为对新时代中国特色社会主义的信仰，现在好好读书，掌握专业知识，毕业后在岗位上把工作做到极致，这就是你对国家和民族的贡献！

第一章
电气制图基础

本章首先讲述制图的基本知识，然后讲解电气图的分类、主要特点及基本构成，再叙述电气图的制图规则，从而使读者了解制图的基础知识，掌握制图的基本技能以及电气制图的表达对象、基本特点和方法。

第一节　制图的基本知识

一、图纸幅面及格式

图纸幅面是图纸宽度与长度组成的图面。按国家标准 GB/T 14689—2008《技术制图 图纸幅面和格式》和 GB/T 50001—2017《房屋建筑制图统一标准》的规定，电气制图的图纸幅面及格式如下。

1. 图纸幅面尺寸

绘制技术图样时，应优先采用表 1-1 所规定的图纸基本幅面尺寸。图纸幅面分为 5 种，即 0 号、1 号、2 号、3 号及 4 号，分别用 A0、A1、A2、A3 及 A4 表示。当需要加长的图纸时，图幅的尺寸应由基本幅面的短边成整倍数增加后得出。

表 1-1　图纸基本幅面尺寸（第一选择）　　　　　　　　（单位：mm）

幅面代号	A0	A1	A2	A3	A4
宽×长（$B \times L$）	841×1189	594×841	420×594	297×420	210×297
e	20			10	
c	10			5	
a	25				

选用图纸幅面时，应在图面布局紧凑、清晰、匀称、使用方便的前提下，按照表述对象的规格、复杂程度及要求，尽量选用较小的幅面。

2. 图框格式

图框是指图纸上限定绘图区域的线框。在图纸上必须用粗实线画出图框；图框内画图样及标题栏、技术要求、会签表等；图框外为边宽及装订侧边宽。

除标题栏及会签表外，各图样、表格（如电气主接线图中的主要电气设备及材料明细表、二次回路图中的控制开关触点表等）、技术要求距图框线一般不少于 20mm。二次回路图中的设备明细表一般是从紧接标题栏上方的粗实线起，右连标题栏右侧的图框线，自下而上顺序排列的。

图框格式分留装订边和不留装订边两种，如图 1-1 及图 1-2 所示，但同一工程项目或同一产品的图样只能采用同一格式。

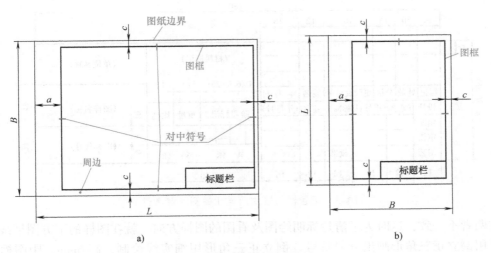

图 1-1　留装订边的图框格式
a）X 型图纸　b）Y 型图纸

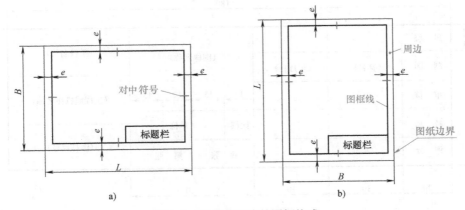

图 1-2　不留装订边的图框格式
a）X 型图纸　b）Y 型图纸

3. 标题栏

图样中应有标题栏、图框线、幅面线、装订边线和对中符号。每张图样的右下角都要有标题栏。

标题栏一般由更改区、签字区、名称及代号区、其他区组成，也可按照实际需要增加或者减少。可以说，标题栏是图样所表达工程项目或产品的简要说明书。

标题栏的格式和尺寸应按国家标准 GB/T 10609.1—2008 的规定绘制，如图 1-3 所示。其外框线和分列线用粗实线绘制，右边及底边与右下侧的图框线重合；内部分格线用细实线绘制。

当标题栏的长边在水平方向与图样的长边相平行时，称为横式或 X 型图样，如图 1-1a 与图 1-2a 所示；如标题栏的长边与图样的长边垂直，则构成竖式或称 Y 型图样，如图 1-1b 及图 1-2b 所示。

无论哪种型式的图样，都要尽量使看图的方向与标题栏的文字方向一致。**特殊情况下，**

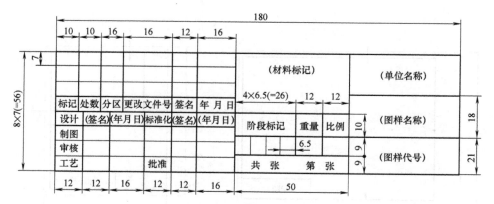

图 1-3　标题栏的格式及尺寸举例（参考件）

也允许两者不一致，这时为了清楚标明绘图及看图的图样方向，就在图样的下方图框线对中符号处用倒立正三角形画出方向符号。倒立正三角形用细实线绘制，高6mm，距图框线上下各3mm。

图 1-4 供学生做电气制图作业时参考。图幅小的可适当减小其尺寸。

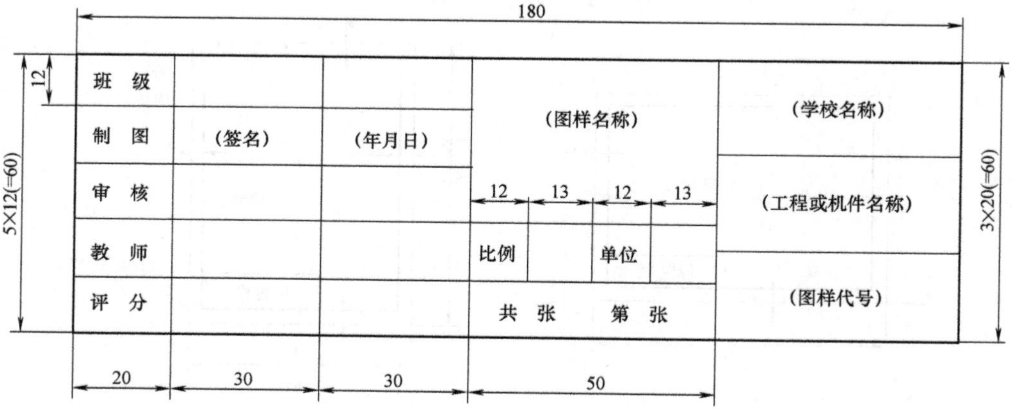

班　级				（图样名称）			（学校名称）
制　图	（签名）		（年月日）				
审　核							（工程或机件名称）
教　师			比例	单位			
评　分			共　张　　第　张				（图样代号）

图 1-4　学生作业时用标题栏的格式及尺寸（供参考）

这里要说明的是，应根据工程的需要选择确定标题栏的尺寸、格式和分区。不同的制图类别（如机械制图、建筑制图与电气制图）、不同的项目（如工程或产品）及不同的设计、生产单位，其图样的标题栏格式和内容会有所差别，但标题栏内的空格必须按照规定内容正确填写。

涉及几个专业部门的图样（如某电气工程设计施工图），紧靠在标题栏的左侧或在图样的左上角列有会签表（或称会签区），由各专业负责人或相关设计人员签字认可，以统筹协调，明确责任。

4. 明细栏

明细栏又称明细表，一般由序号、代号、名称、数量、材料、重量（单件、总计）、分区、备注等组成，也可按照实际需要增加或者减少。

不同制图类别的明细栏的内容、格式、尺寸会有所区别，按 GB/T 10609.2—2009 和 GB/T 50786—2012 的规定，如图 1-5 所示，这一般适用于机械制图。其中图 1-5a 为自上而下顺序列出，图 1-5b 为由下向上顺序列出。

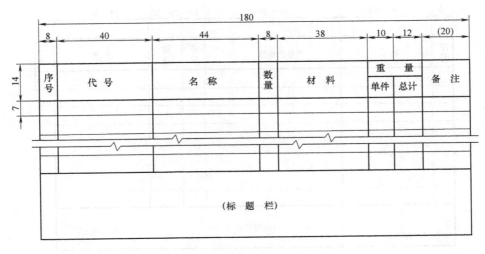

a)

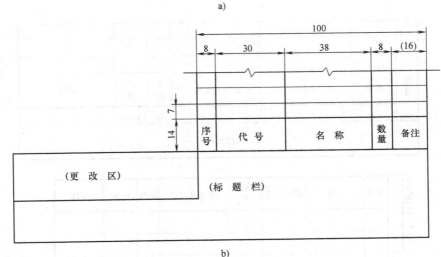

b)

图 1-5　明细栏格式举例（一）

a）自上而下顺序排列　b）自下而上顺序排列

电气制图中的明细栏与图 1-5 有所差异，图 1-6 可供参考。其中图 1-6a 常用于电气主接线图，序号自上而下列出，其宽度也可适当降低；图 1-6b 常用于二次回路图，序号自下而上依次标注。当需要标明图形符号时，如图 1-6c 所示。

图 1-6 中，当设备材料种类较多时，可把表头宽改为 10，行距改为 7。

5. 图样编排顺序

工程图样应按专业顺序编排，依次应为目录、设计说明、总图、建筑图、结构图、给水排水图、暖通空调图、电气图等。

各专业的图样，应按图样内容的主次关系、逻辑关系进行分类，做到有序排列。例如，电气图是从一次电路图到二次电路图，从强电到弱电。一次电路图中首先是电气主接线图，然后才是动力、照明、防雷接地等图样。

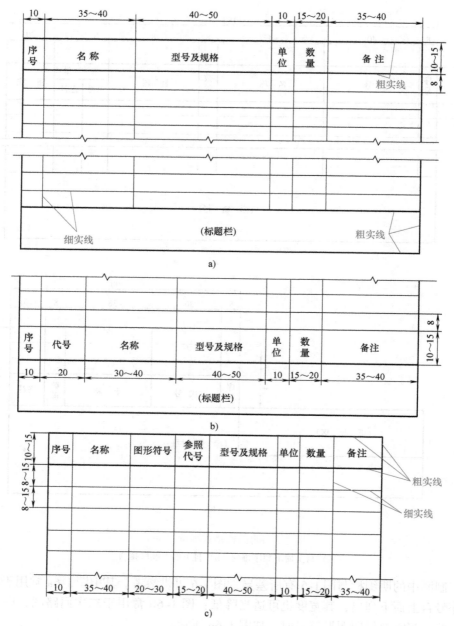

图 1-6　明细栏格式举例（二）

a）自上而下顺序排列　b）自下而上顺序排列　c）需要标识图形符号的格式

应当指出，应根据工程（或项目）需要选择确定标题栏、会签栏等的格式、尺寸、分区。

签字栏应包括实名列和签字列，并应符合下列规定：

1）涉外工程的标题栏内，各项主要内容的中文下方应附有涉外国通用外文的译文，设计单位的上方或者左方，应加"中华人民共和国"字样。

2）当由两个以上的设计单位合作设计同一工程时，在设计单位名称区可依次列出设计单位名称。

3）在计算机辅助制图文件中使用电子签名与认证时，应符合《中华人民共和国电子签名法》的有关规定。

二、图线

图线是起点和终点间以任何方式连接的一种几何图形。图线的形状可以是直线或曲线、连续线或不连续线。

图线的选用是否正确及绘制的好坏是衡量图样质量优劣的关键因素之一。

1. 线型

国家标准 GB/T 4457.4—2002 规定了绘制各种技术图样的 9 种线型，其中对原国家标准 GB 4457.4—1984 进行了修改，主要有：一是调整了线宽比，粗线与细线比由 3∶1 改为 2∶1；二是原名称中的"点划线"改为"点画线"，分别有细、粗、单、双点画线；三是增加了粗虚线及其应用。

综合 GB/T 4457.4—2002、GB/T 50786—2012 和 GB/T 50001—2017 规定的各种图线线型及其应用，现将工程建设制图（含房屋建筑制图、建筑制图、建筑结构制图等）、机械制图、电气制图中经常使用的线型及应用举例综合列表，见表 1-2。在同一张图样上，波浪线和双折线一般只采用同一种线型。

表 1-2 图线线型及应用举例

名　称		线　型	线　宽	应用举例
实线	粗	——————	b	图框线；建筑物或产品的主要可见轮廓线；平、立、剖面图的剖切符号用线；平、剖面图中被剖切的主要建筑构造（包括构配件）的轮廓线；电气主接线图中的母线；二次回路图中的小母线
	中	——————	$0.5b$	可见轮廓线；建筑平、剖面图中被剖切的次要轮廓构造（包括构配件）的轮廓线，建筑平、立、剖面图中建筑构配件的轮廓线，建筑构造详图及建筑构配件详图中的一般轮廓线；结构平面图与详图中剖到或可见的墙身轮廓线、基础轮廓线，钢、木结构的轮廓线、箍筋线、板钢筋线；建筑电气安装图中的电气设备轮廓线
	细	——————	$0.25b$	过渡线；图例线、尺寸线、尺寸界线；指引线和基准线、标高符号；详图材料做法的引出线；表格分隔（行、列）线；建筑电气安装图中建筑的外形轮廓线；剖面线、短中心线；一、二次电气设备的内部接线
虚线	粗	— — — — —	b	允许表面处理的表示线；不可见的钢筋、螺栓线，结构平面图中不可见的单线结构构件线及钢、木支撑线
	中	- - - - -	$0.5b$	不可见轮廓线；建筑构造详图及建筑构配件不可见的轮廓线；拟扩建的建筑物轮廓线；洪水淹没线；平面图中的起重机（吊车）轮廓线；结构平面图中的不可见构件、墙身轮廓线及钢、木构件轮廓线
	细	- - - - - -	$0.25b$	小于 $0.5b$ 的不可见轮廓线，不可见棱边线；图例线；基础平面图中的管沟轮廓线、不可见的钢筋混凝土构件轮廓线

（续）

名　称		线　型	线　宽	应 用 举 例
单点画线	粗		b	限定范围表示线；起重机（吊车）轨道线；柱间支撑、垂直支撑、设备基础轴线图中的中心线
	细		$0.25b$	轴线、对称中心线、分度圆（线）、孔系分布的中心线、剖切线；建筑物的定位轴线；表示零、组、部件结构或功能、项目的围框线
双点画线	粗		b	预应力钢筋线；地下开采区塌落界线
	细		$0.25b$	假想轮廓线；相邻辅助零件的轮廓线，可动零部件极限位置的轮廓线，重心线，原有结构成型前轮廓线，剖切面前的结构轮廓线，轨迹线
双折线			$0.25b$	不需要画全的断开界线；断裂处边界线，视图与剖视图的分界线
波浪线			$0.25b$	不需要画全的断开界线，构造层次的断开界线；断裂处边界线，视图与剖视图的分界线

注：GB/T 50001—2017《房屋建筑制图统一标准》中对单、双点画线还列有"中"，线宽均为 $0.5b$；波浪线和双折线规定为线宽 $0.25b$。可依据图样实际情况选用。

2. 画图线的注意事项

1）不同的线型用于不同的场合，同一幅图纸不同图样的同一线型的宽度应一致。

2）虚线、单点画线及双点画线的线段长度和间隔应各自相等，其长度及间隔可视图样的大小而定。

3）图线的宽度和图线组别的选择应根据图样的类型、尺寸、比例和缩微复制的要求确定。图线的宽度 b，宜从下列线宽系列中选取：2.0mm、1.4mm、1.0mm、0.7mm、0.5mm、0.35mm。

每个图样，应根据复杂程度和比例大小，首先选定基本线宽 b，再确定相应的中 $0.5b$、细 $0.25b$。同一幅图纸内，相同比例的各个图样应选用相同的线宽组。

4）图线不得与文字、数字或符号重叠、混淆，当不可避免时，图线应予避让，以保证文字、数字及符号的清晰表达。

5）相互平行的图线，其间隙不宜小于其中的粗线宽度，且不宜小于0.7mm。

6）单点画线或双点画线，当在较小的图形中绘制有困难时，可用相应的实线表示。如图1-7所示。

7）单点画线或双点画线的两端不应是点。点画线与点画线相交接，或点画线与其他图线相交接时，应是线段交接，不得点接也不得在

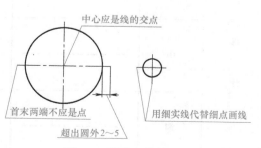

图1-7　圆中心线的画法

点与线段的间隙内穿过。

8）虚线与虚线交接或虚线与其他图线交接时，应是线段交接，不得在虚线段的间隙内穿过。当虚线是实线的延长线时，不得与实线连接。

表 1-3 分别列出了图线交接处的正确与错误画法。图线线型的应用举例如图 1-8 所示。

表 1-3 图线交接处的画法

图线间的关系	图 例		画法说明
	正 确	错 误	
图线相交			虚线或单、双点画线与其他图线相交时，应是线线相交，而不能在空隙处相交或空空相交
			虚线间或与点画线相交时，应线线相交
虚线与实线相接	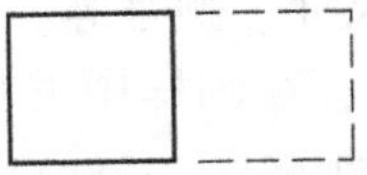	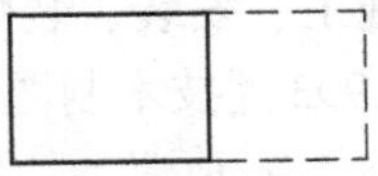	虚线为实线的延长线时，虚线与实线间应留空隙
点画线与其他图线相交	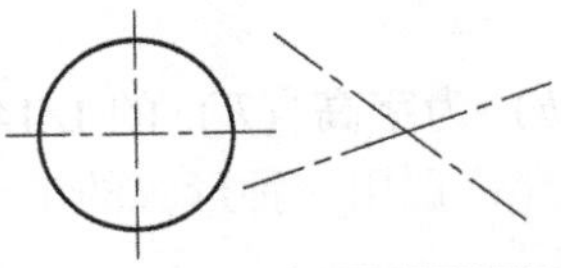	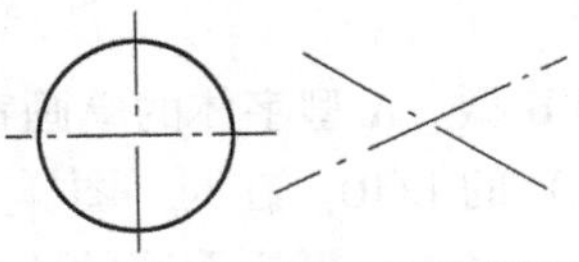	单点画线互相交接，或与圆弧交接，应线线相交接
	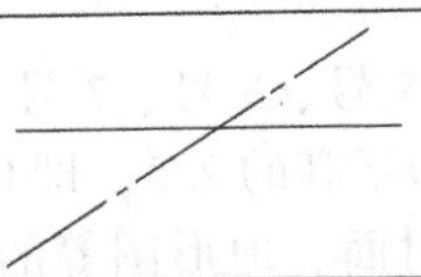	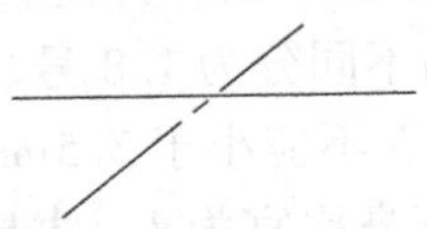	单点画线与实线相交，应线线相交
			单点画线作为中心轴线时，要超过轮廓线
图线与数字等重叠时	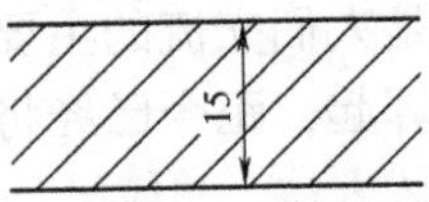 15	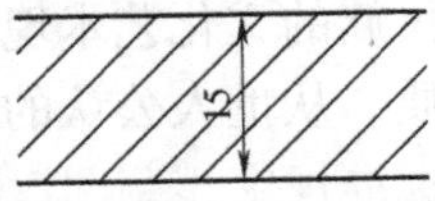 15	图线与数字（或文字、符号）不得重叠
图线相切时	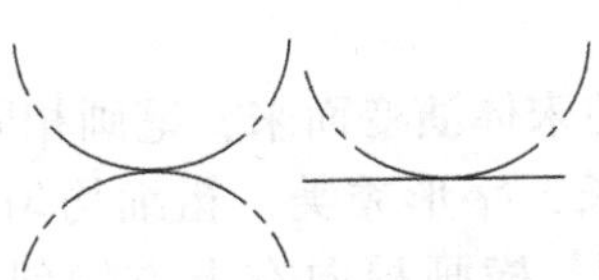	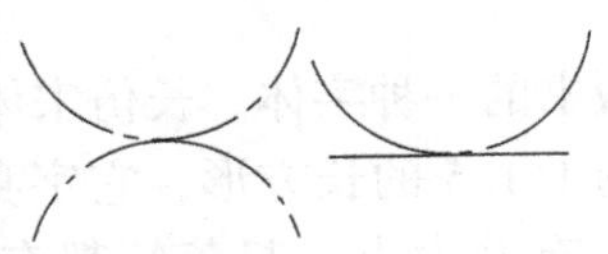	点画圆弧之间或与其他图线相切时，应线线相切

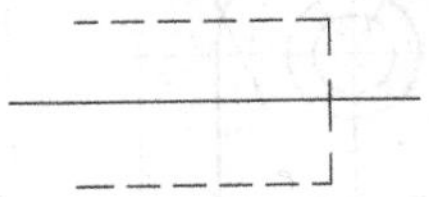

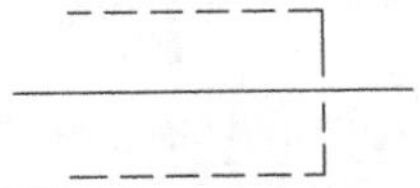

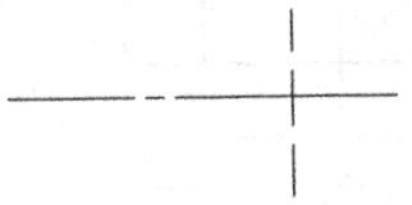

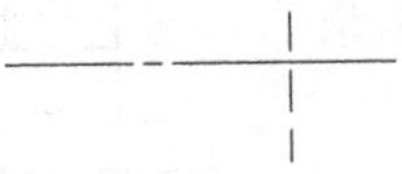

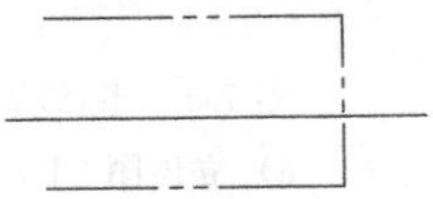

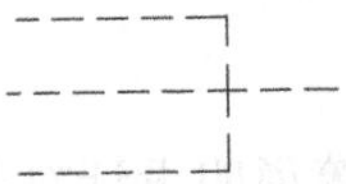

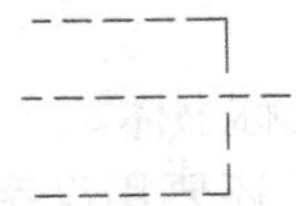

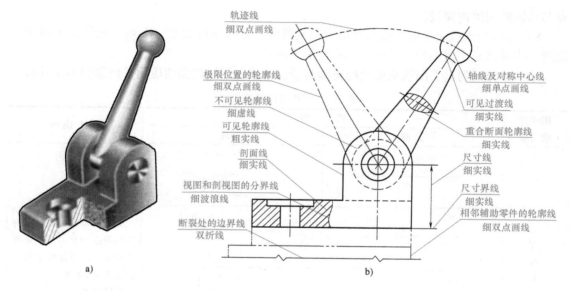

图 1-8 图线线型的应用示例

a）立体图 b）图线线型的应用

三、字体

字体是文字的风格式样，又称书体。

图样除用图线表示图形外，还要用汉字、数字、字母等说明设计对象（工程项目、机件等产品）在设计、制造、施工、安装、装配时的要求、尺寸、型号等。

国家标准 GB/T 14691—1993《技术制图 字体》规定，在图样中书写的汉字、数字和字母，都必须做到"字体工整、笔画清楚、间隔均匀、排列整齐"，标点符号应清楚正确，以保证图样的正确和清晰。

字母和数字分 A 型和 B 型。A 型字体的笔画宽度（b）为字高（h）的 1/14，B 型字体的笔画宽度（b）为字高（h）的 1/10。在同一图样上，只允许选用一种形式的字体。

图样中，一般都用字身修长、挺拔秀美的 A 型字体。

字体按高度 h（mm）的不同分为 1.8 号、2.5 号、3.5 号、5 号、7 号、10 号、14 号和 20 号 8 种字号，汉字的高度 h 不应小于 3.5mm，字宽约为字高的 2/3，即 0.7。

使用 True Type 字体时宽高比宜为 1。大标题、图册封面、地形图等的汉字，也可采用其他正规字体，但都应易于辨认，其宽高比宜为 1。

1. 汉字

汉字源远流长，是中华民族的文化艺术瑰宝。它不仅是人们交流的主要工具之一，而且具有象形、会意、指事的特质。从世人公认的殷商甲骨文算起，距今已经将近四千年的汉字字体很多，风格各异。国家标准规定，制图汉字应写成长仿宋体，并应采用国家正式公布的简化字。

仿宋体，是摹仿宋版书的一种字体。长仿宋体由仿宋体演变而来，笔画相同，但字形由原仿宋体的正方形变为约 1:1.5 的长方形，它字身修长，字形秀美，粗细均匀，笔画挺拔。长仿宋体字的每一笔画都有着力点，起落笔都有笔顿，横画稍向右上方倾斜，而点、撇、捺、挑、勾等笔画的尖锋都要加长。表 1-4 列出了长仿宋体汉字的基本笔法及写法要领。

表 1-4 长仿宋体汉字的基本笔法及写法要领

名称及基本笔法	写 法 要 领	名称及基本笔法	写 法 要 领
横 	起笔顿顿露笔锋；收笔顿顿呈棱角；运笔稍向右上方倾斜，等粗	右斜点 	起笔尖细，自右上渐向左下稍弯曲变粗，收笔由下向上并微带棱角
竖 	起笔顿顿，由轻到重露笔锋；收笔顿顿，由重到轻呈棱角；与横画相似，笔画等粗	左斜点 	起笔尖细，自左上向右下由轻到重，再由下向上收笔，下角锐，右角钝
平撇 	起笔由轻到重稍露笔锋，再向左下侧由重到轻近于直线收细成尖	挑 	起笔似横画，从左下侧由轻到重再由重到轻向右上方收细变尖，成楔形
斜撇 	起笔由轻到重稍露笔锋，后向左下方由重到轻近于弯曲（上弯小下弯大），收笔细尖	挑点 	自左下向右上，由轻到重，再由重到轻，收细变尖成长挑
竖撇 	上半部与竖画相同，下半部渐向左下方弯曲并收细变尖	竖钩 	起笔和中间运笔同竖画，收笔由重到轻向左上方（约35°左右）收细变尖作钩，钩长约为竖画粗的4倍
斜捺 	起笔稍露锋，再向右下方由轻到重由细渐粗近于直线，下方捺脚近似为长三角形	竖平钩 	起笔及运笔似竖画，竖与横笔圆滑过渡相连，收笔时自横画末端由重而轻向上收细变尖
顿捺 	起笔由左上向右下由轻到重露锋，再自左上向右下渐粗稍曲，收笔同斜捺	左弯钩 	自左上向右下，由轻而重由细弯曲变粗，收笔与竖钩相似
平捺	左端似横画的起笔，再自左上向右下微倾斜作一渐粗直线，收笔为捺脚	右弯钩 	起笔同竖钩，由左上向右下渐弯成弧形，末端收笔同竖平钩

（续）

名称及基本笔法	写法要领	名称及基本笔法	写法要领
折弯钩 	由横画与稍斜的竖钩组合而成,注意:弯折处成棱角,斜竖画稍弯	折平钩 	上方同横画,弯折处成棱角,再斜折下部与底画圆滑相连,收笔同竖平钩

图样字体要求字体工整，笔画清楚，间隔均匀，排列整齐。

写长仿宋字要起笔顿顿，落笔顿顿，粗细一致，间隔均匀，上下顶格，左右碰壁，横斜竖直，笔画挺拔，如图1-9所示。

图样字体要求字体工整，笔画清楚，间隔均匀，排列整齐。写长仿宋字要起笔顿顿，落笔顿顿，粗细一致，间隔均匀，上下顶格，左右碰壁，横斜竖直，笔画挺拔。

职业技术学院 专业 电气工程与自动化 发输配电 工厂供电 物业供用电 仪器仪表 计算机网络技术 市场营销 微机工业控制技术 应用电子技术 机电一体化

姓名 设计 制图 审核 批准 材料 重量 比例 单位 工程名称 图名 图号

日期 主要电气设备材料明细表 技术要求 说明

图1-9 长仿宋体汉字字例

写好长仿宋体字，不仅可以制图时使用，而且对写好其他汉字字体、书法，乃至对于弘扬中华文化，陶冶艺术情操，提高人文素质，都有重要意义。

书写长仿宋体字，要特别注意熟悉笔画，牢记字形，掌握要领，持之以恒。

2. 数字

手写数字通常采用斜体，计算机绘图时数字用直体标注。斜体字的字头向右倾斜，与水平基准线约成75°。阿拉伯数字示例如图1-10所示。

a)   b)

c)   d)

图1-10 阿拉伯数字示例

a) A型斜体 b) A型直体 c) B型斜体 d) B型直体

3. 字母

字母有大写、小写和直体、斜体之分，一般物理量（如电压 U、电流 I、电阻 R、电感 L、电容 C、有功功率 P、无功功率 Q、视在功率 S、时间 t、温度 T 等）用斜体，向右倾斜约75°，而单位（如安 A、千安 kA、伏 V、千伏 kV、欧姆 Ω、瓦 W、千瓦 kW、伏安 VA、兆伏安 MVA、千瓦小时 kWh、千米 km、摄氏度℃、秒 s 等）要用直体。**拉丁字母示例如图 1-11 所示。**

a)

b)

c)

d)

图 1-11　拉丁字母示例

a) A 型大写斜体　b) A 型小写斜体　c) A 型大写直体　d) A 型小写直体

字母及数字的字高不应小于 2.5mm；数量的数值注写，应采用直体阿拉伯数字；各种计量单位凡是前面有量值的，均应采用国家颁布的单位符号注写，且单位符号应采用直体字母；分数、百分数和比例数的注写，应采用阿拉伯数字和数字符号。

四、比例

国家标准 GB/T 14690—1993 对图样比例进行了规范。

图样的比例，是图样中的图形与其实物相对应要素的线性尺寸之比。比例的符号为"："，比例大小应以阿拉伯数字表示。比例的大小是指其比值的大小，如 1:20 大于 1:100，都是缩小比例，而 5:1 大于 1:5，其中 5:1 是放大比例，1:5 是缩小比例。比值为 1 的比例，即 1:1，称为原值比例。

为了使读图者有一个真实概念，应尽量采用原值比例。但通常由于工程设计、产品制造中的尺寸较大，因此大都采用缩小比例；而绘制小而复杂的机件，或局部表达不清时，则采用放大比例。

表 1-5 和表 1-6 分别列出了优先选用的比例及允许选用的比例。通常应首先尽量采用优先选用的比例。

表 1-5　优先选用的比例

种　类	比　例		
原值比例	1:1		
放大比例	5:1 $5 \times 10^n:1$	2:1 $2 \times 10^n:1$	$1 \times 10^n:1$
缩小比例	1:2 $1:(2 \times 10^n)$	1:5 $1:(5 \times 10^n)$	1:10 $1:(1 \times 10^n)$

注：n 为正整数。

表 1-6　允许选用的比例

种　类	比　例				
放大比例	4:1 $4 \times 10^n:1$	2.5:1 $2.5 \times 10^n:1$			
缩小比例	1:1.5 $1:(1.5 \times 10^n)$	1:2.5 $1:(2.5 \times 10^n)$	1:3 $1:(3 \times 10^n)$	1:4 $1:(4 \times 10^n)$	1:6 $1:(6 \times 10^n)$

注：n 为正整数。

电气简图（示意图）不存在比例问题，但建筑电气工程图则要按比例绘制。

比例一般应标注在标题栏的"比例"栏内。同一图纸上的若干个图样，如采用同一比例，则在标题栏的"比例"项中用同一标注；若各图样比例不同，则应在每个图样上分别标注。根据专业制图需要，同一图样可以选用两种比例。

各比例宜注写在图名的右侧，字的基准线应取平，其中比例的字高宜比图名的字高小 1 号或 2 号，如"平面图 1:100"；也可以在图样名称的下方标注，如 $\dfrac{A}{2:1}$，$\dfrac{M}{1:100}$，$\dfrac{I—I}{1:50}$ 等。

应当指出，采用不同比例并不改变原件的实际尺寸，因此无论是采用什么比例，图样中所标注的尺寸，都应是原件的实际尺寸。

五、绘图工具及其使用

"工欲善其事，必先利其器"，要既好又快地绘制图样，必须正确合理地选用绘图工具。

手工尺规绘图常用的工具，除了图纸、铅笔外，还有图板、丁字尺、三角板、比例尺、直尺、曲线板、绘图模板、绘图仪器，以及描图用的描图纸、描图工具等。

1. 图纸

图纸要洁白、坚韧、耐擦和有适当的厚度，其尺寸要符合表1-1中图纸的幅面尺寸，分别称为0号、1号……图纸。

目前市场上的图纸，一种是未经印刷的绘图纸（俗称"铅画纸"），另一种是已经印刷有图框线和标题栏的图纸。

特殊情况下使用与表1-1中幅面尺寸不同的图纸时，要用未经印刷的绘图纸。图框要严格画成矩形，其长与宽的尺寸要符合表1-1及相应的规定。

绘图前，把图纸结合丁字尺良好固定在图板上，要注意以下几点：①图纸的上下图框线要与丁字尺的工作边平行重合。②用胶带纸（不得用图钉或胶水）将图纸的四角（0号、1号图纸的上下左右边居中处宜另加）可靠固定在图板上。考虑到右手画图时多有摩擦，图纸的固定位置宜靠图板左上侧。③有的图纸印刷不良，图框线不是准确的矩形，上、下边不严格平行。因此，固定图纸前要进行检查，把丁字尺尺头紧贴在图板左侧边，再把图纸上下两条图框线的其中一条与丁字尺工作边对齐。在绘图过程中要以该条图框线作为所有图样的水平基准线。图纸的固定可参见图1-12。

2. 铅笔

绘图用的铅笔宜用专用绘图铅笔。按绘图铅笔铅芯的软硬不同，分为 H～6H、HB、B～6B共13种规格。字母"H"表示硬铅芯，"H"前数字越大则越硬；字母"B"表示软铅芯，"B"前的数字越大则越软；"HB"表示软硬适中。

绘图时，宜用H或2H铅笔画底稿线或加深细线；用HB或H的铅笔书写文字；用B或2B铅笔描深图线。圆规用的铅芯宜用2B或B。

铅笔的削法及应用见表1-7。

表1-7　铅笔的削法及应用

类别	铅　　笔				圆规用铅芯		
软硬	2H	H	HB	HB 或 B	H	HB	B 或 2B
铅芯形式	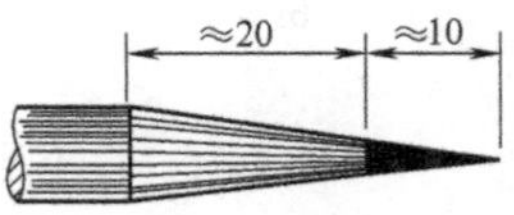 ≈20　≈10　圆锥形			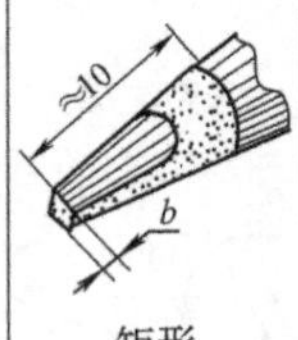 ≈10　b　矩形	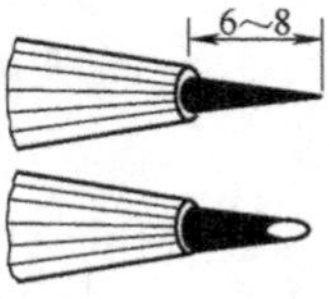 圆锥或圆柱斜切		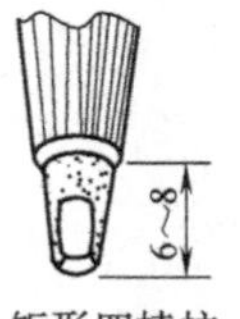 6～8　6～8　矩形四棱柱
应用	画底稿线	描深细实线、点画线	写字画箭头	描深中、粗实线	画底稿线	描深点画线、细实线、虚线	描深中、粗实线

在画图框线或在0号、1号图纸上画较大图样的长线时，要事先察看铅芯的长度是否适中；用圆锥形铅芯画图线时，要将铅笔按同一倾角微微缓慢转动，以使图线能均匀一致。

3. 图板、丁字尺和三角板（见图1-12）

（1）图板 按所用图纸大小选用相应号的图板，常用的图板为0号、1号、2号。图板的表面要平整光洁、硬度适中。

图板的左侧边称为导边，必须平直，以保证丁字尺的尺头内侧边与之准确可靠地相贴接。

（2）丁字尺 丁字尺用于校准图纸固定的位置、画长水平线，及在绘图过程中检验各图样相应的水平基准线。

丁字尺由尺头和尺身两部分组成。尺头与尺身通常都用螺栓连接，必须牢固可靠，尺头的内侧边与尺身的工作边必须垂直。

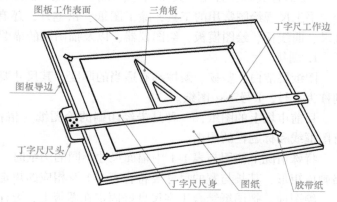

图1-12 图板、丁字尺和三角板

（3）三角板 三角板用透明塑料材料制成，每副为两块：一块是两锐角分别为30°和60°的直角三角形，另一块是锐角为45°的等腰直角三角形。绘图用的三角板，通常选用等腰直角三角形斜边长为30cm的一副三角板。

将一块三角板与丁字尺、图板互相配合使用，在图纸上可画出一系列不同位置的水平直线和垂直直线，及特殊角度30°、45°、60°的倾斜线；将两块三角板与丁字尺配合使用，还可画出15°、75°的倾斜线，如图1-13所示。

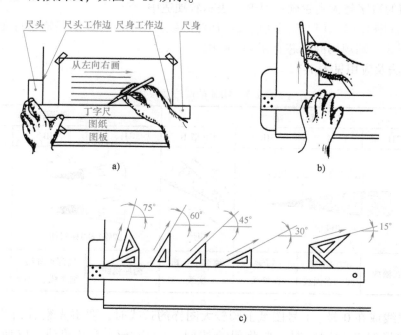

图1-13 丁字尺与三角板的使用

a）画水平线 b）画垂直线 c）画倾斜线

4. 直尺和比例尺

（1）直尺 有了三角板和丁字尺，便可画出不同长度的各种图线。但有时为了方便，也有使用长度约为 30cm 的透明塑料制作的直尺的。直尺同丁字尺、三角板一样，上面都有以 cm 为单位的刻度，每一小格为 1mm。

（2）比例尺 为了便捷作图，可用比例尺量取各种常用比例的尺寸。目前最为常用的比例尺为有三个棱边的三棱尺，如图 1-14a 所示。它有三个侧棱面，每个侧棱面上刻有两种比例，因而共有 6 种比例刻度，即 1:100，1:200，1:250，1:300，1:400，1:500。

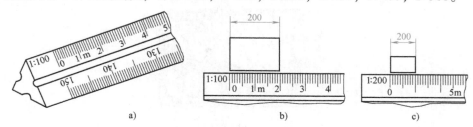

图 1-14 比例尺及其使用
a）比例尺 b）、c）比例尺的使用

比例尺常用于建筑工程制图等绘制长度较长对象的场合。图 1-14b 和图 1-14c 为比例尺使用举例。例如某工厂变电所的高压开关柜，高 2200mm × 宽 840mm，若用 1:100 的比例尺，图线分别要画 22mm 及 8.4mm，而用 1:50 比例时，图线分别长 44mm 及 16.8mm，则分别在 1:100 及 1:500 的比例棱边上去量取，这时用 1:500 代替 1:50，比例小了 10 倍，长度要相应增加 10 倍。

5. 绘图模板

为了作图简捷，可以应用相应的各种模板。模板适用于手工尺规绘图（包括做作业时），它有各种专业如电工、电子、建筑、机械、化工绘图模板，有圆、椭圆、螺栓螺纹模板等。图 1-15 为几种常用绘图模板。

6. 曲线板

曲线板可用于绘制非圆的曲线，它同模板一样，也是为了绘图简捷而应用的。它一般也只适用于手工尺规绘图，如图 1-16 所示。若曲线较长，使用曲线板时，往往要将曲线分成两段以上才能画出，这时要注意几段曲线相互连接应圆滑均匀一致。

7. 绘图仪器

绘图仪器主要指圆规、分规及其附件。

（1）圆规 圆规用于画圆及圆弧。

圆规的钢针两端形状不同：圆锥形一端用作分轨时用，台阶状的一端作为画圆时定圆心用。延长杆则用于画直径较大的圆。点圆规，简称点规，专门用于画直径小的细圆。圆规及其附件的使用方法如图 1-17 所示。

圆规的铅芯宜用 B 和 2B，其削制形状及粗细则根据所画圆的情况而定。

画圆时，右手要按住圆规装定心针的腿均匀转动。一般要朝顺时针一个方向画，不要顺向、逆向反复画，否则画出的图线可能不均匀一致。

带上、下两片"鸭舌"的插腿，是专门在描图时用的。

（2）分规 分规用于量取尺寸、截取线段和等分线段。分规两腿端部钢针的针尖应良

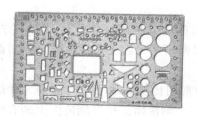

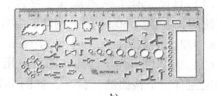

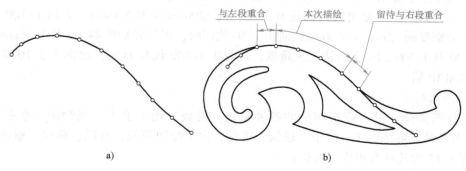

图 1-15 绘图模板

a) 电工模板　b) 电子模板　c) 椭圆模板

图 1-16 曲线板及其使用

a) 非圆曲线（分段）　b) 曲线板的使用

好重合于一点，如图 1-18a 所示。其使用方法如图 1-18b、c、d 所示。等分线段用试分法，先大致估计等分段长度，经 2~3 次试分就可以了。用分规既可以等分线段，也可以等分圆周。

8. 其他绘图工具

（1）橡皮　宜用专用的绘图橡皮，但不要过硬的，否则容易擦破图纸。

（2）擦线板　是专用于擦去误画、多画图线的专用工具，它由很薄的不锈钢板制作而成。

（3）描图工具　用于描晒蓝图用的底图。

一是专用的描图纸，它半透明，韧性好，描错的图线可用刀片刮去（注意：要轻而均匀地朝同一方向刮；刮之前描图纸要干燥，刮完后可用橡皮在被刮处来回轻擦以免重描时墨汁浸开）。

二是描图笔。用于画图线的是大小不等的一组专用描图笔，它们都是在胶木笔杆前装有"鸭嘴"（两片镀铬金属，有细螺钉调节间距，即调节图线的粗细）。用于画图或圆弧的则是绘图仪器中大圆规和点圆规的附件鸭嘴插腿；其中点圆规可以画出很小直径的"点圆"。

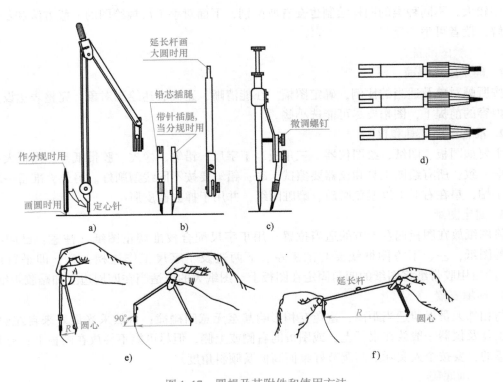

图 1-17　圆规及其附件和使用方法

a）大圆规　b）圆规附件　c）点圆规　d）圆规铅芯形状　e）圆规的使用　f）延长杆及使用

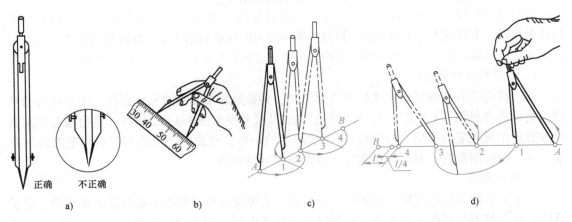

图 1-18　分规及其使用

a）分规　b）量取尺寸　c）截取等长线段　d）等分线段

三是刀片。用于刮去描图时的错误图线及文字。刀片要薄、锋利。

六、绘图基本方法及步骤

图样是工程交流的语言和依据，必须保证质量、正确无误，绘图时要在保证质量的前提下力争提高绘图速度。为此，绘图者要熟悉制图标准，正确使用绘图工具，比较熟练掌握几何作图的方法，同时，要运用恰当的绘图顺序，掌握要领。手工尺规绘图与计算机绘图的方

法相差较大，不同种类的图样绘制也会有所区别，下面对手工尺规绘图的一般方法和步骤进行讲解，读者可举一反三。

（一）绘图准备

1. 确定图纸幅面

按所画对象及适当的比例，确定图幅。在能清晰、正确表达绘图对象，完整表达设计意图、内容的前提下，图幅要尽可能选小些。

2. 准备绘图工具和仪器

主要如图板、图纸、绘图仪器、三角板、丁字尺、铅笔、橡皮、胶带纸等。图板大小与图幅应一致；所有绘图工具和仪器要擦拭干净；铅笔要按不同线型削好。另外，准备一块干净的手帕，垫在右肘下以避免磨破、磨脏图纸，并用于掸去橡皮屑。

3. 固定图纸

将图纸放在图板偏左上方的适当位置，用丁字尺配合校准摆正图纸（注意：已印有图框线的图纸，左、下方图框线要与图板左、下两边及丁字尺工作边一致，即平行或垂直），然后用胶带纸将图纸的四角固定在图板上。图纸大的可适当在四周边上加贴胶带纸。

4. 环境安置

与相邻人员保留适当距离，避免互相影响甚至无意间碰撞；自然采光最好来自左前方；绘图工具及仪器一般放在桌子上，或图板的右侧或上侧，但尽可能不要放在图板上；有专用绘图桌的，要按个人实际适当调节好桌面高低及倾斜角度。

（二）画底稿

"欲速则不达"，对初学者来说，切忌急于求成。

画底稿宜用较硬的 H、2H 铅笔，铅芯要削尖或磨尖。

底稿线要画得轻、细、准。"轻、细"的目的是便于修改或描深时直接覆盖。"轻、细"到什么程度？不管别人看不看得清，只要如果再轻再细你就看不清了，那就最为适当。底稿是关键一步，底稿画得好，就能为画好图样打下重要基础，因此必须要"准"，绝不能马虎。

1. 画图框线和标题栏

使用没有印有图框线和标题栏的绘图纸时，要画好画准图框线和标题栏。图框线与图纸四边的距离参见图1-1或图1-2，标题栏的格式及尺寸参见图1-3和图1-4（也可按工程图实际或教师布置规定的画出）。图框线要画成准确的矩形，它是图纸上绘制各图样基准线的基准。这一步的图框线不要画成粗实线，可在描深时再加粗。

2. 规划布置

一张完整的图包括图样、标题栏、会签表、主要设备及材料明细表和技术说明等，除了标题栏和会签表与图框线相连外，其余所有图样或文字一般都要距图框线不少于20mm，不可太近，更不可与图框线重叠、交叉甚至超越。

（1）**认真构思布局**　规划比设计更重要。整个图面要布白均匀，疏密适中；各部分内容要完整，无遗留，位置正确；图样之间、图样与文字之间的间距要适当。布局一定要"三思而后行"。

（2）**用轻细线划块**　可以将所要表达部分按其内容多少及主次大致分成几块，并用轻细线划块，下一步画底稿时各部分一般不能"越界"。这样便于做到心中有数，避免产生"画到哪里算哪里"，到时难以改动甚至只得重画的现象。

3. 画底稿图

本着先图形后文字的原则，先画各图样的底稿。

（1）先画基准线　基准线是本张图纸上所有图样、表格及文字排列的基准。

基准线有水平基准线和垂直基准线两种，其中主要的是水平基准线。水平基准线可用丁字尺的尺头、尺身与图板左侧边配合画出，不要太宽、深但可稍清晰些，不必在图纸上全长（高）画成通线。同一图纸上有几幅图样时，对较长的基准线可在同一基准线位置画成断续的几根。

（2）画图样底稿　一般按照先整体后局部、先主要后次要、从上到下、从左到右的顺序画出各图样。底稿线不分线型，都要轻、细、准。其中，要标注尺寸数字的，尺寸线要与所示尺寸的图线平行，并留有适当间距。

（3）检查修正　对所画完的图样底稿进行认真仔细全面的检查，进行必要的修改完善。对错误的图线可用橡皮（软些的）向同一方向均匀擦除，切忌来回用力而擦破图纸。

（三）描深图稿

在对底稿图修正和检查无误后，开始描深。

描深时铅笔用 HB 或 B 较为适宜，圆规用的铅芯宜用 2B 或 B。

描深图稿时，要选定各线型图线宽度（参见表1-2），关键是粗实线宽 b，要以它为基准后再确定中、细实线及虚线等的图线宽度。一旦确定 b 以后，不能再随意变动。同一线型要均匀一致。要注意：粗、细实线只是图线宽度的区别，而不是是否清晰的差别。

描深的步骤一般按下列顺序进行：

1）先上后下，先左后右。

2）先粗后细，先实后虚。

3）先圆后直，先小后大。

4）先倾斜后平直。

同一线型的图线一起描深，同一直径的圆或圆弧一起描深。

描深过程中，为使同一线型均匀一致，要勤削铅笔、用力均匀，画较长的图线时可缓慢、均匀地转动铅笔。描深时切忌来回往复画同一根图线，否则图线难以均匀一致。

表格可以在描好图样后描深，也可一并进行。

图框线和标题栏线可留待最后描深。

在描深过程中，可能会又发现底稿中的错漏处，应及时修正。

描深结束后，再次进行检查及必要的修正。

（四）标注尺寸

对建筑电气安装图等有尺寸的图样，要标注尺寸。

尺寸线、尺寸界线和尺寸箭头可在图样描深后分别统一画出，然后标注尺寸数字及文字符号。

（五）写文字说明及填写标题栏

先写主要设备及材料明细表（明细栏）、技术说明，最后填写标题栏。

汉字、拉丁字母和尺寸数字都要按制图标准规定的字体书写。

标题栏中各栏目的汉字要按要求认真填写，其中"姓名"用签名的手写体（要书写端正容易辨认），其他的文字也一律要用长仿宋体。

素 养 阅 读

在国际上有较高认可度的"四大文明古国",即古埃及、古巴比伦、古印度和古中国,是现代文明的发源地。其中只有中国的历史是延绵不断连续发展的。之所以如此,是因为中华民族文化博大精深,代代相传,把中华儿女的血脉紧密联系在了一起。

文化,包括语言、文字、文学、饮食、服饰、建筑、绘画、戏剧、风俗习惯等,其中,汉字是中华文化的主要内容和特色之一。汉字,从世人公认的已经较为成熟的文字殷商甲骨文起,至今已有近四千年的历史。

汉字作为人们交流的主要工具之一,是集音、形、义于一体的文字,它有象形、会意、指事的特性。在漫长的历史进程中出现了很多字体,风格各异,其中以篆、隶、楷、行、草各体最为典型,并且由此发展出了中华丰富多彩的文化艺术体系。把具有象形、会意、指事特性的汉字同书法、绘画艺术相融会结合,更是具备了既可表情又可达意的审美功能,成就了蔚为大观的中华书法艺术世界。

汉字组成的词组,加上各地方言、民俗,更是丰富多彩、洋洋洒洒,是外国文字所不能比拟的。例如,"夫人"一词,在外文中一般只有 2 ~ 3 个相同意义的称谓,而汉字竟然有 30 多个;又如,汉字的谐音众多,《季姬击鸡记》《施氏食狮史》《于瑜欲渔》《易姨医胰》等名篇,既脍炙人口,又令人惊叹。

由此可见中华文化、汉字的源远流长、丰富多彩和无穷魅力。

第二节　电气图概述

电气图,是用国家标准规定的电气符号,按制图规则表示电气设备生产、制作、安装或工作原理、相互连接顺序的图形。

这里所说的"电气设备",泛指发、输、变、配、用电设备及其控制、保护、测量、监察、指示等设备,及其连接导线、母线、电缆等,而"用电设备"则包括动力、照明、弱电(电信、广播音响、电视、计算机管理与监控、防火防盗报警系统)等耗用电能的设备。

"电气符号"主要是指电气图形符号和文字符号,另外还有电气设备标志符号、电气项目代号、电气回路标号等。

一、电气图的分类

按照所表达对象的类别、规模大小、使用场合要求及表达方式等的不同,电气图的种类和数量有较大的差别。

(一)电气图的表达方式

按表达方式的不同,电气图可分为以下两大类。

1. 概略类型的图

概略类型的图是表示系统、分系统、装置、部件、设备、软件中各主要功能件或主要部件之间的主要关系的相对简单的简图。它是体现设计人员对某一电气项目的初步构思、设想,用以表示理论或理想的电路。概略类型的图并不涉及具体的实现方式,主要有系统图或框图、功能图、功能表图、等效电路图、逻辑图和程序图等，通常用单线表示法表示。

概略类型的图仅通过展示项目的主要成分和它们之间的关系，来提供项目的总体印象，如发电厂、收录机、某监控程序等。因此，它只表达项目的主要组成而不是全部组成，只表达项目的主要特征而不是全部特征，只表达项目的主要内容，如图1-19、图1-20所示。

2. 详细类型的图

详细类型的电气图是将概略图具体化，将设计理论、思想转变为实际实施的电气技术文件，主要有电路图、接线图或接线表、位置图等，例如图2-33、图2-36、图2-37及图2-45等。

以上两类电气图是从各种图的功能及其产生顺序来划分的，是整个电气项目整体中的不同部分。

（二）电气图的常用分类

1）按电能性质分，有交流系统电路图、直流系统电路图。

2）按图样表达的相数分，有单线图和三线图。

3）按表达内容分，有一次电路图、二次电路图、建筑电气安装图、电子电路图、物联网图等。

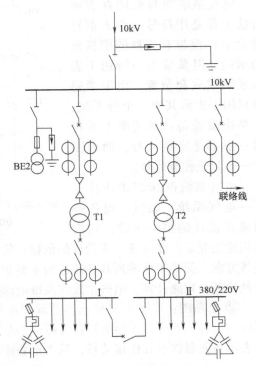

图1-19　某工厂变电所供电系统图

4）按表达的设备分，有电机绕组联结图、机床电气控制电路图、数控机床电路图、电梯电气电路图、汽车电路图、空调控制系统电路图以及电信系统图、计算机系统图、广播音响系统图、电视系统图等。

5）按表达形式和使用场合的不同，电气图通常分为以下几种：

① 系统图或框图：系统图或框图是用电气符号或带注释的围框，概略表示整个系统或分系统的基本组成、相互关系及其主要特征的一种简图，如图1-19、图1-20所示。

图1-19是某工厂变电所的供电系统图。其10kV电源取自区域变电所，经两台降压变压器将电压降至380/220V，供各车间等负荷用电。图中虽然表示了这些组成部分的相互关系、主要特征和功能，但各部分都只是简略表示，它对每一部分的具体结构、型号规格、连接方法和安装位置等并未详细表示，因此它只是属于概略类型的简图。

图1-20为用于高压电力线路发生短路故障时，过电流继电保护装置动作原理的框图。当高压线路发生短路故障时，串接在高压线路上的电流互感器BE1的二次电流增大，当超过串联在BE1二次侧的电流继电器KC的动作电流时，KC瞬时动作，作为时限元件的时间继电器KF得电起动，经过事先设定的时间延时后，便接通信号继电器KS和中间继电器KA，于是KS接通信号回路发出灯光及音响信号，KA则接通驱动高压断路器QA动作的跳闸回路，使QA自动跳闸而断开故障电路，由此起到了对短路故障切除的保护作用。

由此可见，图1-20虽然概要表示了过电流继电保护装置的基本组成、相互关系、动作原理，但并不表示每一部分的具体结构、设备型号规格、详细的连接方式和安装位置，因此它也只是属于概略类型的简图。

电气系统图与框图在表示方法上都是用符号（以方框符号为主）或带有注释的围框来表示的，但系统图一般用于表示系统或成套装置，而框图通常只用于表示其中一个分系统、子系统或设备；系统图上的代号一般都是高层代号，而框图上一般只是种类代号。

电气系统图和框图往往是某一电气系统、装置、设备进行成套设计的第一张图，它们

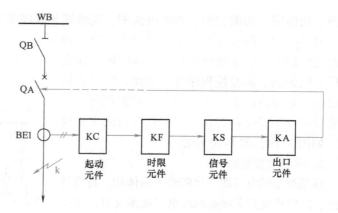

图 1-20　过电流继电保护装置框图

KC—电流继电器　KF—时间继电器　KS—信号继电器　KA—中间继电器
QB—隔离开关　QA—高压断路器　BE1—电流互感器

的用途主要是：作为进一步设计的依据；供操作和维修时参考；供有关部门了解设计对象的整体方案、简要工作原理和各部分的主要组成等。例如，图 1-19 可作为该变电所方案的可行性论证、短路计算、电气主接线及继电保护设计和变电所模拟操作图的依据。

② 电路图：电路图又称电气原理图或原理接线图，是表示电气系统、分系统、装置、部件、设备、软件等实际电路各元器件相互连接顺序的简图。它采用按功能排列的图形符号来表示各元器件及其连接关系，只表示功能而不需要考虑项目的实际尺寸、形状或位置。

电路图应便于理解项目的功能。它一般包括下列内容：图形符号、连接线、参照代号、端子代号、电路必需的信号代号及位置检索以及了解该电气项目功能必需的补充信息等。

电路图详细表示了该电路中各电气设备（或元器件）的全部组成和相互连接顺序关系，用于详细表示、理解该电路的组成、相互连接、工作原理、分析和计算电路特性等。

按照所表达的电路不同，电路图可分为两大类：

a. 一次电路图：也称主电路图、一次接线图、一次原理图或电气主接线图。它是用国家标准统一规定的电气符号按制图规则表示主电路中各电气设备（或元器件）相互连接顺序的图形，如图 2-33 及图 2-36、图 2-37 所示。

b. 二次电路图：也称副电路图、二次接线图或二次回路图。它是用国家标准统一规定的电气符号按制图规则表示副电路（即二次回路）中各电气设备（或元器件）相互连接顺序的图形。

按照用途的不同，二次电路图又可分为原理图、位置图及接线图（表）三类，分别如图 2-43、图 2-44 及图 2-45 所示。

③ 接线图或接线表：表示或列出一个装置或设备的连接关系的简图（表），用于进行设备的装配、安装和检查、试验、维修。它提供单元或组件内元器件，或不同单元或元器件之间的连接关系，如图 2-45 所示。

④ 设备元件表：或称主要电气设备明细表。它是把成套装置、设备和装置中各组成部分元器件的代号、名称、型号、规格和数量等用表格形式列出的表格。它一般不单独列出，而列在相应的电路图旁。在一次电路图中，各设备项目自上而下依次编号列出，二次电路图中则紧接标题栏自下而上依次编号列出，如图 2-36 及图 2-47 所示。这里要指出的是，由于

书本排版原因，图 2-47 是将"电气元器件明细表"单独列出的（见表 2-6），而且表头在上、序号是从上到下顺序排列的，在实际图样中，该表的表头是与图样标题栏上方粗实线相连（表头上线与此线重合），序号及文字符号、名称等为自下而上依次排列的。

⑤ 位置图或位置简图：是表示成套装置、设备或装置中各个项目的布置、安装位置的图。其中，位置简图一般用图形符号绘制，用来表示某一区域或某一建筑物内电气设备、元器件或装置的位置及其连接布线，如图 3-59 及图 3-60 所示；而位置图是用正投影法绘制的图，它表达设备、装置或元器件在平面、立面、断面、剖面上的实际位置、布置及尺寸，如图 3-80 及图 3-81 所示。为了表达清晰，有时还要画出大样图（比例为 1:2、1:5、1:10 等）。

⑥ 功能图：功能图表示项目组成部分之间的功能联系，它是表示理论的或理想的电路，而不涉及具体实现方法的图，用以作为提供绘制电路图等有关图的依据，图 1-20 即属于这一类图。

功能图的主要信号流应从左至右或从上向下。

⑦ 功能表图：表示控制系统（如一个供电过程或工作过程）的作用和状态的图。它往往采用图形符号和文字叙述相结合的表示方法，用以全面表达控制系统的控制过程、功能和特性，但并不表达具体的实施过程，如图 1-21 及表 1-8 所示。

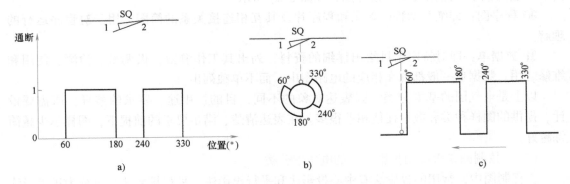

图 1-21　某行程开关触点位置表示方法

a）用图形表示　　b）、c）用操作器件符号表示

表 1-8　某行程开关触点运行方式

角度/(°)	0~60	60~180	180~240	240~330	330~360
触点动态	0	1	0	1	0

注："0"表示触点断开，"1"表示触点闭合。

图 1-21a 为用图形表示的形式，其横轴表示转轮的位置，纵轴"0"表示触点断开，而"1"表示触点闭合；图 1-21b 为用操作器件符号表示的形式，当凸轮推动圆球（60°~180°，240°~330°）时，触点闭合，其余为断开；图 1-21c 也是用操作器件符号表示的形式，但把凸轮画成展开式，箭头表示凸轮行进方向。

用表格表示见表 1-8，表中"0"表示触点断开，"1"表示触点闭合。图 2-47 中的"触点表"即是应用实例。

⑧ 等效电路图：表示理论的或理想的元件（如电阻、电感、电容、阻抗等）及其连接关系的供分析和计算电路特性、状态的图。图 1-22 是用于进行某变电所短路计算的简图，

其等效电路图将有关元件（系统 S、线路 WL、变压器 T）用等效阻抗表示，并由此分别进行电路在最大运行方式和最小运行方式下发生短路时的分析、计算。

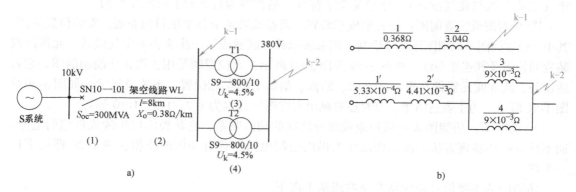

图 1-22 某变电所短路计算简图

a）计算电路图 b）等效电路图（欧姆法）

⑨ 逻辑功能图：主要用二进制逻辑（"与""或""异或"等）单元图形符号绘制的图。一般的数字电路图便属于这种图，如图 2-59 所示。

⑩ 程序图：详细表示程序单元和程序片及其互相连接关系的简图，用于对程序运行的理解。

⑪ 数据单：即对特定项目给出详细的资料，列出其工作参数，供调试、检测、使用和维修之用。数据单一般都列在相应的电路图中，而不单独列出。

以上是电气图的基本分类。因表达对象的不同，目的、用途、要求的差异，所需要设计、提供的图样种类和数量往往相差很多。在表达清楚、满足要求的前提下，图样越少越简练越好。

（三）按制图是否应用投影原理的电气图分类

工程制图中，常用的投影法有中心投影法和平行投影法，平行投影法又可分为正投影法和斜投影法。工程中应用最多的是正投影法。

有关投影的概念将在第三章第二节中详述。按电气图是否应用正投影原理，可以将电气图分为以下两大类。

1. 电气简图

电气简图即电气示意图，是用国家标准规定的电气符号，按制图规则表示电气设备或元器件相互连接顺序的图形。

电气简图不按投影原理绘图。

电气制图中有大量的电气简图，电气简图具有以下特点。

1）各组成部分或元器件用电气图形符号表示，而不具体表示其外形、结构及尺寸等特征。

2）在相应的图形符号旁标注文字符号、数字编号（有时还要标注型号、规格等）。

3）按功能和电流流向表示各装置、设备及元器件的相互位置和连接顺序。

4）没有投影关系，不标注尺寸。

显然，前述系统图、框图、电路图、接线图或接线表、功能图、等效电路图、逻辑功能图以及某些位置图，都属于这类简图。

简图布局时，一是要突出过程或信息流方向，将相应的电气图形符号、文字符号排列整齐，并使电路连线直通；二是突出功能关系，将功能相关的元器件放在一起并进行符号分组。

简图布局时，为强调主电路过程和（或）信号流方向，电路及其图形符号应从左至右或从上至下布局；强调功能关系时，功能相关项目元器件的图形符号应彼此靠近，集中布置。同时要考虑：为强调信号流方向，连接线应尽可能保持为直线；同等重要的或功能相关的并联支路应对称布置；垂直（或水平）分支电路中的平行相似项目应水平（或垂直）对正布置，如图 2-33 所示。

应当指出的是，"简图"仅是一种术语，而不是"简化图"，"简略图"的意思。之所以称为简图，是为了与其他专业技术图的种类、画法加以区别。

本书第二章中所述的电气电路图都是电气简图。

2. 电气布置安装图

电气布置安装图简称电气安装图、电气布置图，是用国家标准规定的图形符号和文字符号将电气设备及其附件与建筑物按正投影原理制图，表示电气设备布置安装的图形。

关于电气布置安装图，将在第三章第一、三节中详述。

电气布置安装图要突出以电气为主，它所表达的对象，不仅有主体即各种电气设备，而且有作为依附客体的建筑物或构筑物，还有电气设备安装所需的附件和材料（如角钢、扁钢、槽钢、螺栓、电线电缆、各种管道等），因此，电气布置安装图的图例符号包括建筑总平面图例、建筑材料图例、建筑构造及配件图例、给排水施工图例以及采暖与空调图例等（请参考本书附录 F、G）。

根据简便、实用的原则，按照制图中正投影应用的不同情况，电气布置安装图又可分为以下两种。

1）全部按正投影原理。全部按正投影原理绘制的图样，如图 3-80 和图 3-81 所示，图中不仅建筑部分严格按正投影原理和选定的比例画出，而且电气设备（变压器、高压开关柜、低压配电屏、电缆及其支架等）都是按照正投影原理及一定比例画出的。当然，在满足工程实际需要的前提下，图中的变压器、高低压柜屏等只要简化画出其外形轮廓就可以了。

2）部分按正投影原理。这种图是在满足工程施工安装的前提下，建筑按正投影原理画出，而电气设备只用电气符号（电气图形符号及电气文字符号）表示。如图 3-59 和图 3-60 所示，楼层（或车间）建筑及尺寸按正投影原理和比例画出，而各种照明灯、电扇、开关、插座、导线及机床并不严格按正投影原理画出，只是用电气符号（或机床外形轮廓）大致标出其布置及安装的位置，专业的电气技术人员会根据现场情况安装。

二、电气图的主要特点

电气图与机械图、建筑图、地形图或其他专业的技术图相比，具有一些明显不同的特点。

1. 简图是电气图的主要表达形式

如上所述，电气图的种类是很多的，但除了必须标明实物形状、位置、安装尺寸的图（如电气设备平面布置图、立面布置图等）以外，大量的图都是简图，即仅表示电路中各装置、设备、元器件等的功能及其连接关系的图，如图 1-19、图 2-33 及图 3-76 所示。

2. 元器件和连接线是电气图的主要表达内容

电源、负载、控制元器件和连接线是构成电路的四个基本部分。如果把各电源设备、负载设备和控制设备都看成元器件，则各种电气元器件和连接线就构成了电路，这样，在表达

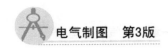

各种电路的电气图中，元器件和连接线就成为主要的表达内容了。这在电气简图和部分按正投影原理画的图样中尤为明显。

3. 图形符号、文字符号是组成电气图的主要要素

电气图中大量用简图表示，而简图主要是用国家标准规定的电气图形符号和文字符号表达绘制的，因此，电气图形符号和文字符号不仅大大简化了绘图，而且它必然成为电气图的主要组成成分和表达要素。

图形符号、文字符号和项目代号、数字编号以及必要的文字说明相结合，不仅构成了详细的电气图，而且对读图时区别各组成部分的名称、功能、状态、特征、对应关系和安装位置等是十分重要的，为此，读者必须牢记常用的电气图形符号及文字符号。

4. 电气图中的元器件都是按正常状态绘制的

所谓"正常状态"或"正常位置"，是指电气元件、器件和设备的可动部分表示为非激励（未通电，未受外力作用）或不工作的状态或位置，例如：

继电器和接触器的线圈未通电，因而其触点处于还未动作的位置。

断路器、负荷开关、隔离开关、刀开关等在断开位置。

带零位的手动控制开关的操作手柄在"0"位，按钮触点在未按动位置。

行程（位置）开关在非工作状态或位置。

事故、备用、报警等开关在设备、电路正常使用或正常工作的位置等。

5. 电气图往往与主体工程及其他配套工程的相关专业图有密切关系

电气工程通常与主体工程（土建工程）及其他配套工程（如机械设备安装工程、给排水管道工程、采暖通风管道工程、广播通信线路工程、道路交通工程、蒸汽煤气管道工程等）配合进行，电气装置及设备的布置、走向、安装等必然与它们密切有关。因此，电气图尤其是电气安装图（布置图）无疑与土建工程图、管道工程图等有不可分割的联系。这些电气图不仅要符合国家有关电气设计规程和规范要求（如安全、防火、防爆、防雷、防闪络等），而且要根据有关土建、机械、管道图的规程要求和尺寸来进行设计布置。

三、电气图的基本构成

电气图一般由电路接线图、技术说明、主要电气设备（元器件）及材料明细表和标题栏四部分组成。

1. 电路接线图

电路是由电源、负载、控制元器件和连接线等组成的能实现预定功能的闭合回路。电路接线图详细表达了电路中各设备或元器件的相互连接顺序。毫无疑问，电路接线图是整个图样最重要的核心内容。

2. 技术说明

技术说明或技术要求，用以注明电气接线图中有关要点、安装要求及图中表达不清的未尽事项等。其书写位置通常是：主电路图中在图面的右下方，标题栏的上方；二次电路图中在图面的右上方或下方。

3. 主要电气设备（元器件）及材料明细表

主要电气设备（元器件）及材料明细表，即明细栏，如图1-5及图1-6所示。它用以注明电气接线图中主要电气设备（元器件）及材料的代号、名称、型号、规格数量和说明等，不仅便于识图，而且是订货、安装、调试、维修的重要依据。

4. 标题栏

标题栏又称"图标"，它在图面的右下角，用于标注电气工程名称、设计类别、设计单位、图名、图号、比例、尺寸单位、材料及设计人、制图人、描图人、审核人、批准人的签名和日期等。标题栏具有该图样简要说明书的作用。

此外，有些涉及相关专业的电气图样，紧接在标题栏左下侧或图框线以外的左上方，列有会签表，由相关专业（如电气、土建、管道等）技术人员会审认可后签名，以便互相统一协调、分工明确责任。

应当指出，工程图样作为工程交流的语言和工具，是重要的技术文件，具有法律效力。设计人员及审核、批准者等要由签名的图样对工程负法律责任，施工安装人员如误读图样或未经相关人员同意（要有书面材料签字认可）而随意修改、变动图样，造成不良后果或严重事故的，要追究行政、经济直至法律责任。因此，签名不仅是当事者的成果和权力，更意味着不可推卸的工作责任乃至法律责任。

第三节　电气图的制图规则

电气制图要按国家有关制图的标准、规范及规则进行。

一、图线的应用

电气制图中图线的线型，要符合国家标准 GB/T 4457.4—2002 及 GB/T 50001—2017 的规定，见表1-2。

电气制图中使用较多的是中实线、细实线、细虚线、细单点画线和双折线、波浪线。

二、尺寸的标注

尺寸数值是制造、加工、装配或施工安装的主要依据。尺寸注法要符合国家标准 GB/T 4458.4—2003 的规定。

尺寸标注应满足下列主要要求。

（1）正确　标注的尺寸要正确无误，要符合国家标准有关规定。

（2）清晰　标注的尺寸要素布局整齐清楚，便于看图。

（3）完整　标注的尺寸齐全，能正确表达对象的形状、位置和加工施工要求，既不遗漏，也不重复。

（4）合理　标注的尺寸符合设计、制造和检验的要求。

尺寸由尺寸数字、尺寸界线和尺寸线三个要素组成，如图1-23所示。

1. 尺寸单位

各种工程图上标注的尺寸，除标高尺寸、总平面图和一些特大构件的尺寸单位以米（m）为单位外，其余都以毫米（mm）为单位。凡尺寸单位采用 mm 时不必注明，采用其他单位时必须在图样中注明单位的代号或名称。

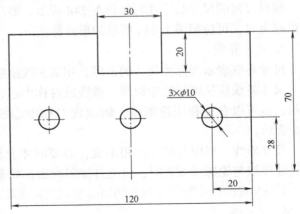

图1-23　尺寸的组成要素

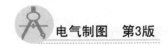

2. 尺寸数字

表达对象的真实大小是以图样上所标注的尺寸数值为依据的，与图形的大小、比例及绘图正确与否无关（当然，图样应力求正确无误）。因此，图样上的尺寸应以尺寸数字为准，不得以图上直接量取的尺寸为依据。图样上所注尺寸应是最后完工尺寸，否则要另加说明。

在同一图样中，每一尺寸一般只标注一次，并要标注在表达此结构最明显、清晰的图形上。但建筑电气安装图上必要时允许标注重复尺寸。

尺寸数字一律要用标准制图字体，建议采用与长仿宋体汉字相协调、挺拔秀美的 A 型字体。

同一张图样上的尺寸数字字高应一致，但用作指数、分数、极限偏差和注脚等的数字一般应采用较小一号的字体。

线性尺寸的尺寸数字一般都注写在尺寸线的中部上方，也可以在中断处，如图 1-23 所示。但同一图样中，尺寸数字的注写形式应一致，即不能有的在尺寸线上方，有的在中断处。尺寸数字不可被任何图线所通过，必须将图线断开以标注数字。当图中位置太小无法标注尺寸时，可以引出标注，如图 1-23 中的 $3 \times \phi 10$ 及图 1-24b 所示。

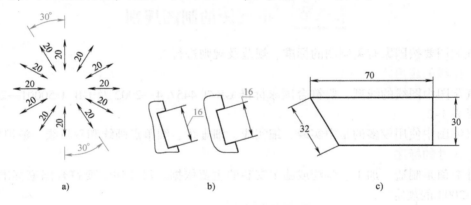

图 1-24　线性尺寸数字的注写方法

图样中所标注尺寸的图线大部分为水平线和垂直线，尺寸数字的注写形式是：水平方向注写时，尺寸数字字头朝上；垂直方向注写时，字头一般是朝左，但当尺寸数字注写在尺寸线中断处时，则字头朝上，如图 1-24c 中尺寸数字 30 所示。

倾斜方向的尺寸数字注写如图 1-24c 所示。要尽量避免在图示 30° 范围内标注尺寸，当无法避免时，可仿照图 1-24a 所示的形式标注。

3. 尺寸界线

尺寸界线表示所标注尺寸的范围，用细实线绘制。

尺寸界线应从图形的轮廓线、轴线或对称中心线处引出，如图 1-25a 中的 58、38、$\phi 28$ 所示；也可以直接利用轮廓线、轴线或对称中心线作为尺寸界线，如图 1-25a 中的 $\phi 20$、$\phi 16$ 所示。

尺寸界线一般应与尺寸线相垂直，必要时才允许倾斜，且要超过尺寸线箭头 2～5mm。当尺寸界线与轮廓线太近时，也允许倾斜画出，如图 1-25d 中的 18、12。

标注角度的尺寸界线应沿径向引出。标注弦长或弧长的尺寸界线应平行于该弦的垂直平分线。

4. 尺寸线

尺寸线表明所标注尺寸的方向，必须用细实线单独画出，而不得用图中任何图线代替，

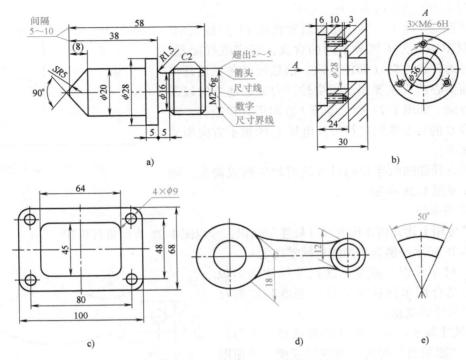

图 1-25 尺寸的组成及标注示例

一般也不得与其他图线重合或画在其延长线上。

线性尺寸的尺寸线必须与所标注的线段平行，它与所标注的线段或互相平行的尺寸线（如图 1-25a 中尺寸 58、38 的尺寸线）之间间距一般为 5 ~ 10mm。尺寸线与尺寸线之间，或尺寸线与尺寸界线之间，应尽量避免相交，因此，当标注几个平行尺寸时，要把小尺寸放在靠近图形的里面，大尺寸放在外面，如图 1-23 中的 20 与 120、28 与 70，图 1-25a 中的 38 与 58 所示。弧形尺寸的标注如图 1-25e 所示。

尺寸线终端有箭头和斜线两种形式，其画法如图 1-26a、b 所示。其中，箭头长度约为箭尾宽 d（粗实线宽度）的 6 倍，尖角 ≥15°；斜线用中粗斜短线绘制，其倾斜方向应与尺寸界线成顺时针 45°角，长度高 h 约为 2 ~ 3mm。虽然箭头的图示看起来简单，但由于它数量多而且画得不好将影响整个图样绘图质量，因此要掌握图示要领，多画多练，一般宜使用三角板画出。当图样中所标注尺寸处位置太小时，允许用斜线或圆点（见图 1-26c）标注。

在同一张图样上只能采用同一种尺寸线终端形式。实心箭头适用于各种类型的图样。一般机械制图中都使用实心箭头，建筑制图和建筑电气制图中既可用实心箭头，也可以用斜线标注，如图 3-80 和图 3-81 所示。

箭头的尖端与尺寸界线必须正好相接，既不能超过，也不可留有空隙。

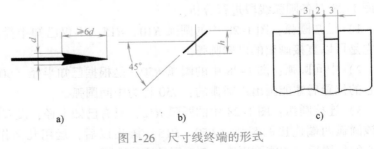

图 1-26 尺寸线终端的形式

a) 箭头 b) 斜线 c) 圆点

同一张图样中的所有箭头大小应一致。

　　在计算机绘图中，尺寸箭头通常都用 45°斜线表示。在电气制图中，为了区分不同的含义，规定电气能量、电气信号的传递方向（即能量流、信息流流向）用开口箭头，而实心箭头主要用于可变性、力或运动方向以及指引线方向。如图 1-27 中，电流 I 方向用开口箭头，而可变电容 C 的可变性限定符号及电压 U 的指示方向用实心箭头表示。

　　圆的直径和圆弧半径的尺寸线终端应画成箭头，如图 1-25b 及图 1-28 所示。

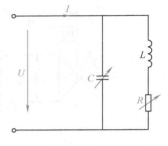

图 1-27　电气图中的箭头使用示例

　　5. 应用举例

　　为了应用上述几何作图及尺寸标注的知识，今以图 1-28 为例进行讲述。

　　图 1-28 所示手柄为典型的机械零件之一。

　　（1）尺寸常识　除了上述尺寸标注的知识外，这里结合图示讲述有关尺寸基准和定形尺寸、定位尺寸的概念。

　　1）尺寸基准：标注尺寸的起始点，称为尺寸基准。"起始点"可能是点或线或面。平面图形中尺寸标注有水平与垂直两个方向的尺寸基准，一般以图形中的对称线、轴线、较大圆的中心线及较长的线段作为尺寸基准。图 1-28 中轴线 A 为垂直方向的尺寸基准，而直线 B（实际上是手柄的一个圆形端面）为水平方向的尺寸基准。

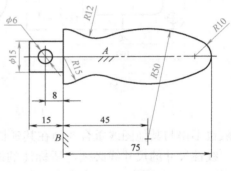

图 1-28　手柄

　　2）定形尺寸：图形中用于确定线段长度、圆的直径或圆弧的半径、角度大小的尺寸，称为定形尺寸。如图 1-28 中的 8、15、45、75 用于确定手柄长度方向各部分线段长度，而 $R10$、$R12$、$R15$ 和 $R50$ 用于确定各圆弧的尺寸，$\phi6$ 是圆柱形孔尺寸，$\phi15$ 是圆柱尺寸。

　　3）定位尺寸：用于确定图形中各线段之间相对位置关系的尺寸，如确定圆或圆弧的圆心位置、直线段位置的尺寸。图 1-28 中的尺寸 8 用于确定 $\phi6$ 圆柱孔的位置，尺寸 45 用于确定 $R50$ 圆弧的位置，而尺寸 75 则不仅表示手柄弧形段部分的长度，而且是右端 $R10$ 圆弧的定位尺寸。

　　（2）线段分析　图形中的线段，可分为已知线段、中间线段和连接线段三种。下面结合图 1-28 对各圆弧线段进行分析。

　　1）已知圆弧：图 1-28 中的圆弧 $R10$、$R15$，不仅已知半径，而且圆心位置也知道，因此它是可以直接画出的已知圆弧。

　　2）中间圆弧：图 1-28 中的圆弧 $R50$，是根据已知半径（50）和定位尺寸（45），确定圆心的位置后才能画出该圆弧的，$R50$ 称为中间圆弧。

　　3）连接圆弧：图 1-28 中的圆弧 $R12$，只有已知半径，没有圆心的定位尺寸，它必须在与该圆弧两端连接的圆弧（$R50$、$R15$）画出以后，运用几何作图的连接方法确定（$R12$）圆心的位置后，才能画出来。$R12$ 便是连接圆弧。

（3）作图步骤　根据以上分析，就可按图1-29a~f的步骤作图了。

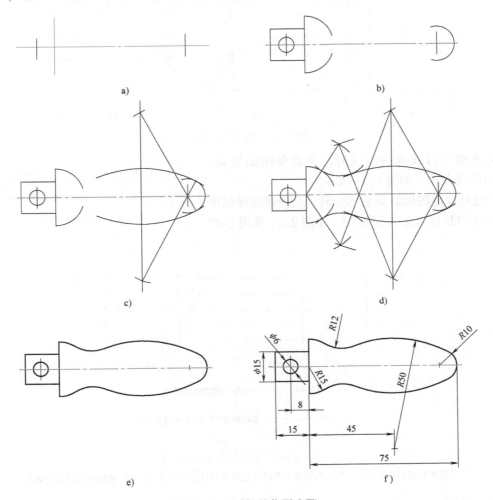

图 1-29　手柄的作图步骤

a) 画基准线　b) 画已知线段　c) 画中间圆弧　d) 画连接圆弧　e) 擦去多余图线，描深　f) 标注尺寸

三、指引线

电气图中用来注释某一元器件或某一部分的指向线，统称为指引线。它用细实线表示，指向被标注处，且根据不同情况在其末端加注以下标记：

指引线末端在轮廓线以内时，用一黑点表示，如图1-30a所示。

指引线末端在轮廓线上，用一实心箭头表示，如图1-30b所示。

指引线末端在回路线上，用一45°短斜线表示，如图1-30c及图3-76所示。

四、连接线

电气图上各种图形符号之间的相互连接图线，统称为连接线。连接线一般用细实线或中实线表示，计划扩展的内容则用虚线。当为了突出或区分不同电路的功能时，可采用不同宽度的图线表示。如图2-43和图2-47中，主电路用粗实线、二次电路则用中实线或细实线表示。

连接线的识别标记一般注在靠近连接线的上方，也可在中断处标注，如图1-31所示。

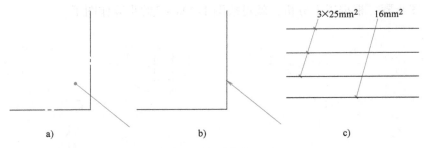

图1-30　指引线的画法

有多根平行线或一组线时，为避免图面繁杂，可采用单线表示，如图1-32所示。

当连接穿越图面的其他部分时，允许将连接线中断，但在中断处应加相应标记，如图2-45及图2-47所示。

图1-31　连接线的标记

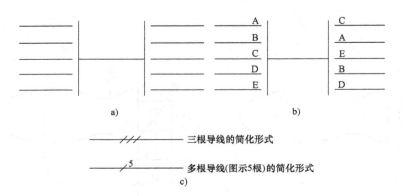

图1-32　多根导线或连接线的简化画法

a）多根平行线的单线表示　b）两端处于不同位置的平行线的单线表示　c）多根导线的简化画法

五、围框

围框用于在图样上表示出其中一部分的功能、结构或项目的范围。

围框用细单点画线表示，如图2-45及图3-76所示。

围框的形状一般为长方形，如图2-31、图2-45及图3-75、图3-76所示，但也可以不规则。围框线一般不可与元器件符号相交（插头、插座和连接端子符号除外）。

"细节决定成败"，制图中的点、划、线，看似简单，但没有认真踏实的学习态度是画不好、写不好的。

　　画好点、划、线，写好仿宋字，从点点滴滴开始，养成严谨、认真、踏实的作风与态度，尽自己所能，现在努力学习，打好基础，今后才能充分发挥你的聪明才智，把工作做到极致，为祖国的繁荣昌盛、更加强大做出自己应有的贡献。

思　考　题

1-1　什么是图样？图样有什么用途？

1-2　"电气制图"课程的性质是什么？

1-3　图纸幅面有几种？各用什么符号表示？

1-4　画图线时有哪些注意事项？

1-5　使用图板、丁字尺固定图纸时有哪些注意事项？

1-6　简述绘图的基本方法及步骤。

1-7　什么是电气图？什么叫电气设备？

1-8　按制图是否应用投影原理，电气图分为哪两大类？它们各有什么特点？

1-9　电气图有哪些主要特点？电气简图有什么特点？

1-10　电气图通常由哪几部分组成？

1-11　尺寸标注包括哪些要素？

1-12　标注尺寸有哪些基本要求？

1-13　什么是尺寸线和尺寸界线？

1-14　什么叫尺寸基准？尺寸基准怎样选择？

1-15　什么是定形尺寸和定位尺寸？

1-16　什么叫指引线、连接线？

习　题

1-1　按表 1-4 练习长仿宋体的基本笔划，按图 1-9 字例书写长仿宋体汉字（每周一遍，反复练习）。

1-2　按图 1-10、图 1-11 练习书写阿拉伯数字及拉丁字母（每周一遍，反复练习）。

1-3　按图 1-25a、b 的样式画尺寸箭头、斜线各 30 个。

1-4　按图 1-28 所示的手柄及尺寸，用 A4 图纸按 2∶1 的比例作图。

1-5　由图 1-33 量取各部分尺寸后按 2∶1 用 A4 图纸画图，并注出图中各指引线的名称及线型（提示：指引线上方注写图线名称，下方注写线型）。

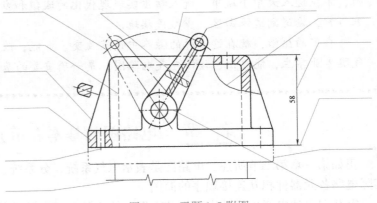

图 1-33　习题 1-5 附图

第二章
电气电路图制图

本章中的电气电路图，就是电气简图。本章首先介绍电路图的基本知识及其基本表示方法，然后介绍电路图中的各种电气符号，在此基础上再分别讲解各种常用电路图的绘制方法。

素 养 阅 读

在国际能源紧缺和环境污染日益严重的形势下，我国在发展火电的同时，积极发展水力发电、核电、光伏发电、风力发电、地热发电、潮汐发电，取得了举世瞩目、不同程度的进展。

2004 年，我国成为世界上水电装机容量最多的国家。2014 年，全国水电发电量首破 1 万亿 kW·h，约占全国总发电量的 1/5。

我国风电装机容量在 2004 年年底仅有 74 万 kW，到 2011 年已达 6236 万 kW，成为世界第一风电大国。

到 2017 年，我国光伏发电装机总容量超过 1.3 亿 kW，新增装机容量已连续数年全球第一。

随着电力能源的迅速发展，迫切需要更高电压等级、更加强力的电网相配套。到 2011 年，除台湾省外，中国各省市自治区及港澳地区电网全部实现交直流联网。

特高压交流输电技术、成套设备及工程应用荣获"国家科技进步奖特等奖"，中国拥有完全自主知识产权，同时也是世界上唯一掌握这项技术的国家。国际电工委员会认为，中国建成世界上电压等级最高、输电能力最强的交流输电工程，是电力工业发展史上的一个重要里程碑，中国在世界特高压输电领域的引领地位从此确立。

如今，神州大地已经建成世界第一大电网。源源不断的电能穿山越岭，跨越江河，不仅进入大中小城市，进入初步实现现代化的城镇和乡村，而且如血脉延伸到千家万户，输送到边缘山区、少数民族地区。

我们的生活，就在这血脉的滋养中悄然改变。电能，改变了我们的生活。身为电气类专业学生，能画出、读懂电气电路图，是一项重要的基本功。

第一节　电路图的基本表示方法

正如第一章第二节所述，电路图是表示电气系统、分系统、装置、部件、设备、软件等实际电路各元器件相互连接顺序的简图。

电路图表达电气项目的实现细节，即：构成的各元器件及其相互连接关系，而不考虑各元器件的实际尺寸和形状。因此，电路图是不按正投影原理绘制的电气图。

由于表达的对象和用途不同，电路图的种类及其表示方法有很大差别。但因为电路图大都用简图表示，其表达的主要内容是元件和连接线，图形符号、文字符号是组成电路图的主要要素，因此，各种电路图必然有许多共同点和基本的表示方法。

一、电源电路的表示方法

1）电源连接线应按照下面顺序自上而下或自左至右表示。

① 交流电路

L1，L2，L3，N，PE。

② 直流电路

L+，M，L−，即：正极到负极。

连接线应彼此相邻表示，或置于分支的另一侧。

2）交流电路和直流电路的额定值宜采用缩写的形式，如：

① 交流三相三线系统400V：3AC 400V。

② 带有中性导体 N 和保护导体 PE 的三相四线制系统 400/230V：3/N/PE AC 400/230V 50Hz。

③ 直流电压110V：DC 110V。

二、连接线的基本表示方法

电路图上各种图形符号之间的相互连接线，可能是传输能量流、信息流的导线，也可能是表示逻辑流、功能流的某种图线。

按照电路图中图线表达相数的不同，连接线的表示方法可分为多线表示法和单线表示法两种。

1. 多线表示法

每根连接线用一条图线表示的方法，称为多线表示法，其中大都是用三线表示，如图2-1a 及图2-52 所示。

多线表示法绘制的图能详细、直观地表达各相或各线的内容，尤其是在各相或各线不对称的场合，宜采用这种表示法。但它图线多，作图麻烦，特别是在接线比较复杂的情况下会使图形显得繁杂而不能清晰易读，因此，它一般只用在图形比较简单或相、线不对称的场合。

2. 单线表示法

两根或两根以上（大多是表示三相系统的三根）连接线用一根图线表示的方法，称为单线表示法，如图2-33 及图2-36 所示。

单线表示法易于绘制，清晰易读。它应用于三相或多线对称或基本对称的场合。凡是不对称的部分，例如三相三线、三相四线制供配电系统中的互感器、继电器接线部分，则应在图的局部画成多线来标明，或另外用文字符号说明。如图2-43 及图2-47 中的两相式接线电流互感器，只有L1、L3 相的线路装设，因此在局部应画出三相线路。

另有一种混合表示法，即在同一个图幅中，有的采用单线表示法，有的采用多线表示法。

三、连接线的表示应掌握的要点

1. 导线的一般表示方法

（1）导线的一般符号　如图2-2a 所示，它用于表示单根导线、导线组、电线、母线、绞线、电缆、线路及各种电路（能量、信号的传输等），并可根据情况通过图线粗细、加图

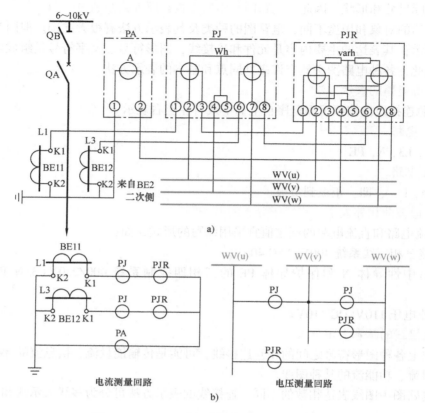

图 2-1 6～10kV 高压线路电测量仪表电路图

a）接线图 b）展开图

BE11、BE12—电流互感器 BE2—电压互感器 WV—电压小母线

PA—电流表 PJ—三相有功电能表 PJR—三相无功电能表

形符号及文字、数字标注来区分各种不同的导线，如图 2-2b 的母线、图 2-2c 的电缆等。

（2）导线根数的表示方法 当用单线表示几根导线或导线组时，为了表示导线的实际根数，可以在单线上加 45°短斜线表示：根数较少（2～3）根时，用斜线数量代表导线根数；当根数较多（如 4 根以上）时，用一根短斜线旁加注数字表示，如图 2-2d 所示。

（3）导线特征的标注方法 导线特征通常采用字母、数字符号标注，举例如下。

图 2-2e①中，在横线上标注出三相四线制，交流，频率为 50Hz，线电压为 380V；在横线下方注出导线为 BV 型绝缘导线，额定电压 500V，三相导线每根相线截面积为 16mm^2，中性线截面积为 10mm^2。

图 2-2e②表示导线为硬铜母线，相线截面宽×厚为 80mm×6mm，中性线截面宽×厚为 30mm×4mm。

图 2-2e③表示的是聚氯乙烯绝缘铝导线，额定电压为 500V、三相导线每相截面积为 70mm^2、中性线截面积为 35mm^2、穿内径为 70mm 的焊接钢管沿墙明敷。导线敷设方式及部位的标注符号见表 3-8 及表 3-9。

2. 图线的粗细

为了突出或区分电路、设备、元器件及电路功能，图形符号及连接线可用图线的不同粗细来表示。常见的如发电机、变压器、电动机的圆圈符号在大小、图线宽度上应与电压互感器和电流互感器的符号有明显区别；电源主电路、一次电路、电流回路、主信号通路等采用粗实线或中实线，二次电路、电压回路等则采用宽小1号的中实线或细实线，而母线通常比粗实线还要宽些。电路图、接线图中用于标明设备元器件型号规格的标注框线及设备元器件明细表的分行、分列线，均用细实线。

3. 导线连接点的表示方法

导线连接一般有T形、+形两种，其标注方法如图2-3所示。T形连接点可加实心圆点"·"，也可不加实心圆点，如图2-3a所示。对+形连接点，必须加实心圆点，如图2-3b所示。

凡交叉但并不连接的两条或两条以上连接线，在交叉处不得加实心圆点，如图2-3c所示；而且应避免在交叉处改变方向，也不得穿过其他连接线的连接点，如图2-3d所示。

图2-3e为表示导线连接点的示例。图中连接点①是T形连接点，可加也可不加实心圆点；连接点②是+形连接点，必须加实心圆点；连接点③④的"○"号表示导线与设备端子的固定连接点；而连接点符号"ｏ"表示可拆卸（活动）连接点；A处表示两导线交叉但不连接。

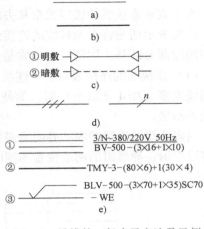

图2-2 导线的一般表示方法及示例
a）导线的一般符号 b）母线 c）电缆
d）导线根数的表示方法
e）线路特征的表示方法（举例）

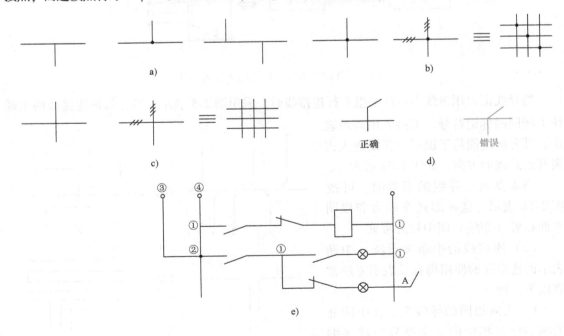

图2-3 导线连接点的表示方法
a）T形连接点 b）+形连接点 c）交叉而不连接 d）交叉处改变方向 e）示例

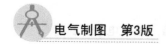
4. 连接线的连续表示法和中断表示法

为了表示连接线的接线关系和去向，可采用连续表示法或中断表示法。

连续表示法是将表示导线的连接线用同一根图线首尾连通的方法；中断表示法是将连接线中间段部分断开，用符号（通常是用文字符号及数字编号）分别标注其去向的方法。

（1）连接线的连续表示法　连续表示的连接线既可以用多线表示，也可以用单线表示。当图线太多（如4条以上）时，为使图面清晰易画易读，对于多条去向相同的连接线常用单线表示法。

当多条线的连接顺序不必明确表示时，可采用图2-4a的单线表示法，但单线的两端仍用多线表示；导线组的两端位置不同时，应标注相对应的文字符号，如图2-4b所示。

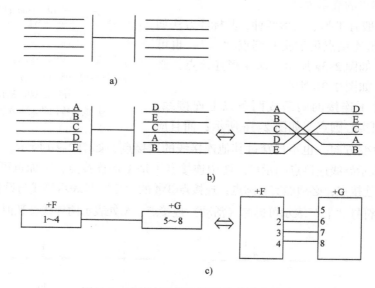

图2-4　连续表示的连接线的单线表示法

当导线汇入用单线表示的一组平行连接线时，采用图2-5表示。即在每根连接线的末端注上相同的标记符号；汇接处用斜线表示，其方向应能易于识别连接线进入或离开汇总线的方向，如图2-5a所示。

当需要表示导线的根数时，可按图2-5b表示。这种形式在动力和照明平面布置（布线）图中较为常见。

（2）连接线的中断表示法　中断表示的连接线的使用场合及表示方法常有以下三种。

1）去向相同的导线组，在中断处的两端标以相应的文字符号或数字编号，如图2-6所示。

2）两功能单元或设备、元器件之

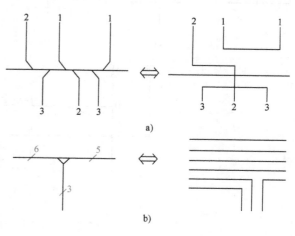

图2-5　汇总线（线束）的单线表示法

间的连接线，用文字符号及数字编号表示中断，如图2-7b所示。

3）连接线穿越图线较多的区域时，将连接线中断，在中断处加相应的标记，如图2-8所示，再如图2-47b中"去AK5在2号变707（3QA）"、"去AK2在总开关（1QA）柜707"都是连接线的中断表示。

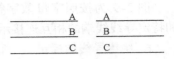

图2-6　导线组的中断表示

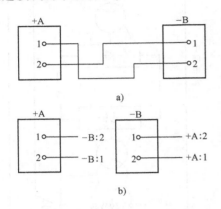

a)

b)

图2-7　用符号标识表示中断线

a）连续表示　b）用相对编号法表示

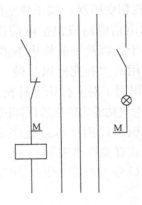

图2-8　穿越图面的中断线

5. 电器特定接线端子和特定导线线端的识别

与特定导线直接或通过中间电器相连的电器接线端子，应按表2-1中的字母进行标识。

表2-1　设备端子和导体的标志和标识（GB/T 50786—2012）

导　体		文 字 符 号	
		设备端子标志	导体和导体终端标识
交流导体	第1线	U	L1
	第2线	V	L2
	第3线	W	L3
	中性导体	N	N
直流导体	正极	+或C	L+
	负极	−或D	L−
	中间导体	M	M
保护导体[①]		PE	PE
保护接地中性导体[②]		PEN	PEN

注：变压器设备端一次侧用英文大写字母，二次侧用英文小写字母。交流导体第1线、第2线、第3线在电力行业中普遍还使用标识A、B、C。

① 保护导体PE是指为了安全目的，如电击防护中设置的导体。其中保护联结导体用字母PB表示（接地PBE，不接地PBU）。

② PEN导体是指兼有保护接地导体和中性导体功能的导体。

图 2-9 为按照字母数字符号标记的电器端子和特定导线线端的相互连接示例。

6. 绝缘导线的标记

对绝缘导线进行标记，是为了识别电路中的导线和已经从其连接的端子上拆下来的导线。我国国家标准对绝缘导线的标识做了规定，但电器（如旋转电机和变压器）端子的绝缘导线除外，其他设备（如电信电路或包括电信设备的电路）仅作参考。限于篇幅及一般使用不多，此处不详述。这里仅将常用的"补充标识"做一叙述。

补充标识用于对主标识做补充，它是以每一导线或线束的电气功能为依据进行标识的系统。

补充标识可以用字母或数字表示，也可以采用颜色标识或有关符号表示。

补充标识分为功能标识、相位标识、极性标识等。

1）功能标识：分别考虑每一个导线功能（例如开关的闭合或断开、位置的表示、电流或电压的测量等）的补充标识，或者一起考虑几种导线的功能（例如电热、照明、信号、测量）的补充标识，如图 2-47 中各小母线的文字符号标记为操作小母线 WC（u）、WC（n）、WV（u）、WV（v）、WV（w）。

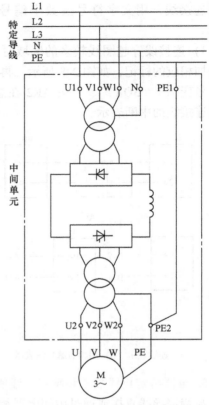

图 2-9 电器设备端子和特定导线的相互连接

2）相位标识：表明导线连接到交流系统中某一相的补充标识。

相位标识采用大写字母或数字或两者兼用表示相序。交流系统中的中性线必须用字母 N 标明。同时，为了识别相序，以利于运行、维护和检修，国家标准对交流三相系统及直流系统中的裸导线涂色进行了规定，见表 2-2。

表 2-2 导体的颜色标识（GB/T 50786—2012）

导体名称	颜色标识	导体名称	颜色标识
交流导体的第 1 线	黄色（YE）	PEN 导体	全长绿/黄双色（GNYE），终端另用淡蓝色（BU）标识；或全长淡蓝色（BU），终端另用绿/黄双色（GNYE）标识
交流导体的第 2 线	绿色（GN）		
交流导体的第 3 线	红色（RD）	直流导体的正极	棕色（BN）
中性导体 N	淡蓝色（BU）	直流导体的负极	蓝色（BU）
保护导体 PE	绿/黄双色（GNYE）	直流导体的中间导体	淡蓝色（BU）

3）极性标识：表明导线连接到直流电路中某一极性的补充标识。

用符号标明直流电路导线的极性时，正极用"＋"标识，负极用"－"标识，直流系统的中间线用字母 M 标明。如可能发生混淆，则负极标识可用"（－）"表示。

4）保护导线和接地线的标识：见表 2-2。

在任何情况下，字母符号或数字编号的排列应便于阅读。它们可以排成列，也可以排成行，并应从上到下、从左到右、靠近连接线或元器件图形符号排列。

附录 A、附录 B 分别列出了电变量专用的字母代码和部分特定导体的标识。

四、元器件的基本表示方法

1. 元器件的集中表示法和分开表示法

电气元器件的功能、特性、外形、结构、安装位置及其在电路中的连接，在不同电路图中有不同的表示方法。同一个电气元器件往往有多种图形符号，如方框符号、简化外形符号（如表示电机和测量仪表的圆形，继电器、接触器线圈的矩形，电信中的信号发生器的方形等）、一般符号；在一般符号中，有简单符号，也有包括各种符号要素和限定符号的完整符号。

系统图、框图、位置图、等效电路图、功能图等，通常采用方框符号、简化外形符号或简单的一般符号表示，但电路图和接线图往往要用完整的图形符号表示。

根据电路图的用途，完整图形符号又分别采用集中表示法、分开表示法和介于二者之间的半集中表示法。图 2-10 为 DL－10 系列电磁式电流继电器 KC 和 DZ－10

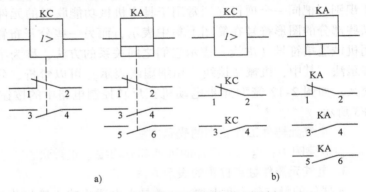

图 2-10　完整图形符号的表示示例
a) 集中表示法　b) 分开表示法
KC—电流继电器　KA—中间继电器

系列中间继电器 KA 的图形符号，它们分别是用集中表示法和分开表示法表示的。

（1）集中表示法　集中表示法是把设备或成套装置中一个项目各组成部分的复合图形符号在简图上绘制在一起的方法。它只适用于简单的图，如图 2-11 所示。

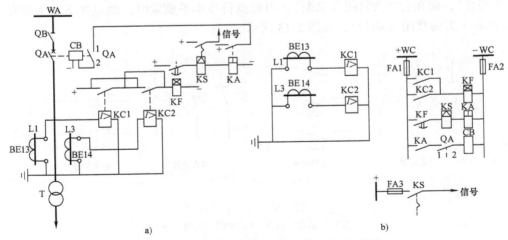

图 2-11　变压器定时限过电流保护原理电路图
a) 接线图（集中表示法）　b) 展开图（分开表示法）
WA—母线　　QB—隔离开关　QA—高压断路器　T—电力变压器　BE13、BE14—电流互感器
KC1、KC2—电流继电器（DL 型）　KF—时间继电器（DS 型）　KS—信号继电器
KA—中间继电器（DZ 型）　　CB—跳闸线圈

（2）分开表示法　分开表示法又称展开表示法，它是把同一项目中的不同部分（用于有功能联系的元件）的图形符号，在简图上按不同功能和不同回路分别画在各相应图上的表示方法。但不同部分的图形符号要用同一项目代号表示。分开表示法可以使图线避免或减少交叉，因而使图面清晰，而且给分析回路功能及标注回路标号也带来了方便。二次电路图中的展开图就是用的分开表示法，如图2-44及图2-47b、c所示。

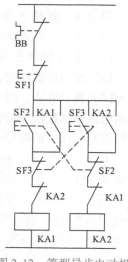

（3）半集中表示法　为了使设备和装置的电路布局清晰，易于识别，把同一个项目（通常用于具有机械功能联系的元件）中某些部分的图形符号在简图上集中表示，而另一些分开布置，并用机械连接符号（虚线）表示它们之间关系的方法，称为半集中表示法。其中，机械连接线（用细虚线表示）可以弯折、分支和交叉，如图2-12笼型异步电动机正反转控制电路中的按钮SF2、SF3所示。

图2-12　笼型异步电动机
正反转控制电路图

2. 电气元器件工作状态的表示方法

在电路图中，电气元器件的可动部分均按"正常状态"表示。

3. 电气元器件触点位置的表示方法

元器件的触点分为两大类：一类是由电磁力或人工操作的触点，如电量继电器（电磁型、感应型、晶体管型继电器等）、接触器、开关、按钮等的触点；另一类是非电和非人工操作的触点，如各种非电量继电器（气体、速度、压力继电器等）、行程开关等的触点。

1）对于电量继电器、接触器、开关、按钮等的触点，在同一电路中，在"正常状态"下，或在加电或受力后各触点符号的动作方向应一致。

触点符号规定为"左开右闭，下开上闭"，即：当触点符号垂直放置时，触点在左侧为常开（动合），而在右侧为常闭（动断）；当触点符号水平放置时，触点在下方为常开（动合），而在上方为常闭（动断），如图2-13所示。

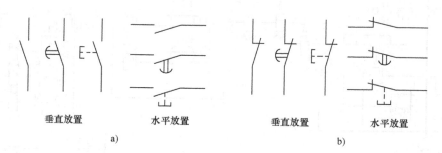

垂直放置　　　　水平放置　　　　垂直放置　　　　水平放置

a)　　　　　　　　　　　　　　　b)

图2-13　触点符号表示示例
a）常开（动合）触点　b）常闭（动断）触点

2）对非电和非人工操作的触点，必须在其触点符号附近表明运行方式。一般采用三种方法表示，如图1-21所示。

4. 元器件的技术数据及有关注释和标识的表示方法

（1）元器件技术数据的表示方法　电器元器件的技术数据（如型号、规格、整定值等）

一般标注在其图形符号的近旁，如图 2-14 所示。

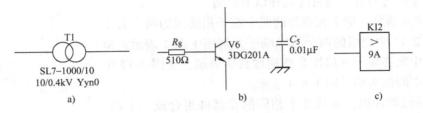

图 2-14　元器件技术数据标注方法举例

a）电力变压器　b）电阻、晶体管、电容　c）电流继电器

技术数据标注的位置通常为：当连接线为水平布置时，尽可能标注在图形符号的下方，如图 2-14a 所示；垂直布置时，标注在项目代号的下方，如图 2-14b 所示。技术数据也可以标注在继电器线圈、仪表、集成块等的方框符号或简化外形符号内，如图 2-14c 所示。

在一、二次电气接线图等电路图中，技术数据常用表格的形式标注，如图 2-36 所示。电气主接线图上要写出"主要电气设备及材料明细表"字样，序号一般采用由上至下顺序排列，如图 2-36 右表那样；而二次回路图中通常不另写文字"元器件明细表"，序号等项目紧接标题栏上方按自下而上顺序列出。

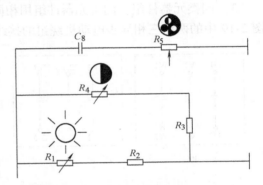

图 2-15　元器件有关信息标识示例

（2）注释和标识的表示方法　当元器件的某些内容不便于用图示形式表达清楚时，可采用注释的方式，如图 2-15 所示。图中"信息标识"符号为常用电气设备用图形符号的色饱和度、对比度和亮度符号。

图中的注释可视情况放在它所需要说明的对象附近，并将加标识的注释放在图中其他部位；如图中注释较多，应放在图样的边框附近，一般放在标题栏上方。

5. 元器件接线端子的表示方法

（1）端子及其图形符号　电气元器件中用以连接外部导线的导电元件，称为端子。端子分为固定端子和可拆端子两种，按照 GB/T 50786—2012 规定，固定端子和可拆端子都用图形符号"○"表示。

装有多个互相绝缘并通常对地绝缘的端子的板、块或条，称为端子板或端子排。端子板常用加数字编号的方框表示，如图 2-16 及图 2-45 所示。

（2）以字母、数字符号标记接线端子的原则和方法　电气元器件接线端子标记由拉

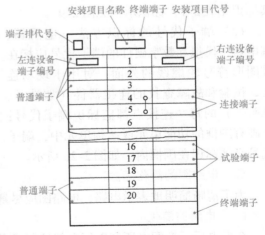

图 2-16　端子排及端子标识图例

丁字母和阿拉伯数字组成，如 U1、1U1，也可不用字母而简化成 1、1.1 或 11 的形式。

接线端子的符号标注通常应遵守以下原则。

1）单个元器件：单个元器件的两个端子用连续的两个数字表示，如图 2-17 中绕组的两个接线端子分别用 1 和 2 表示；单个元器件的中间各端子一般用自然递增数字表示，如图 2-17 中所示的绕组中间抽头端子用 3 和 4 表示。

2）相同元器件组：如果几个相同的元器件组合成一个组，则各元器件的接线端子可按下述方式标识。

在数字前冠以字母，例如标注三相交流系统电器端子的字母 U、V、W 等，如图 2-18a 所示。

若不需要区别不同相序时，则可用数字标识，如图 2-18b 所示。

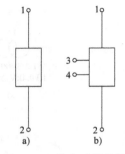

图 2-17　单个元件接线端子标识示例

3）同类元器件组：同类元器件组用相同字母标识时，可在字母前冠以数字来区别。如图 2-19 中的两组三相异步电动机绕组的接线端子用 1U1、2U1……来标识。

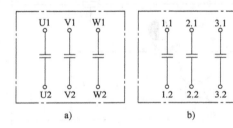

图 2-18　相同元器件组接线端子标识示例

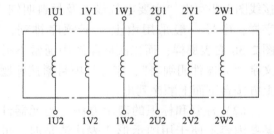

图 2-19 同类元器件组接线端子标识示例

图 2-47 中表示了电流继电器 KC1、KC2 和跳闸线圈 CB1、CB2 及其线圈、触点接线端子的表示方法。

4）与特定导线相连的电器接线端子：其标识见表 2-1，标识示例见图 2-9。

（3）端子代号的标识方法　电阻器、继电器、模拟和数字硬件的端子代号应标在其图形符号轮廓线的外面；对用于现场连接、试验和故障查找的连接器件（如端子、插头等）的每一连接点都应标识端子代号；在画有围框的功能单元或结构单元中，端子代号必须标识在围框内，如图 2-20 所示。

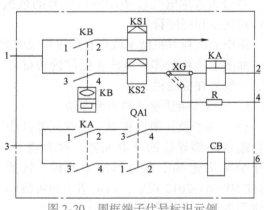

图 2-20　围框端子代号标识示例

五、电路图的简化画法

为了清晰简明地表示电路，电路图应尽量简化。一般下列几种情况可予以简化。

1. 主电路的简化

在发电厂、变配电所和工厂电气控制设备、照明等电路中，主电路通常为三相三线制或三相四线制的对称电路或基本对称电路，在电路图中，可将主电路或部分主电路简化用单线图表示，而对于不对称部分及装有电流互感器、电压互感器及热继电器的局部电路，用多线图（一般为三线图）表示。图 2-21a 是三相四线制简化成单线的表示方法，图 2-21b 则为表示两相式电流互感器（BE）及热继电器（BB）在用三线图表示时的局部电路画法。图 2-33 及图 2-36、图 2-37 中都是这种应用的实例。

2. 并联电路的简化

多个相同的支路并联时，可用标有公共连接符号的一个支路来表示，但仍要标出全部项目代号及并联支路数。如图 2-22 所示，为了简化表示几条具有常开触点的并联支路，可简化用一对常开触点支路表示，但各项目代号 KA2、KA3、KA4 仍是要分别标明的。

3. 相同电路的简化

在同一张电路图中，相同电路仅需详细表示出其中 1 个，其余电路可用点画线框表示，但仍要绘出各电路与外部连接的有关部分，并在框内加以适当说明，如"电路同上""电路同左"等，如图 2-37 中的"同 AN3""同 AN8"所示。但在供配电电气主接线图中，为了清楚表示各引出电路的用途（负荷），一般对相同的电路都要分别予以画出，只是在标注其装置、设备的型号规格时用"设备同左"等字样简化。

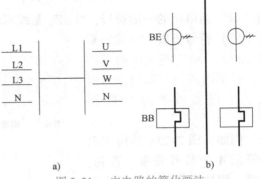

图 2-21 主电路的简化画法
a) 三相四线制电源电路的简化画法
b) 两相式电流互感器及热继电器主电路的画法

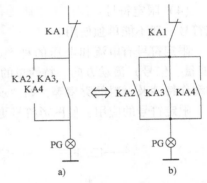

图 2-22 并联电路的简化画法示例
a) 简化画法电路图 b) 原有电路图

第二节 电气符号

电气符号是按国家统一规定用于表示电气元器件的特定符号，它主要包括电气图形符号、电气文字符号和回路标号三种。各种电路图都是用这些电气符号表示电路的构成、功能、设备相互连接顺序、相互位置及工作原理的。因此，必须了解（对常用的应掌握）电气符号的表示、含义、标注原则和使用方法，才能看懂和画好电路图。

一、电气图形符号

用于电气图样或其他文件以表示一个设备或概念的图形、标识或字符，统称为电气图形符号。

1. 图形符号的含义和组成

图形符号通常由基本符号、一般符号、符号要素和限定符号等组成。

（1）**基本符号** 基本符号只用以说明电路的某些特征，而并不表示独立的电器或元件。例如"===""~"分别表示直流、交流，"+""–"用以表示直流电的正、负极，"N"表示中性导体等。

（2）一般符号　一般符号是用于表示一类产品或此类产品的特征的符号，通常很简单，如"○"为电机的一般符号，"▭"是线圈的一般符号，"⊗"是灯的一般符号。

（3）符号要素　符号要素是一种具有确定意义的简单图形，必须同其他图形组合以构成一个设备或概念的完整符号。

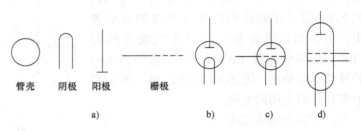

图 2-23　符号要素及其组合示例
a）符号要素　b）二极管　c）三极管　d）四极管

例如，图 2-23a 是构成电子管的 4 个符号要素：管壳、阳极、阴极和栅极，它们虽有确定的含义，但一般不能单独使用，在用不同形式进行组合后，就构成了多种不同的图形符号，如图 2-23b ~ d 所示。

（4）限定符号　用以提供附加信息的一种加在其他符号上的符号，称为限定符号。限定符号一般不能单独使用。

限定符号有电流和电压的种类、可变性（有内在的和非内在的）、力和运动的方向、（能量、信号）流动方向、特性量的动作相关性（指设备、元器件与整定值或正常值相比较的动作特性及材料的类型等，如">""<"等）。

限定符号的应用，使图形符号更具有多样性，如图 2-24 和图 2-25 所示。

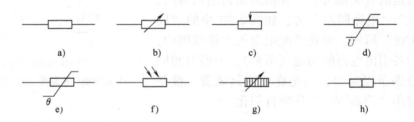

图 2-24　限定符号应用示例（一）
a）电阻器的一般符号　b）可调电阻器　c）带滑动触点的电阻器　d）压敏电阻器
e）热敏电阻器　f）光敏电阻器　g）碳堆电阻器　h）功率为 1W 的电阻器

以上四种符号中，一般符号及限定符号最为常用。

2. 图形符号的分类

按照表示对象及其用途的不同，图形符号分为电气简图用图形符号及电气设备用图形符号两大类，分别由国家标准进行规定。

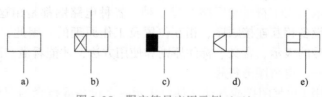

图 2-25　限定符号应用示例（二）
a）继电器线圈的一般符号　b）缓慢吸合继电器的线圈符号
c）缓慢释放继电器的线圈符号　d）机械保持继电器的线圈符号
e）快速继电器的线圈符号

电气简图用图形符号种类繁多，附录 C 摘选了其中常用的部分电气简图用图形符号。

电气简图用图形符号是构成电气图的基本单元，是应用最为广泛的图形符号。电气设备用图形符号则主要适用于各种类型的电气设备或电气设备的部件上，使操作人员了解其用途和操作方法，其主要用途是用于识别、限定、说明、命令、警告和指示等。

3. 图形符号的应用

（1）图形符号的表示规则　绘制图形符号时，均为未通电、未受外力作用的"正常状态"。例如，开关未合闸，继电器、接触器的线圈未通电，按钮和行程开关未受外力作用动作等。

同一元器件的不同部件在不同回路中要分别画出，但各部分必须用同一文字符号标注（如图 2-47 中的 KC1、KC2、SQ、2QA 等）。

（2）尽可能采用优选形符号　有时同一设备或元器件有几个图形符号，分"优选形（形式 1）"及"其他形（形式 2）"等，在选用时应尽可能采用优选形，尽量采用最简单的形式。但要注意，在同类图中应使用同一种形式表示，如三相电力变压器、电流互感器、电压互感器及 DS－110（120）系列时间继电器、GL－11（21、15、25）型电流继电器等的图形符号。

（3）突出主次　为了突出主次或区分不同用途，相同的图形符号允许通过符号大小不同、图线宽度不同来加以区分。例如电力变压器与电压互感器、发电机与励磁机、主电路与副电路、母线与一般导线等绘图时在图形大小和图线粗细上要予以适当区分。

（4）三相及同类设备、元器件的表示　同一电气设备的三相及同类电气设备或元器件的图形符号应大小一致、图线等宽、整齐划一、排列匀称。如图 2-52 中的断路器 QA、接触器 QAC、熔断器 FA 和按钮 SB，以及图 2-36 中的变压器、高压断路器、隔离插头、电压互感器及电流互感器等。

（5）符号的绘制　电气简图用图形符号是按网格绘制的，但网格并不与符号同时示出。一般情况下，符号可直接用于绘图，但在计算机辅助绘图系统中使用图形符号时，应符合相应的规定（例如，符号应设计成能用于特定模数 M 的网格系统中，使用的模数 M 为 2.5mm）。凡外形为矩形的符号（如熔断器、避雷器、电阻器等），长宽比以 2:1 为宜。

二、电气文字符号

电气文字符号用于标明电气设备、装置和元器件的名称、功能、状态及特征，一般标注在电气设备、装置和元器件之上或其近旁。

文字符号还有为项目代号提供种类和功能字母代码、为限定符号与一般图形符号配合使用而派生新图形符号的作用。

1. 文字符号的组成

电气技术中的文字符号分基本文字符号和辅助文字符号两类，基本文字符号又分为单字母符号和双字母符号。

电气设备常用基本文字符号及辅助文字符号分别见表 2-3 及附录 D（发电厂与变电所电路图上的交流回路标号数字序列）。

2. 文字符号的使用

文字符号的字母书写采用拉丁字母大写正体，一般应优先采用单字母符号。只有当需要比较详细、具体地标注电气设备、装置和元器件时，才采用双字母符号。

这里需要指出的是，电气技术文字符号并不适用于各类电气产品的型号编制与命名。我国机电产品的型号是以汉语拼音字第一个字母的大写表示的，它与电气文字符号是两种完全不同的标注类别，因此绝不能同电气文字符号相混淆。表 2-4 中分别举例列出了部分电气设备的电气文字符号与型号，读者可对照加深理解：电气设备的文字符号与型号是完全不同的两个概念，其表示的字母也是完全不相同的。

表 2-3　电气设备常用参照代号的字母代码（摘自 GB/T 50786—2012）

项目种类	设备、装置和元件名称	参照代号的字母代码	
		主类代码	含子类代码
两种或两种以上的用途或任务	35kV 开关柜	A	AH
	10kV 开关柜		AK
	低压配电柜		AN
	并联电容器箱（柜、屏）		ACC
	保护箱（柜、屏）		AR
	电能计量箱（柜、屏）		AM
	信号箱（柜、屏）		AS
	电源自动切换箱（柜、屏）		AT
	动力配电箱（柜、屏）		AP
	应急动力配电箱（柜、屏）		APE
	控制、操作箱（柜、屏）		AC
	照明配电箱（柜、屏）		AL
	应急照明配电箱（柜、屏）		ALE
把某一输入变量（物理性质、条件或事件）转换为供进一步处理的信号	热过载继电器	B	BB
	保护继电器		BB
	电流互感器		BE
	电压互感器		BE
	测量继电器		BE
	接近开关、位置开关		BG
	时钟、计时器		BK
	压力传感器		BP
	烟雾（感烟）探测器		BR
	感光（火焰）探测器		BR
	速度计、转速计		BS
	速度变换器		BS
	传声器		BX
	视屏摄像机		BX
材料、能量或信号的存储	电容器	C	CA
	线圈		CB

（续）

项目种类	设备、装置和元件名称	参照代号的字母代码	
		主类代码	含子类代码
材料、能量或信号的存储	硬盘	C	CF
	存储器		CF
提供辐射能或热能	白炽灯、荧光灯	E	EA
	紫外灯		EA
	电炉、电暖炉		EB
	灯、灯泡		—
直接防止（自动）能量流、信息流、人身或设备发生危险的或意外的情况，包括用于防护的系统和设备	热过载释放器	F	FD
	熔断器		FA
	接闪器		FE
	接闪杆		FE
	保护阳极（阴极）		FR
启动能量流或材料流，产生用作信息载体或参考源的信号。生产一种新能量、材料或产品	发电机	G	GA
	直流发电机		GA
	电动发电机组		GA
	柴油发电机组		GA
	蓄电池、干电池		GB
	信号发生器		GF
	不间断电源		GU
处理（接收、加工和提供）信号或信息（用于防护的物体除外，见F类）	继电器	K	KF
	时间继电器		KF
	瞬时接触继电器		KA
	电流继电器		KC
	电压继电器		KV
	信号继电器		KS
	瓦斯保护继电器		KB
	压力继电器		KPR
提供驱动用机械能（旋转或线性机械运动）	电动机	M	MA
	电磁驱动		MB
	励磁线圈		MB
	弹簧储能装置		ML
提供信息	电压表	P	PV
	告警灯、信号灯		PG
	监视器、显示器		PG
	LED（发光二极管）		PG
	计量表		PG

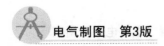

（续）

项目种类	设备、装置和元件名称	参照代号的字母代码	
		主类代码	含子类代码
提供信息	电流表	P	PA
	有功电能表		PJ
	时钟、操作时间表		PT
	无功电能表		PJR
	有功功率表		PW
	功率因数表		PPF
	无功电流表		PAR
	频率表		PF
	相位表		PPA
	转速表		PT
	同位指示器		PS
	无色信号灯		PG
	白色信号灯		PGW
	红色信号灯		PGR
	绿色信号灯		PGG
	黄色信号灯		PGY
	显示器		PC
	温度计、液位计		PG
受控切换或改变能量流、信号流或材料流（对于控制电路中的信号，见 K 类和 S 类）	断路器	Q	QA
	接触器		QAC
	晶闸管、电动机起动器		QA
	隔离器、隔离开关		QB
	熔断器式隔离器		QB
	熔断器式隔离开关		QB
	接地开关		QC
	旁路断路器		QD
	电源转换开关		QCS
	剩余电流保护断路器		QR
	综合起动器		QCS
	星-三角起动器		QSD
	自耦降压起动器		QTS
限制或稳定能量、信息或材料的运动或流动	电阻器、二极管	R	RA
	电抗线圈		RA
	滤波器、均衡器		RF
	电磁锁		RL

（续）

项 目 种 类	设备、装置和元件名称	参照代号的字母代码	
		主类代码	含子类代码
限制或稳定能量、信息或材料的运动或流动	限流器	R	RN
	电感器		—
把手动操作转变为进一步处理的特定信号	控制开关	S	SF
	按钮开关		SF
	多位开关（选择开关）		SAC
	起动按钮		SF
	停止按钮		SS
	复位按钮		SR
	试验按钮		ST
	电压表切换开关		SV
	电流表切换开关		SA
保持能量性质不变的能量变换，已建立的信号保持信息内容不变的变换，材料形态或形状的变换	变频器、频率转换器	T	TA
	电力变压器		TA
	DC/DC 转换器		TA
	整流器、AC/DC 变换器		TB
	天线、放大器		TF
	调制器、解调器		TF
	隔离变压器		TF
	控制变压器		TC
	整流变压器		TR
	照明变压器		TL
	有载调压变压器		TLC
	自耦变压器		TT
从一地到另一地导引或输送能量、信号、材料或产品	高压母线、母线槽	W	WA
	高压配电线缆		WB
	低压母线、母线槽		WC
	低压配电线缆		WD
	数据总线		WF
	控制电缆、测量电缆		WG
	光缆、光纤		WH
	信号线路		WS
	电力（动力）线路		WP
	照明线路		WL
	应急电力（动力）线路		WPE
	应急照明线路		WLE
	滑触线		WT

（续）

项目种类	设备、装置和元件名称	参照代号的字母代码	
		主类代码	含子类代码
连接物	高压端子、接线盒	X	XB
	高压电缆头		XB
	低压端子、端子板		XD
	过路接线盒、接线端子箱		XD
	低压电缆头		XD
	插座、插座箱		XD
	接地端子、屏蔽接地端子		XE
	信号分配器		XG
	信号插头连接器		XG
	（光学）信号连接		XH
	连接器		
	插头		—

表2-4 部分电气设备的文字符号与型号比较举例

电气设备名称	文字符号		型号举例	
	单字母	双字母	型号	意义
电力变压器	T	TA	SL7－1000/10	铝芯（L）三相电力变压器，设计序号"7"，额定容量1000kVA，高压侧额定电压10kV
交流电动机	M	MA	Y180M－2	三相异步电动机（Y），机座中心高180mm，机座形式为长机座（M），磁极数2个
高压断路器	Q	QA	SN10－10I	户内式（N）高压少油（S）断路器，设计序号"10"，额定电压10kV，断流容量（代号I）300MVA
电流继电器	K	KC	GL－15/10	感应式（G）电流（L）继电器，特征代号"15"，额定电流10A

三、设备标志符号

在二次回路图中，每个二次设备都有一个相应的文字符号，如 KC 代表电流继电器，有若干个电流继电器时则用 KC1、KC2、KC3……表示；又如 PA 表示电流表，不同的电流表用 PA1、PA2……表示。

二次回路的各屏、盘要在背面安装接线，为了区分同类或不同类的各种设备，就要分别对它们标识相应的符号。标识符号一般画成圆圈，中间为一条水平线，如图2-26所示。上半圆的罗马字Ⅰ、Ⅱ、Ⅲ……表示安装单位编号，罗马字的右下角数字为该安装单位中此设备的顺序号；下半圆标识该设备的电气文字符号。

图2-45所示高压线路二次回路接线图中，其设备标识采用了较为简便的方式，即用分式表示设备的标识：分子为设备文字符号及该设备（或元器件）编号，分母为设备型号。

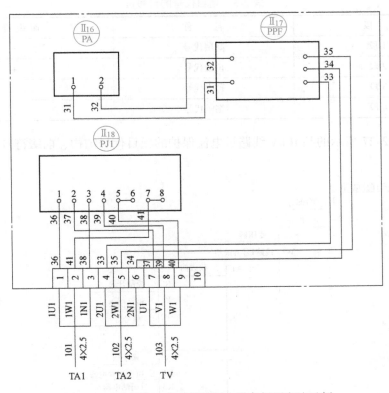

图 2-26 屏（盘）背面接线图中设备标识方法示例

四、电气项目代号

在电气图上用一个图形符号表示的基本件、部件、组件、功能单元、设备、系统等，称为项目。项目有大有小，而且可能相差很多，大至电力系统、成套配电装置，以及发电机、变压器，小至电阻器、端子连接片、二极管、集成电路等，都可以称为项目。

项目代号是用以识别图形、表图、表格中和设备上的项目种类，并提供项目的层次关系、实际位置等信息的一种特定代码。由项目代号可以将不同的图或其他技术文件上的项目与实际设备中的该项目一一对应联系起来。如某一有功电能表 PJ1，是计量 2 号线路 WL2 的，线路 WL2 在 3 号高压开关柜内，而高压开关柜的种类代号为 A，因此该有功电能表的项目种类代号全称可表达为 "＝A3－W2－P1"，其第 5 号接线端子则应称为 "＝A3－W2－P1：5"，也可以简称为 "＝A3－W2P1：5"。又如某照明灯的项目代号为 "＝S2＋201－E6：2"，则表示 2 号车间变电所（STS2）201 室 6 号照明灯的 2 号端子。

项目代号应符合国家标准《工业系统、装置与设备以及工业产品结构原则与参照代号》和《电气技术中的文字符号制订通则》中的有关规定。如果图样中不符合，则应在图样说明中特别注明。在没有新的同类标准颁布以前，本书中尽量采用了 GB/T 50786—2012 的规定，见表 2-3。

项目代号是由拉丁字母、阿拉伯数字及特定的前缀符号按照一定规则组合而成的。一个完整的项目代号包括 4 个代号段，其名称及前缀符号见表 2-5。

表 2-5 项目代号的代号段

分　　段	名　　称	前　缀　符　号
第 1 段	高层代号	=
第 2 段	位置代号	+
第 3 段	种类代号	-
第 4 段	端子代号	:

下面以图 2-27 所示的某 10kV 线路过电流保护的项目代号结构、前缀符号及其分解图为例讲解。

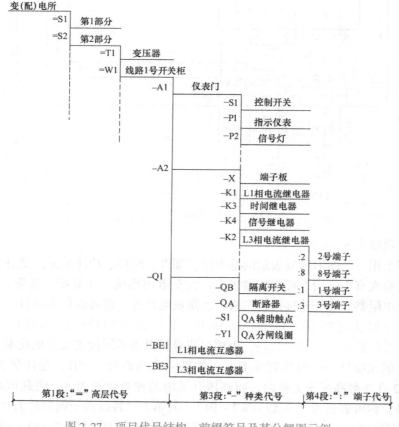

图 2-27 项目代号结构、前缀符号及其分解图示例

1. 高层代号

系统或设备中任何较高层次（对给予代号的项目相对而言）项目的代号，称为高层代号，如电力系统、变电所、电力变压器、电动机、起动器等。

由于各类子系统或成套配电装置、设备的划分方法不同，某些部分虽然并不是高层，但它对其所属的下一级项目就是高层。例如，电力系统对其所属的变电所来说，很明显电力系统的代号为高层代号，但对于此变电所中的某一开关（如高压断路器）的项目代号而言，该变电所代号就成了高层代号。故高层代号具有项目总代号的含义，其命名是相对的，只能根据需要命名，但要在图样中加以说明。图 2-27 中的变（配）电所 S 即是高层代号。

2. 位置代号

项目在组件、设备、系统或建筑物中的实际位置的代号，称为位置代号。

位置代号通常由自行规定的拉丁字母及数字组成。在使用位置代号时，应画出表示该项目位置的示意图，图 2-28 为某厂总变电所 202 室的中央控制室，内有控制台、控制屏、操作电源屏及继电保护屏等 4 列，各列分别用拉丁字母 A、B、C、D 表示，各屏用数字（由巡视观测的面向自左至右依次排列）1、2、3……表示，则位置代号用字母和数字组合表示。如该室 B 列屏的第 5 号控制屏的位置代号标注为"＋B＋5"，其全称表示为"＋202＋B＋5"，也可简化表示为"＋202B5"。

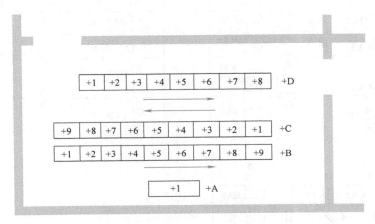

图 2-28　位置代号示意图

3. 种类代号

用以识别项目种类的代号，称为种类代号。

项目种类是将各种电气元件、器件、设备、装置等，根据其结构和在电路中的作用来分类的，相近的项目归为同一类，常用单字母符号命名，如表 2-3 中"字母符号" A、B……Z 等。

（1）种类代号的表达方法　种类代号通常有以下 3 种表达方法：

第一种表达方法是由字母代码和数字组成，如图 2-29a 中的"－K8""－Q1"等。这是运用最多、最直观和容易理解的表示方法。其中，字母代码为规定的字母符号（单字母、双字母或辅助字母符号，一般用单字母符号）。例如，101 室内 1 号高压开关柜（A1）上的第 3 个继电器可表示为"＋101＝A1－K3"，其中"－"为种类代号段的前缀符号，"K"为项目种类（继电器）的字母代码，"3"为同一项目种类（继电器）中所编的序号。

第二种表达方法是用顺序数字（1、2、3……）给图样中的每一个项目规定一个统一的数字序号，同时将这些顺序数字和它所代表的项目列在图样中或其他说明中，如"－1""－2""－3"等。如图 2-29b 中，将断路器 QA2 编为 1、中间继电器 KA1 编为 8、气体继电器 KB 编为 3，则 KA1 的常开触点表示为"－8.1"，气体继电器 KB 的常开触点分别为"－3.1""－3.2"等。

第三种表达方法是将不同类的项目分组编号，如继电器用 11、12、13 等，信号灯用 21、22、23 等，电阻器用 31、32、33 等，并将编号所代表的项目列表于图中、图后或其他说明中，如图 2-29c 所示。

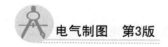

对于同一张图上用以上三种方法分开表示的同一项目的相似部分，如继电器的触点，可在数字后加圆点"."隔开，再用辅助数字区别，如图2-29c中"－13.1""－13.2""－18.1"所示。

（2）复合项目的种类代号　由若干项目组成的复合项目（如部件），其种类代号可采用字母代码加数字表示，如3号高压开关柜A3中的第2个继电器，可表示为"＝A3－K2"，或简化为"＝A3K2"；某2号低压断路器QF2中的储能电动机M1、热脱扣器FD1可表示为"－Q2－M1""－Q2－F1"，或简化为"－Q2M1""－Q2F1"等。

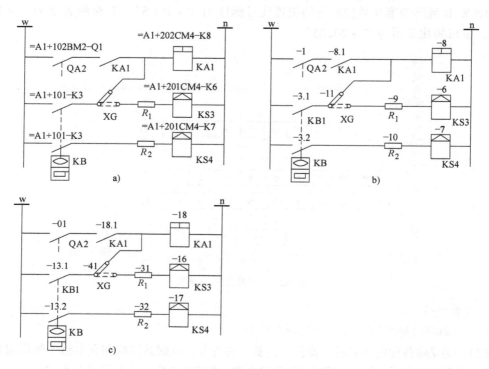

图2-29　种类代号三种表达方法示例

a）第一种方法　b）第二种方法　c）第三种方法

4. 端子代号

用以与外电路进行电气连接的电器导电体的代号，称为端子代号，例如用于高低压成套柜、屏内外电路进行电气连接的接线端子的代号。

端子代号是完整项目代号的一部分。当项目的端子有标记时，端子代号必须与项目上的端子标记一致；当项目的端子无标记时，应在图上自行设立端子代号。端子板（排）的代号用"X"表示，以区别设备代号，如图2-45所示。端子板（排）代号为X1，则相应的端子代号有X1:1、X1:2、……、X1:18，而有功电能表PJ1的第2号接线端子全称应标为"＋101＋B　＋5＝A3－W1－P1:2"，可简化为"＋101B5＝A3－W1P1:2"，其代表意义为：装设在变电所101室B列第5台的3号高压开关柜中1号线路的1号有功电能表的第2号端子。

电气原理图之所以要标注项目代号，是因为根据该原理图可以很方便地进行安装、检修、分析与查找事故，所以国家标准把它规定在电气工程图样的编制方法之中。但根据使用场合详略要求的不同，在同一张图上的某一项目代号不一定都有4个代号段。如有些并不需要指出某设备的实际安装位置，则可以省去位置代号；当图中所有项目的高层代号相同时，也可以省略高层代号而只需要另外加以说明。

在用集中表示法和半集中表示法所绘制的图样中，项目代号只在符号近旁标注一次；在分开表示法的图中，项目代号应在项目每一部分的符号旁标注出来，如图 2-47b、c 所示。

五、电气回路标号

电路图中用来表示各回路的种类和特征的文字符号及数字标号，统称回路标号。

回路标号通常采用阿拉伯数字表示，但如何采用，在新的国家标准中还没有做出具体规定，因此，仍暂时延用原有国家标准《电力系统图上的回路标号》提出的原则和方法，供标注及识图时参考，见附录 D、E。

国家标准中关于回路标号的一般原则主要有：①将导线按用途分组，每组给以一定的数字范围；②导线的标号一般由三位或三位以下的数字组成，当需要标明导线的相别或其他特征时，在数字的前面或后面（一般在前面）加注文字符号，例如，三相回路的 U、V、W 等；③导线标号按"等电位原则"进行，即回路中连接在同一点上的所有导线具有同一电位，则标注相同的回路标号（一般只注一处）；④由线圈、触点、电阻、电容等减压元件所间隔的线段，应标注不同的回路标号；⑤标号应从交流电源或直流电源的正极开始，以奇数顺序号 1、3、5⋯或 101、103、105⋯开始，直至电路中一个主要减压元件为止，之后按偶数顺序号⋯6、4、2 或⋯106、104、102 至交流电源的中性线（或另一相线）或直流电源的负极；⑥某些特殊用途的回路则给以固定数字标号，如断路器跳闸回路专门用 33、133 标注等。

1. 交流回路的标号

在交流一次回路中，用个位数字的顺序区分回路的相别，用十位数字的顺序区分回路中的不同线段。如第一相回路按 1、11、21 顺序标号，第二相按 2、12、22 顺序标号，第三相按 3、13、23 顺序标号。

交流二次回路的标号原则与直流二次回路的标号原则相似，回路的主要减压元件两侧的不同线段分别按奇数和偶数的顺序标号，如左侧用奇数、右侧用偶数标号。元器件相互之间的连接导线可任意选标奇数或偶数。

对于不同供电电源的回路，也可用百位数字的顺序标号进行区分。

交流回路标号数字系列见附录 D。

2. 电力拖动、自动控制电路的标号

在电力拖动和自动控制电路中，一次回路的标号由文字标号和数字标号两部分组成：文字标号用于标明一次回路中电器元件和线路的技术特性，如三相交流电源端用 L1、L2、L3 表示；交流电动机定子绕组的首端用 U1、V1、W1，尾端用 U2、V2、W2 表示；数字标号用来区别同一文字标号回路中的不同线段，如三相交流电源端用 L1、L2、L3 标号，而开关以下则用 L11、L12、L13 标号，熔断器以下用 L21、L22、L23 标号等。

电气设计中，在不影响设计、安装、调试、维修的前提下，为简明起见，在二次回路图中，除电器元件、设备、线路标注电气文字符号外，其他只标注回路标号。

3. 控制电缆标号

二次电路中的各种屏与屏之间、屏与其他设备之间是用控制电缆相互连接的。为了设计、安装、调试和检修的方便，对众多控制电缆通常采用文字和数字相结合的方式进行编（标）号，以表示该电缆的序号、用途及敷设场所、走向等。

第三节 电路图的绘制

一、概述

简图是电路图的主要表达形式，其各组成部分都是用电气图形符号表示的，没有投影关系，它并不具体表示各组成部分的外形、结构和尺寸；电路图中，各元器件和连接线是其表达的主要内容，电气图形符号和文字符号是组成电路图的主要要素。

各类电路图有所差别，但一般来说，一幅完整的电路图是由电路接线图、主要电气设备（或元器件）及材料明细表、技术说明和标题栏四个部分组成的。

图样是工程界交流的语言，不仅如此，一张用手工尺规画得好的图，犹如一件绘画艺术品，会让人爱不释手。这就要求做到：布局合理，疏密匀称；突出重点，主辅相成；图线清晰，线条均匀；笔画正确，字体秀美；图纸完好，图面整洁。

在合理选定图幅并良好固定图纸后，绘图的一般步骤是：第一，进行认真构思，对所要绘制的步骤及表达的内容和布局做到心中有数；第二，对整个图面进行合理布局，把所要表达的全部内容（不能遗漏），按其正确位置、主次及繁简划定实际所占画面大小；第三，确定基准线，包括水平基准线和垂直基准线；第四，按自左至右、自上而下、先主后次、先一次后二次、先图形后文字的顺序画底稿线（包括文字分行分格线）；第五，经认真、详细检查，确认无误无漏后描深图形，注写文字；第六，再次认真、详细检查确认，在标题栏签字等。

二、电路图的布局

（一）电路图布局的原则和顺序

电路图的布局不像机械图、建筑图那样必须严格按照表达对象的位置、投影关系进行，而可以按情况灵活多样绘制，但它同样是要按规范绘制的。

电路图合理布局的原则是：突出重点，便于绘制，易于识读，均匀对称，清晰美观。

电路图布局的顺序通常是：从总体到局部，从一次到二次，从主到次，从左到右，从上到下，从图形到文字。

（二）图面布局的要点

一张绘制得好的、成功的图样，其中很重要的是整个图面的布局能突出重点、主次分明、疏密匀称、清晰美观，反之，即使图形、图线和文字绘制、书写得再好，这张图也是不足取的。为此，要注意以下要点：

1. 进行构思，做到心中有数

首先要对整个图面的表达内容（如有哪些图形，各图形的相互位置，每个图形的功能及主要组成元件，文字符号及标注内容，设备元器件明细表，技术说明等）及各部分所占位置、尺寸进行缜密的构思，做到心中有数。初学者最好先把每部分特别是各图形画出较为详细的草图，然后再汇总成整个图面，并由此确定图幅大小。

2. 进行规划，划定各部分的位置

根据图面布局要点和对全图的总体构思，在作出各草图的基础上，确定所要表达各部分的相互位置及大小，用只要绘图者自己能分辨出的既轻又细的底稿线把每一部分的区域划定。需要特别指出的是，这一步是图面总体布局的关键，一定要仔细反复考虑，认真推敲，疏而不漏，并适当留有余地。

3. 电路布局

　　凡是信号流向相同或相似的电路，应自左至右或从上至下平行布局，其图形符号及连接线应彼此靠近、集中布置，并且水平或者垂直对齐，如图2-33、图2-36、图2-44及图4-162所示。

　　如图2-30所示的某供电系统的电气主接线图，它包括主接线图、主要电气设备及材料明细表、技术说明和标题栏四部分。在进行整个图面的布局时，首先根据表达内容，经构思后选用A1图幅；第二步划定各部分的位置；第三步确定基准线，再具体进行各部分的绘制。很明显，电气主接线图的水平基准线是母线（汇集和分配电能的导线），垂直基准线则可根据水平基准线另行单独画出，这里可用其中之一的电源进线或负载引出线作为垂直基准线。如果整个图面是由若干幅图样组成的，则应以全图的基准线为准，再确定出其他各图的相应基准线。

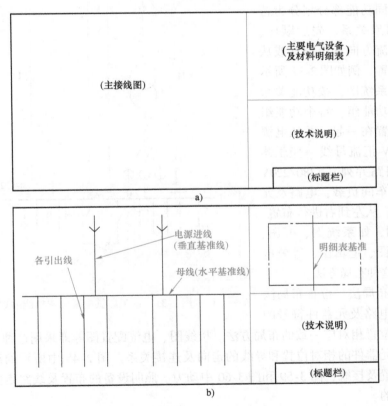

图2-30　图面布局示例（电气主接线图）

a）划定各部分的位置　b）确定基准线

　　在整个图面布局的基础上，便可进行电路、元器件及连接线的布局，以及相应的文字标注。

（三）电路及元器件的布局

1. 电路布局的原则

电路布局应遵循以下原则。

　　1）电路垂直布置时，相同或类似项目应横向对齐；水平布置时，相同或类似项目应纵向对齐。例如，图2-37中，各低压配电屏电路相同，垂直布置时其各型开关、电流互感器、测量仪表应横向（水平）对齐。

2）功能相关的项目应靠近绘制，以清晰表达其相互关系并有利于识图。

3）同等重要的并联通路应按主电路对称布置。

2. 电路及元器件的布局方法

（1）功能布局法　功能布局法是指图中电路及元器件符号的布置只考虑便于表达其功能关系，而不考虑其实际位置的布局方法。它按表达对象的不同功能部分划分为若干组，按照因果关系、先后顺序、能量流或信息流方向从上到下或从左到右进行布置。例如图 2-31 所示的某工厂供电系统图，按功能关系可划分为 8 个功能组，每个功能组的元件集中布置在一起，并从电源引入→6～10kV 汇流母线→变压器降压（两条回路并列）→380/220V 汇流母线→各车间负载，电路及元件按从上到下、从左到右进行布置。大部分电气图，如系统图、框图、电路图、功能图、逻辑图、等效电路图等都采用这种布局方法。

（2）位置布局法　位置布局法是指电路图中电路及元器件符号的

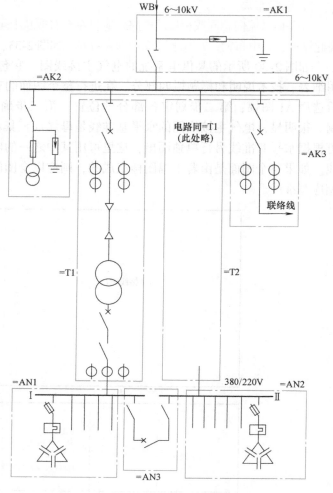

图 2-31　某工厂供电系统图功能的划分

布置与其实际位置相对应一致的布局方法。接线图、电缆配置图等即采用这种方法，以清晰表示各电路及元器件的相对位置和导线的走向及连接关系。图 2-45 中所示的继电器、测量仪表的安装位置及接线，图 3-59 和图 3-60 中动力、照明设备的布置及线路走向，都是按位置布局法确定的。

（四）图线的布置及画法

除了图形符号，电路图中的连接线是其主要表达的内容。连接线通常用直线（粗实线或细实线）表示，应尽可能横平竖直，减少交叉和弯折。

图线布置通常有水平布置、垂直布置和交叉布置三种。

1. 水平布置

将设备、元器件按行布置，其连接线大都成水平布置的形式，如图 3-75 及图 3-76 所示。由于水平布置符合人们阅读习惯，因此用得最多，在绘制时应尽可能采用。

2. 垂直布置

将设备、元器件按竖列布置，接线大都成垂直布置的形式，如图 2-33 及图 2-36 所示。

3. 交叉布置

为了将相应的电路、元器件布置成对称，可采用连接线交叉的方式进行布置，如图 2-43 和图 2-52 所示。

诚然，上述三种布置只是基本形式，实际绘图时往往是综合运用的，要根据具体情况确定以哪种布置形式为主、哪种为辅。

在正确布局的基础上，就可以找定基准，逐步绘图了。为了进行作图，要把整个图幅的基准线（水平线或垂直线，或两者兼而有之）及以此为准的各图样的基准线用稍轻又细的细实线画出，作为下步具体绘制图形符号、连接线以及文字标注的基准。这里特别要注意的是：基准线一定要"准"。基准线一旦确定以后，不得再更动。为了找准基准线，要注意事先检查图纸的图框线是否为准确的矩形，丁字尺的尺头、尺身是否稳固和相互垂直等。

三、电气接线图的绘制

（一）概述

1. 电路的分类

电路通常可按图 2-32 划分。

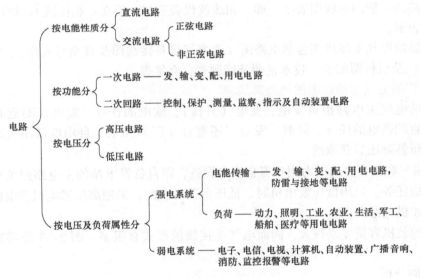

图 2-32　电路的常用分类

2. 电气接线及设备的分类

电气接线是指电气设备在电路中连接的先后顺序。按照电气设备的功能、电压不同，电气接线可分为电气主接线（一次接线）和二次接线。

电气主接线泛指发、输、变、配、用电电路的接线。

供配电的变配电所中承担受电、变压、输送和分配电能任务的电路，称为一次电路，或一次接线、主接线。一次电路图是进行电气设计计算、配置二次系统和施工安装的重要根据。一次电路中的所有电气设备，如变压器，各种高、低压开关设备，母线、导线和电缆，以及作为负载的照明灯和电动机等，称为电气一次设备或一次元器件。

为保证一次电路正常、安全、经济运行而装设的控制、保护、测量、监察、指示及自动装置电路，称为副电路，或二次电路、二次回路。二次电路中的设备，如控制开关、按钮，

脱扣器、继电器，各种电测量仪表，信号灯、光字牌及警告音响设备，自动装置等，称为二次设备或二次元器件。

电流互感器 BE1（旧符号 TA）及电压互感器 BE2（旧符号 TV）的一次侧装接在主电路，二次侧接继电器和电测量仪表，因此，它仍归属于一次设备，但在主、副电路图中应分别画出一、二次侧接线；熔断器 FU 在主、副电路中都有应用，按其所装设的电路不同，分别归属于一、二次设备；避雷器 FA 虽然是保护（防雷）设备，但它并联在主电路中，因此属于一次设备。

表达一次电路接线的电气图通常有：供配电系统图，电气主接线图，自备电源电气接线图，电力线路工程图，动力与照明工程图，电气设备或成套配电装置订货、安装图，防雷与接地工程图等。这里只讲述电气主接线图和有关常用的供配电系统图。

（二）一次电路图（电气主接线图）的绘制

电气主接线是指一次电路中各电气设备按顺序的相互连接。

用国家统一规定的电气符号按制图规则表示主电路中各电气设备相互连接顺序的图形，就是电气主接线图，也称一次电路图。

一次电路图一般用单线图表示，即一相线就代表三相。但在三相接线不同的局部位置仍要用三线图表示。

一幅完整的电气主接线图包括电路图（含电气设备接线图及其型号规格）、主要电气设备（元器件）及材料明细表、技术说明及标题栏、会签表。

1. 发电厂的电气主接线图图例及其绘制

发电厂的电气主电路担负发电、变电（升压）、输电的任务。发电厂附近有电力用户时，它还有直配供电的任务。同时，发电厂还有自（厂）用电，自用电低压负荷的电源是经过厂用变压器降压后获取的。

工矿企业[○]和相当多的电力用户有自发电设备，则自备发电站的主电路担负有发电、变电、输配电的任务。采用低压发电机时，低压负荷可直配；采用高压发电机发电的，要经变压器降压后才供电给负荷。

发电厂的装机容量差别很大，因而电气主接线的形式有很多。图 2-33 是某发电厂的电气主接线图。

（1）图例分析

1）发电厂的概况及负荷。该电厂为水力发电厂，装机容量为 $4 \times 1600kW$，它离城镇较近，因此，除了线路 WB1 向电网输送 35kV 电能外，还由 WB2、WB3、WB4 三条线路向近区负荷以 10kV 供电。

考虑到发电厂的总装机容量及有较大的近区负荷，以及最大可能输电给 35kV 系统等因素，35kV 主变压器 T1 容量选为 6300kVA。

近区负荷与发电厂距离不远，且与 10kV 系统连接，发电厂发电机电压 6.3kV 经升压变压器 T2 升为 10.5kV 后向近区供电。经论证，10kV 近区变压器的容量宜选为 2500kVA。

2）电气主接线的形式。该发电厂的电气主接线有下列两种形式：

○ 按供电容量分，工厂及变配电所一般划分如下：1000kVA 及以下为小型；1000kVA 以上、10000kVA 以下为中型；超过 10000kVA 的为大型。

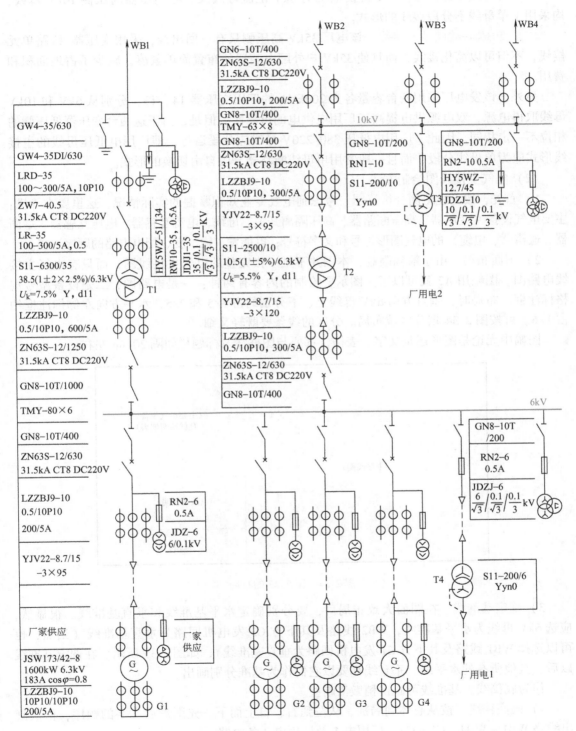

图2-33　某发电厂电气主接线图

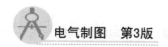

一是单母线不分段接线。4 台发电机的 6kV 汇流母线及 2 号变压器高压侧 10kV 母线，均采用了单母线不分段接线的形式。

二是变压器–线路单元接线。该电厂 35kV 高压侧只有一回出线，采用变压器–线路单元接线，不但可以简化接线，而且使 35kV 户外配电装置的布置简单紧凑，减少了占地面积和费用。

另外，该发电厂采用两台容量各为 200kVA 的厂用变压器 T4、T3，分别从 6kV 和 10kV 母线取得电源，双电源供电提高了厂用电供电的可靠性。但是，由于这两台变压器低压侧的相位不一定相同，因此，厂用电低压 380/220V 母线应分段运行，即厂用电低压母线的主接线形式应为单母线分段，而且一般常用单母线断路器分段自由切换的形式。

（2）电气主接线图绘制方法

1）首先，按上述图例分析读图。考虑到电气专业知识掌握的实际情况，这里要求弄懂：主要电气设备（变压器、高压断路器、高压隔离开关、母线、电流互感器、电压互感器、熔断器、避雷器、电缆）的电气图形符号和文字符号；电能发、输、变、配电电路的顺序连接。

2）图面布局。由于篇幅限制，本图并不是一张完整的电气主接线图，而只有电气主接线电路图。图幅用 A2 就可以了。图示要绘制的内容有两种：一是电路图，二是设备型号规格标注框。布局时，垂直方向 6kV 母线上、下分别约占 3/5 和 2/5，水平方向左侧标注框约占 1/6。可按图 2-34 划分区域布局。分区的线条要既轻又细。

图幅中无论是图形还是文字、表格，都要与图框线及标题栏间隔 20mm 左右。

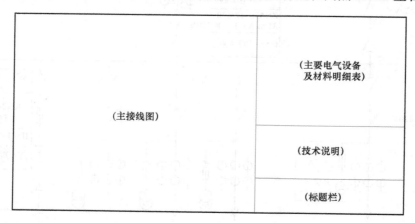

图 2-34　图 2-33 的布局

3）确定基准线。在图面大致布局后，要分别确定水平基准线和垂直基准线。很显然，应选 6kV 母线为水平基准线，WB2 线路及其下方 G3 发电机回路为垂直基准线（当然，也可以选择 WB1 线路及其下方 G1 发电机回路为垂直基准线），如图 2-35 所示。在选定基准线以后，其他所有的水平线、垂直线都要以它们作为基准分别画出。

作为底稿线，基准线可画得稍微清晰些。

4）画底稿线。按从总体到局部、从左到右、自上而下、先图形后文字的顺序，依次画出线路 WB1 ～ WB4、G1 ～ G4、厂用电 1 及厂用电 2 各电路。

这里要注意：

a. 先轻轻画出各电路直线，然后再分别画各设备和元器件。

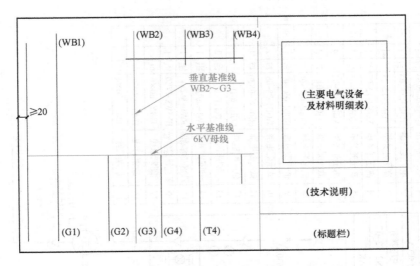

图 2-35　图 2-33 基准线的确定及部分辅助作图线

b. 相同电路的同类设备要左右、上下平齐，大小一致，如：发电机 G1～G4，主变压器 T1、T2，高压隔离开关，高压断流器，电流互感器，电压互感器等，为此，作图时可轻轻地画出若干条水平线（可连续或分段），如高压隔离开关和高压断路器分别画上下两条水平线，主变压器和互感器则画通过圆心的两条水平线。

c. 同类设备但功能及容量差别大的要有明显区别，如主变压器与厂用变压器、电流互感器、电压互感器的圆的直径应不同，母线要用粗实线。

d. 各电气设备型号规格的标注框用细实线，且应与所标注的设备对应对齐，整列（或整排）标注框要上下（或左右）对齐。相同电路可只用同一列（排）标注框标注，或用"设备同左""设备同右"等字样标注，但不同电路不同设备要分别予以标注清楚。

5）描深图样图线，书写文字数字。在对底稿进行认真详细检查后，描深图形。先描深圆、圆弧、曲线，再描开关、电缆等斜线，最后描深直线段。同类图线要一起画好、线宽一致。

使用手工尺规绘图时，用电工模板画圆（图中发电机、变压器、互感器等）、三角形（图中电缆、变压器绕组联结）、矩形（图中熔断器、避雷器）较为简便。

图形描深后，书写文字，本图中即各标注框中电气设备的型号规格及标题栏等。拉丁字母、文字、数字要按制图标准字体书写。

6）再次检查校核，确认无误后在标题栏中签写班级、姓名等。

2. 变配电所的电气主接线图图例及其绘制

变电所担负接受电能、变换电压、分配电能的任务，而配电所只承担接受电能和分配电能的任务。

变配电所的电气主接线是变配电所接受、汇集和分配电能的电路。

对于中小型工厂（从总供电容量划分，1000kVA 以上、10000kVA 以下的工厂为中型；1000kVA 以下的工厂为小型）、住宅区及商住楼的变配电所来说，其主接线大都采用单母线接线，也可能是其中两种基本形式的组合。

（1）图例分析　图 2-36、图 2-37 分别为某工厂 10/0.4kV 变电所高、低压侧电气主接线图，现简析如下。

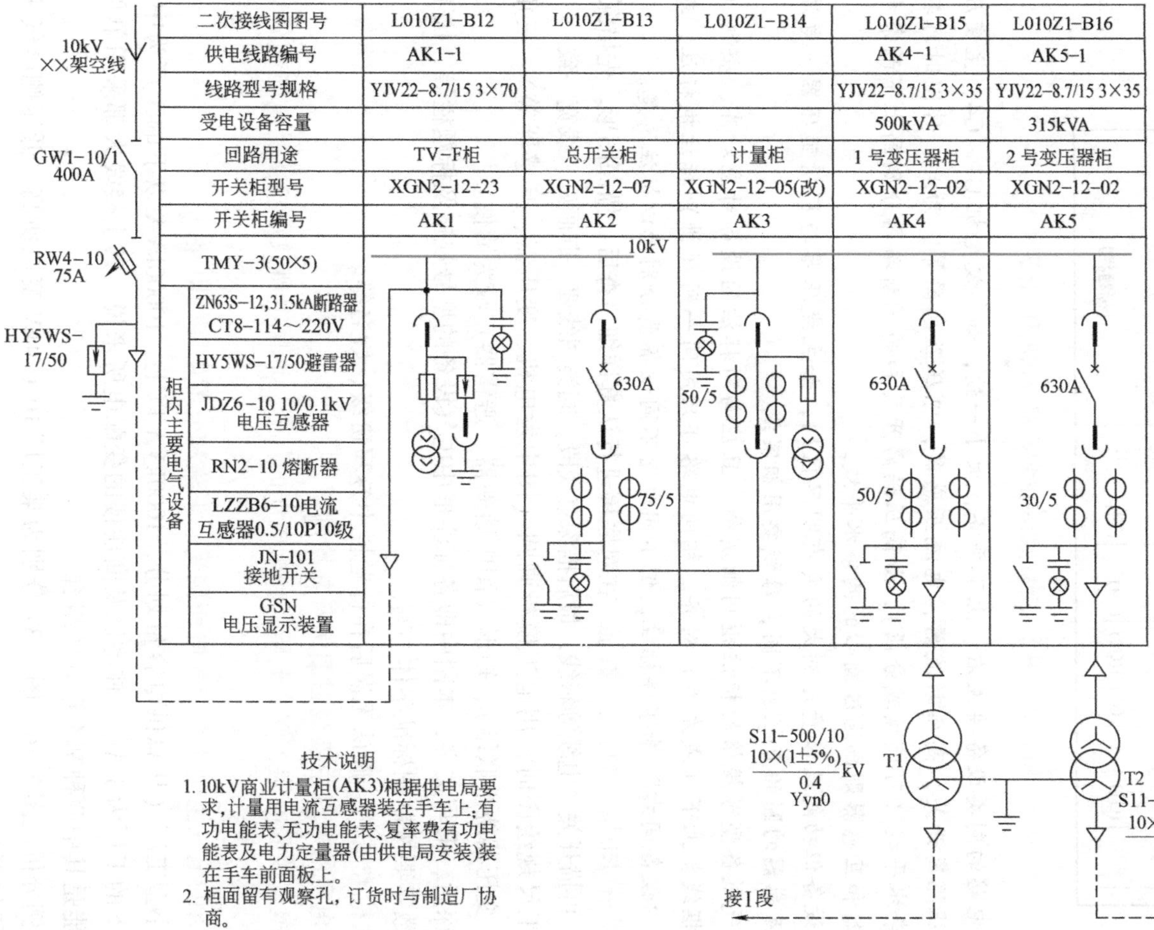

10kV
××架空线
GW1-10/1
400A
RW4-10
75A
HY5WS-
17/50
二次接线图图号
供电线路编号
线路型号规格
受电设备容量
回路用途
开关柜型号
开关柜编号
TMY-3(50×5)
柜内主要电气设备
ZN63S-12,31.5kA断路器
CT8-114～220V
HY5WS-17/50避雷器
JDZ6-10 10/0.1kV
电压互感器
RN2-10 熔断器
LZZB6-10电流
互感器0.5/10P10级
JN-101
接地开关
GSN
电压显示装置
L010Z1-B12
AK1-1
YJV22-8.7/15 3×70
TV-F柜
XGN2-12-23
AK1
L010Z1-B13
总开关柜
XGN2-12-07
AK2
L010Z1-B14
计量柜
XGN2-12-05(改)
AK3
L010Z1-B15
AK4-1
YJV22-8.7/15 3×35
500kVA
1 号变压器柜
XGN2-12-02
AK4
L010Z1-B16
AK5-1
YJV22-8.7/15 3×35
315kVA
2 号变压器柜
XGN2-12-02
AK5
10kV
630A
75/5
50/5
630A
50/5
630A
30/5
S11-500/10
10×(1±5%)
0.4
kV
Yyn0
T1
T2
S11-315/10
10×(1±5%)
0.4
kV
Yyn0
接I段
接II段

技术说明

1. 10kV商业计量柜(AK3)根据供电局要求，计量用电流互感器装在手车上；有功电能表、无功电能表、复率费有功电能表及电力定量器(由供电局安装)装在手车前面板上。
2. 柜面留有观察孔，订货时与制造厂协商。

主要电气设备及材料明细表

序号	名称	型号规格	单位	数量	备注
1	电力变压器	S11-500/10,10/0.4kV	台	1	
2	电力变压器	S11-315/10,10/0.4kV	台	1	
3	高压开关柜	XGN2-12-23	台	1	
4	高压开关柜	XGN2-12-07	台	1	
5	高压开关柜	XGN2-12-05	台	1	改
6	高压开关柜	XGN2-12-02	台	2	
7	低压配电屏	GGD1-01	台	2	
8	低压配电屏	GGD1-06C-01	台	1	
9	低压配电屏	GGD1-06C-02	台	1	
10	低压配电屏	GGD1-28-06	台	7	
11	低压配电屏	GGD1-40-01(改)	台	1	
12	低压配电屏	GGD1-07D-01	台	1	
13	无功功率补偿屏	PGJ1-2	台	2	
14	户外隔离开关	GW1-10/1,400A	组	1	
15	跌落式熔断器	RW4-10,75A	组	1	
16	氧化锌避雷器	HY5WS-17/50	组	1	
17	硬铜母线	TMY-60×6	m		
18	硬铜母线	TMY-50×5	m		
19	硬铜母线	TMY-30×4	m		

图2-36 某工厂变电所10kV电气主接线图

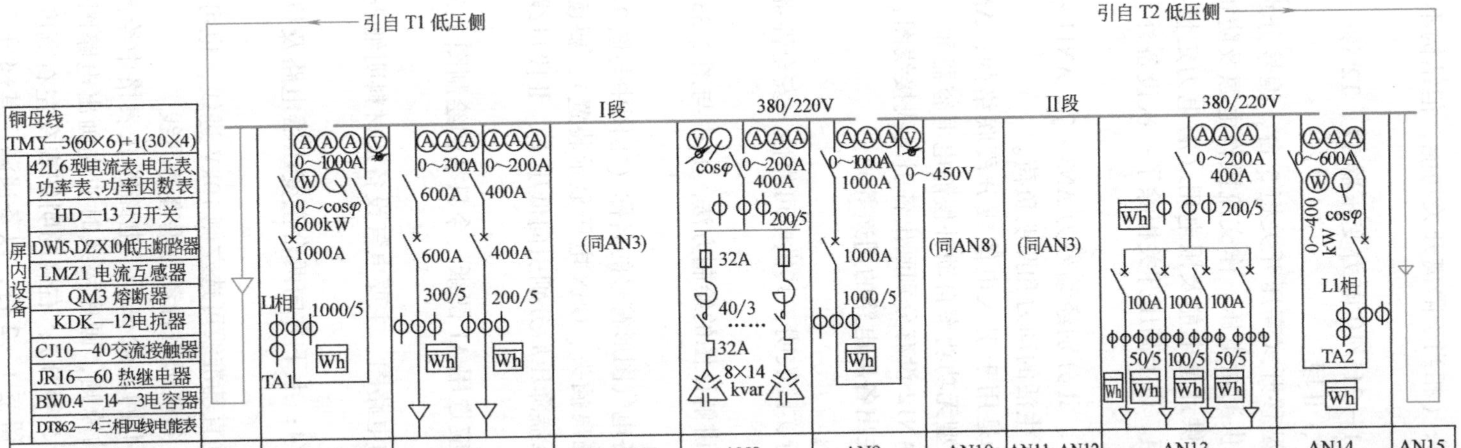

铜母线 TMY-3(60×6)+1(30×4)
42L6型电流表、电压表,功率表,功率因数表
HD-13 刀开关

屏内设备:
DW5、DZX10低压断路器
LMZ1电流互感器
QM3 隔离断路器
KDK-12电抗器
CJ10-40交流接触器
JR16-60 热继电器
BW0.4-14-3电容器
DT862-4三相四线电能表

配电屏编号	AN1	AN2	AN3	AN4~AN7	AN8	AN9	AN10	AN11,AN12	AN13	AN14	AN15
配电屏型号	GGD1-01	GGD1-06C-01	GGD1-28-06	GGD1-28-06	PGJ1-2	GGD1-06C-02	PGJ1-2	GGD1-28-06	GGD1-40-01改	GGD1-07D-01	GGD1-01
配电线路编号	PX1		PX3-1 / PX3-2	PX4~PX7				PX11,PX12	PX13-1~13-2 / PX13-3 / 13-4 备用		PX15
用途	电缆受电 1号变低压总开关		工装、精量、机修车间动力	锻工、金工、冲压、装配等车间动力	电容自动补偿(1)	低压联络	电容器动柜架(2)及备用	热处理车间动力(2)及备用	办公照明 仓库照明 防空洞照明 备用	2号变低压总开关	电缆受电
回路计算电流/A	750		300	200~300		750	60~400	60~400	100 100 50	600	
低压断路器脱扣器额定电流/A	1000		400	300~400		1000	100~600	100~600	100 80 100	800	
低压断路器瞬时脱扣器脱扣定电流/A	3000		1200	900~1200	112kvar	3000	500~1800	500~1800	800 800 1000	2400	
配电线路型号规格	3(VV-1 1X500)	VV29-1BX 150+1X50	VV29-1BX 3X95+1X35	同P3	112kvar		VV29-1 3X35+1X10		VV29-1 3X95+1X35		3(VV-1 1X500)
一次接线图图号	OZA.354.223	OZA.354.223	OZA.354.240	同P3		OZA.354.224	OZA.354.240	OZA.354.240	OZA.354.140(改)	OZA.354.223	OZA.354.223
备注	电缆 无管装	TA1为电容补偿(1)用	Wh为DT862型 380/220V				Wh为DT862型 380/220V		Wh为三相四线 屏宽改为800mm	TA2为电容器屏(2)用	电缆 无管装

引自 T1 低压侧　　引自 T2 低压侧

380/220V　　I段　　II段　　380/220V

技术说明

1. 低压AN3配电屏为厂区生活用电专用屏,根据供电局要求安装计费有功电能表,在屏前上部装有加装的封闭计量小室,屏面有观察孔。订货时与制造厂协商。
2. 柜及屏外壳均为仿苹果绿色烘漆。
3. TA1~TA2至各电容器屏均用BV—500(2×2.5)线,外包绝缘带。
4. 本图中除AN2、AN9、AN14外,均选用DZX10型低压断路器。

图2-37 某工厂变电所380V电气主接线图

1）电源：本厂电源由地区变电所经一回长 4km 的架空线路获取，进入厂区后用 10kV 电力电缆引入 10/0.4kV 变电所。

2）主接线形式：10kV 高压侧为单母线隔离插头（相当于隔离开关功能，但结构不同）分段，380/220V 低压侧为单母线断路器分段。

3）主变压器：采用低损耗的 S11-500/10、S11-315/10 电力变压器 T1、T2 各一台，降压后经电缆分别将电能输往 380/220V 低压母线 Ⅰ、Ⅱ 段。

4）高压侧：采用 XGN2-12 型交流金属封闭型移开式高压开关柜 5 台，编号分别为 AK1~AK5。其中：AK1 为电压互感器-避雷器柜，供测量电压、作交流操作电源及防雷保护用；AK2 为通断高压侧电源的总开关柜；AK3 是供计量电能及限电用（有电力定量器）的计量柜；AK4、AK5 分别为两台主变压器的操作柜。以上高压开关柜除了一次设备外，还装有控制、保护、测量、指示等二次回路设备。

5）低压部分：单母线断路器分段的两段母线 Ⅰ、Ⅱ 分别经编号为 AN3~7、AN11~13 的 GGD1-28 型低压配电屏配电给全厂生产、办公、生活的动力和照明负荷。

AN1、AN2、AN9、AN14、AN15 各低压配电屏是用于引入电能或分段联络的；AN8、AN10 是为了提高电路的功率因数而装设的 PGJ1-2 型无功功率自动补偿静电电容器屏。

图 2-37 中，因幅面限制，AN4~AN7、AN10~AN12 没有分别画出各引出线接线图，在工程设计图中是应详细画出的（主要是为了分别标注出各屏电路的用途等）。

该变电所为独立式，其布置见图 3-80 及图 3-81。

该厂为电器类工厂，属三级负荷。多年来的运行实践表明，其供电可靠性、安全性都比较好。

（2）电气主接线图绘制方法 今以图 2-36 为例讲解该图的绘制方法。其中与图 2-33 绘制方法相同的内容在此不赘述。

1）首先，按上述图例分析读图。其中，要熟悉各电气图形符号的名称（本图中与图 2-33 中不同的有户外高压跌落式熔断器 RW4-10、10kV 隔离插头、GSN 电压显示装置），要读懂电源引入后经变电所各高压开关柜，再到两台主变压器降压后分别引向低压 Ⅰ、Ⅱ 段母线的各电路。

2）图面布局。如同时要画图 2-36 和图 2-37，则应选用 A1 图纸，今只举例绘制图 2-36，用 A2 图纸就可以了。

图 2-36 除因篇幅限制而没有列标题栏外，其余的电路图、主要电气设备及材料明细表和技术说明都已有了。

图面布局时，水平方向图样约占 3/4，表约占 1/4；上下方向两台主变压器电路及技术说明约占 1/3。大致分区如图 2-38 所示。

3）确定基准线。以 10kV 母线为水平基准线；垂直基准线可选左侧 10kV 进线，也可选 AK4 高压开关柜到变压器 T1 电路，如图 2-39 所示。图中选用后者为垂直基准线。

4）画底稿线。绘制图 2-36 时，与图 2-33 明显不同之处在于：电路图在表格中绘制，另有右侧的明细栏。因此，根据"从总体到局部"的原则，画底稿线时应先画出电路图的表格框，并分格成 6 列（其中左侧第 1 列稍宽，其余 5 等分）；右侧的明细表在左右宽度两边画出后，上下按字号等分分格。明细表表格一般要留空 1~2 行，以备遗漏。其部分主要底稿线如图 2-40 所示。各高压开关柜（AK1~AK5）的同类设备要画得左右平齐、大小一

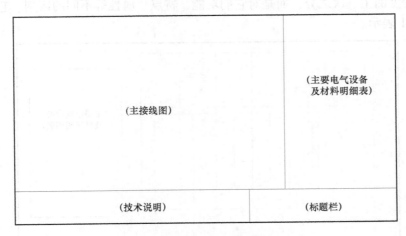

图 2-38　图 2-36 图面的布局

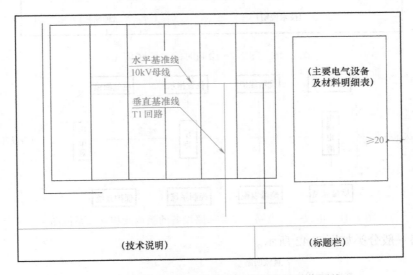

图 2-39　图 2-36 基准线的确定及部分辅助作图线

致，可先轻轻画出若干水平线，再分别画各电气图形符号。

5）描深图样图线，书写文字数字。

6）再次检查校核，确认无误后填写标题栏等。这里要指出的是，为符合人们阅图习惯及装订方便，一般要尽可能在图纸的水平方向绘图，即选用图 1-1 和图 1-2 所示的 X 型图纸，不得已情况下才选用竖直方向绘图。

（三）二次回路图的绘制

1. 二次回路及二次设备

二次回路对确保一次电路的安全、正常、经济合理运行具有非常重要的作用。

二次回路又称副电路、二次电路，它是电力系统或某一电气工程项目、电气装置、电气设备的重要的不可或缺的部分。一方面，它依附于一次电路，根据一次电路的需要而配置；另一方面，它对一次电路的安全、正常、经济合理运行提供保障作用。因此，一、二次的划分并非重要程度的主、次之分，而是对它们功能、特点、属性等不同的区别。它们之间的关系可用图 2-41 表示。

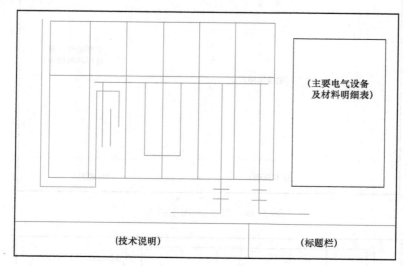

图 2-40　图 2-36 绘制时的主要底稿线

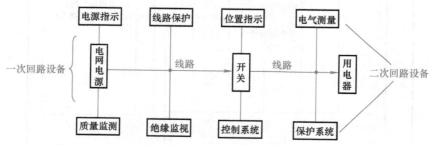

图 2-41　电气一次电路、二次回路设备的组成及相互关系框图

二次回路一般分类如图 2-42 所示。

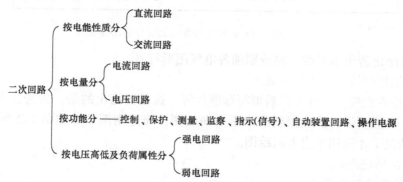

图 2-42　二次回路的一般分类

二次回路中的电气元器件，即为二次设备。按其功能分，主要有以下各种设备（元器件）：

（1）控制设备　有各型操动机构，各种控制开关、转换开关、限位开关、微动开关、储能电动机、按钮、合闸接触器及分合闸线圈等。

（2）保护设备 有各种继电器、熔断器。

（3）测量设备 包括各种电量或非电量测量仪表，如：电流表，电压表，有功、无功功率表，有功、无功电能表，功率因数表，频率表，温度表，压力表，转速表等。

（4）监察设备 如变配电所监察中性点不接地系统发生单相接地故障的绝缘监察设备，直流系统绝缘监察装置。

（5）指示设备 包括各种信号、音响、指示设备，如信号灯、光字牌、掉牌、电笛、警铃、蜂鸣器等。

（6）自动装置设备 常见的有备用电源自动投入装置（APD 或 BZT）、自动重合闸装置（BCH 或 ZCH）、自动按频率减负装置（ZPJH）等。

（7）交、直流操作电源的二次回路设备 有交流操作电源回路、蓄电池直流电源、晶闸管整流操作直流电源、镉镍电池直流电源等装置的回路设备。

二次回路设备还包括电流互感器和电压互感器的二次绕组以及起传输、连接作用的各种控制电缆、导线、连接片、端子和端子排。

2. 二次回路图的分类

二次回路图除了按照图 2-42 所示各种不同的回路分类外，通常按绘制表达的方法不同，又可分为以下三大类：

（1）二次原理图 二次原理图是为实现预设功能将表示二次设备的电气符号按一定顺序连接，用以说明电路工作原理的图形。

二次原理图的表示方法有三种：集中表示法、分开表示法和半集中表示法，如第二章第一节所述。

用集中表示法表示的二次原理图又称二次原理电路图（简称原理图），如图 2-43 所示；用分开表示法表示的二次原理图又称二次原理展开图（简称展开图），如图 2-44 所示。

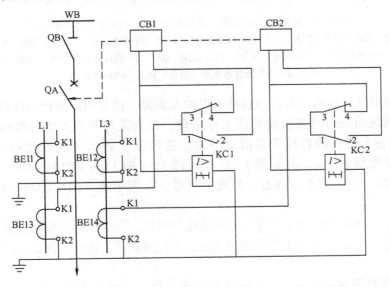

图 2-43 某高压配电线路反时限过电流保护原理图

BE11、BE12—接测量仪表电流互感器 BE13、BE14—接继电保护电流互感器

KC1、KC2—感应式电流继电器 CB1、CB2—跳闸线圈

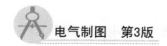

图 2-43 采用的是集中表示法、单线表示法，连接线既有水平布置、垂直布置，还有交叉布置。

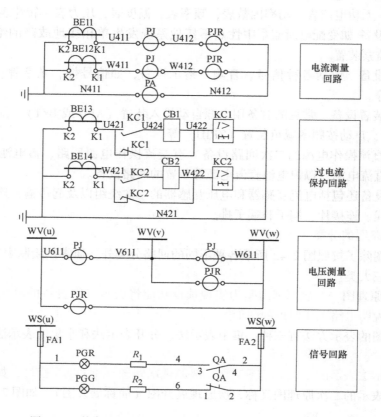

图 2-44　某高压配电线路二次回路分开式（展开式）原理图

BE—电流互感器　PJR—无功电能表　KC—过电流继电器　PJ—有功电能表　WV—电压小母线　WS—信号小母线
PGR—红色信号灯　PGG—绿色信号灯　R—电阻　QA1、2—高压断路器常闭（动断）触点
QA3、4—高压断路器常开（动合）触点　FA—熔断器

图 2-44 为用分开表示法表达的过电流保护及测量、信号回路原理电路图，图 2-44 与图 2-43 一样能说明进行过电流保护的工作原理，但它及与其有关的各回路更清晰易读，尤其是在表达各元器件的连接关系时更清楚。这种分开表示（展开表示）法，是将该项目（高压配电线路的二次回路）中不同部分（BE11 ~ BE14，KC1、KC2、CB1、CB2 及 PJ、PJR、PA、PGR、PGG）的图形符号，在图中按不同功能和不同回路分开表示的。

由此可见，二次原理图表示了某一系统或电气装置、电气设备二次回路的工作原理和相互连接顺序关系，是用于说明工作原理和进行二次回路安装、接线、调试及维修的重要技术文件。

（2）二次接线图及接线表　二次接线图是用于表示二次设备安装接线的图样。它表示了二次设备相互之间的连接关系和顺序，是进行二次设备和电路安装接线、调试维修的依据，如图 2-45 所示。

在图 2-45 中，上部为仪表继电器屏的屏后接线图，它也属于安装图之一。这里要注意：

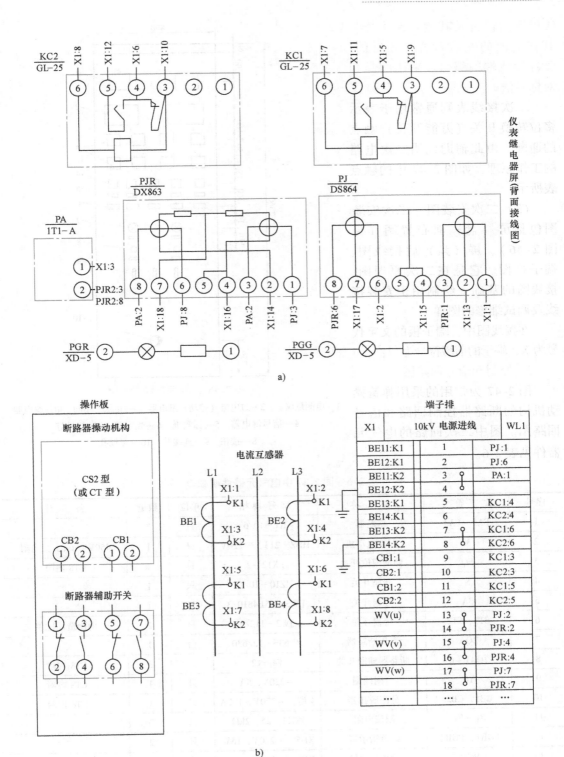

a)

b)

图 2-45　某高压配电线路二次回路接线图图例

①屏后的设备及其接线端子号与其在屏面的左右布置是相反的；②各接线端的编号，采用的是相对标号法。

二次接线表则通常用于表示多位转换开关（万能开关）触点的通断，由此辅助说明二次电路的工作原理，如图2-47中的触点表所示。

（3）二次安装图　二次安装图包括屏（盘）面布置图（见图2-46）、屏（盘）后接线图、端子排图。它是在二次原理图、接线图的基础上绘制用于安装接线及调试维修的图样。

在接线图中，端子板的文字代号为X，端子的前缀符号为"："。

3. 控制和信号回路图

图2-47为常用的采用弹簧操动机构的断路器控制回路和信号回路图。图中二次回路的电气元器件见表2-6。

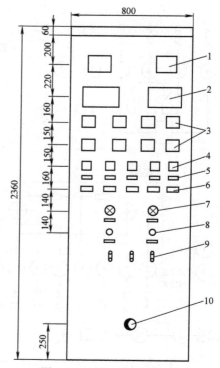

图2-46　屏面布置图示例

1—电测量仪表　2—过电流（差动）继电器　3—电流、中间、电压继电器
4—信号继电器　5—标签框　6—光字牌　7—信号灯
8—按钮　9—连接片　10—穿线孔

表2-6　图2-47中电气元器件明细表

序号	文字符号	名　称	型号规格	单位	数量	备　注
1	FA1 ~ FA3	熔断器	R1 - 10/6	只	3	
2	M	储能电动机	HDZ - 213，≈220V	只	1	450W，$t < 5s$，内附
3	SQ	储能限位开关	LX12 - 2	只	1	CT8 内附
4	S	转换开关	HZ10 - 10/1	只	1	
5	SA	控制开关	LW5 - 15B4810/3	只	1	
6	ST1，ST2	行程开关	JW2 - 112/3	只	2	由制造厂配供
7	2QA	高压断路器	ZN63S - 12/630	台	1	
8	2QA1 ~ 6	断路器辅助开关	F4 - 12	只	3	CT8 内附
9	Y0	合闸线圈	~220V，5A	只	1	CT8 内附
10	CB1，CB2	分闸脱扣器	4 型，~220V，1.2A	只	1	CT8 内附
11	$R_1 \sim R_3$	限流电阻	ZG11 - 25，$2k\Omega$	只	3	
12	PGR1，PGR2	红色指示灯	XD5，~220V，15W	只	2	
13	PGG	绿色指示灯	XD5，~220V，15W	只	1	
14	PGW	白色指示灯	XD5，~220V，15W	只	1	
15	PB	电铃	~220V	只	1	

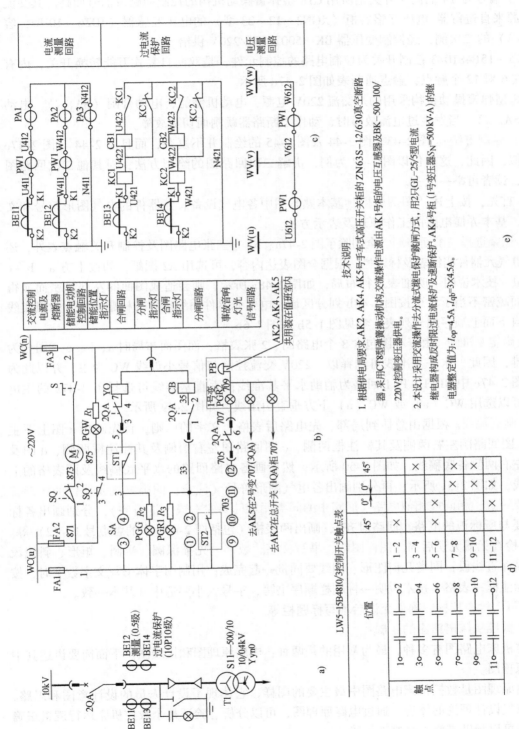

图2-47 采用弹簧操动机构的断路器控制回路和信号回路图

a)一次电路图 b)控制及信号回路 c)测量及保护回路展开图 d)控制开关触点表 e)技术说明

（1）图例简析 该电路图为某工厂10kV变电所电气主接线图（见图2-36）中XGN2-12-02型编号为Y4的高压开关柜所用CT8型弹簧操动机构的控制回路及信号回路。其交流操作电源来自避雷器-电压互感器柜（XGN2-12-23型）的电压互感器（JDZ6-10型，容量400VA）的二次侧，经控制变压器BK-500、100/220V供给。

LW5-15B4810/3控制开关为控制电路的控制元件，是双向自复式万能转换开关，内有1～12共6对12个触点，触点通断表如图2-47d所示。

CT8型弹簧操动机构采用的是交流220V电源，电动机储能，电动合闸（SA_{3-4}），电动分闸（SA_{1-2}）。当发生过电流故障时，动作于断路器跳闸而切除故障。

（2）绘制方法 图2-43、图2-44及图2-45的绘制并不复杂，而且图2-44与图2-47c较为相似，因此，这里仅以图2-47为例，讲解二次回路图的绘制方法，对其他二次回路图的绘制，读者可举一反三。

1）首先，按上述"图例简析"基本熟悉图中各电气设备、元器件的电气图形符号和文字符号，基本弄懂电路的工作原理及表示方法。

2）图幅选择与图面布局。全图除了图2-47a、b、c三张电路图及控制开关触点表外，还有主要电气元器件明细表及标题栏。根据全图表达内容，可选用A2图纸，如按上方a-b-c后下方d-技术说明-明细表进行布局，如图2-48a所示，则会造成图面的左部过密而显得整个图面疏密不当。可按图2-48b划分区域。电气元器件明细表可与标题栏上方的粗实线紧接，自下而上顺序编号列表，参见图1-5b或图1-6b。

3）确定基准线。由于本图包含3个电路图、2张表格，而图面布局时a、b、c三图分为上下两排，因此，水平基准线可选择以～220V交流控制与信号小母线WC为主，并以此为准另选图2-47c中BE11～PA1回路为辅助水平基准线；垂直基准线可选择图2-47a的主电路，也可以选用WC（u）或WC（n）下方垂直引出线，如图2-49所示。

4）画底稿线。根据由总体到局部、先电路后表格、文字的原则，首先画出a图上下主电路、b图回路图左右两侧及其标注框两侧、c图回路图左右两侧及其标注框两侧、d图及明细表左右两侧各底稿线，如图2-50所示；然后画各电路回路的水平底稿线及两表格的上下分行线，如图2-51所示；再分别画出各电气图形符号（注意：同类电气元器件的图形符号大小要一致，相同或相似电路、回路中的同类元器件要左右或上下对齐），分别画出各标识框（要与所标识的电路、回路对齐），画出两表格（包括图2-47d中的触点号1～12）等。

5）检查无漏无误后描深图样图线，书写文字、数字。先描深圆、半圆、矩形、斜线段等，再描深直线段；同类几何图形、图线要同批一起完成；用制图字体书写文字数字时，按图样→标注框→表格→技术说明→标题栏顺序书写，字号大小要适中并基本一致。

6）再次检查校核，确认无误后填写标题栏等。

四、数控机床电路图的绘制

数控机床电路图有多种，最为常用的是两种：电路原理图和接线图。下面简要讲述其中的电路原理图。

电路原理图是数控机床电路图中最主要的图样，它体现了设计人员的设计意图和思路，是整个电气设计理论的体现。通过电路原理图，可以分析、验证整个数控机床运行逻辑正确与否，并可以帮助维修人员判断故障。

电路原理图中表达的电路，按其功能可分为主电路和控制电路。

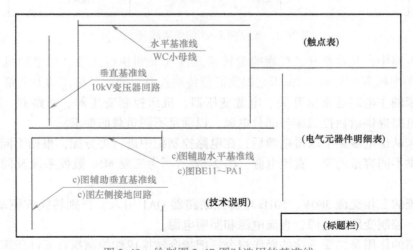

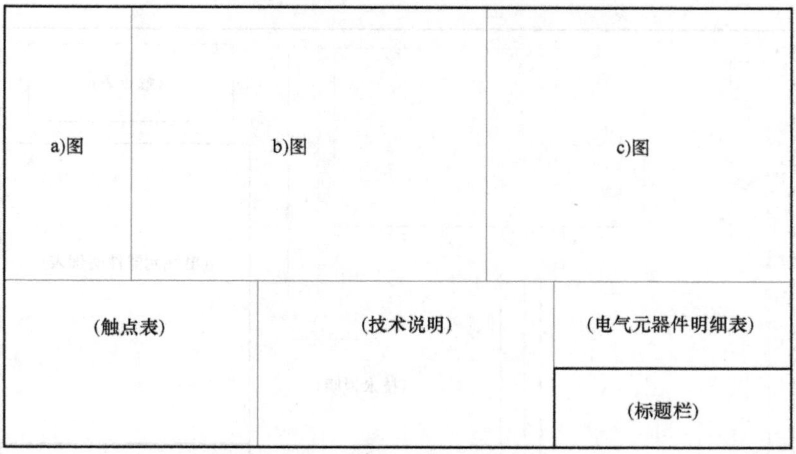
a)图
b)图
c)图
(触点表)
(技术说明)
(电气元器件明细表)
(标题栏)

a)

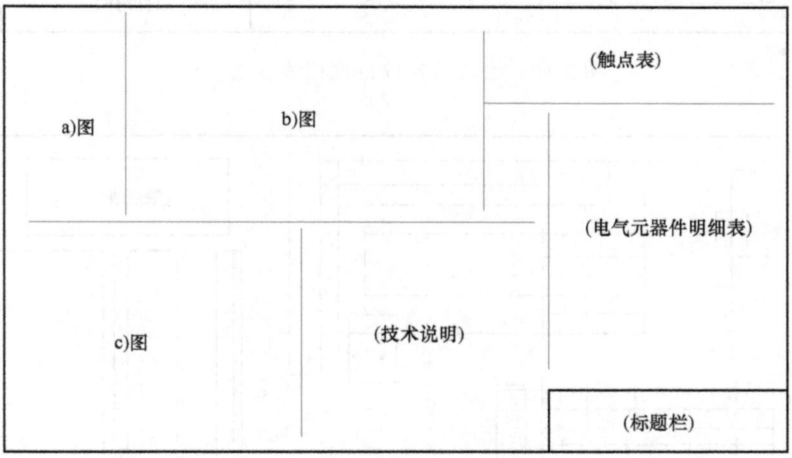
(触点表)
a)图
b)图
(电气元器件明细表)
c)图
(技术说明)
(标题栏)

b)

图 2-48　图 2-47 图面布局划分

a）第一方案　b）第二方案

水平基准线
WC小母线
(触点表)
垂直基准线
10kV变压器回路
(电气元器件明细表)
c)图辅助水平基准线
c)图BE11～PA1
c)图辅助垂直基准线
c)图左侧接地回路
(技术说明)
(标题栏)

图 2-49　绘制图 2-47 图时选用的基准线

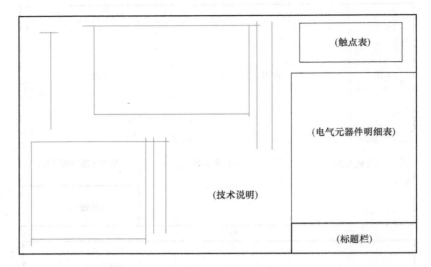

图 2-50 绘制图 2-47 的底稿线 (之一)

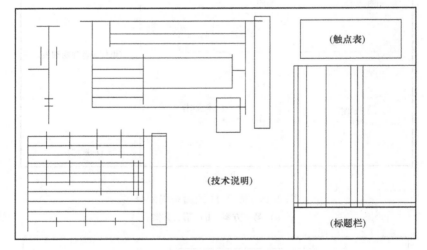

图 2-51 绘制图 2-47 的底稿线 (之二)

在机床电路中,凡是断开、接通能量转换元件(又叫执行元件,如电动机等)的电路为主电路(用中粗实线表示)。由于它担负能量传输任务,因此又称作动力电路。

数控机床的主电路通常由开关、电源变压器、机床控制变压器、断路器、熔断器等组成。通过主电路提供给数控机床各部分电源,以满足不同负载的要求。

数控机床从供电线路上取得电源后,在电路控制柜中进行再分配,根据不同的负载性质和要求,提供不同容量的交、直流电源。图 2-52 所示为三菱 M50 数控系统及伺服驱动的主电路。

供电系统的三相交流 380V、50Hz 电源经断路器 QA1 引入,分别转换成驱动部分电源、冷却泵电源、控制变压器电源、直流电源和照明电源。

控制电路的作用是接受下达的操作指令,把指令转换成能控制执行元件所需的信号。

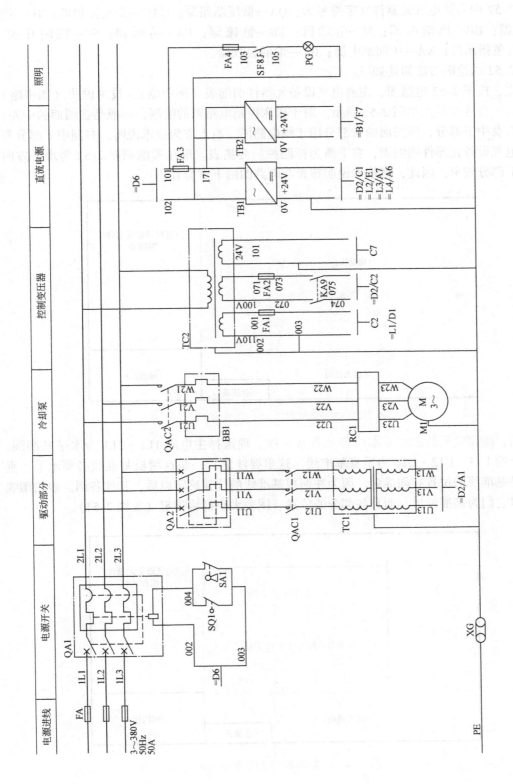

图2-52 三菱M50数控系统及伺服驱动的主电路图

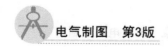

图 2-52 中主要电气元器件文字符号为：QA—低压断路器；QAC—交流接触器；TC—控制变压器；BB—热继电器；M—电动机；TB—整流器；FA—熔断器；SF—控制开关；PGR—红色指示灯；KA—中间继电器；RC—浪涌吸收器。

图 2-52 的绘图方法简述如下。

首先，按图 2-52 电路图、主要电气设备元器件明细表（图中略）、技术说明（图中略）进行正确、合理布局，如图 2-53 所示。对于机床控制电路图的绘制，一般是在图面的中左、中、中右及中下部分，即图面的大部分用于画电路图，右上方为技术说明，右侧中下部分列出主要电气设备元器件明细表，右下角为标题栏、会签表。现在考虑到图 2-52 为水平方向宽、上下部分较窄，因此，把技术说明布置在电路图的下方为宜。

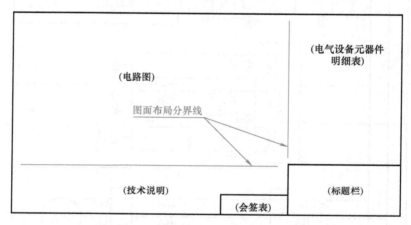

图 2-53　绘制图 2-52 的图面布局

然后，确定绘图的水平基准线和垂直基准线。现选择主电路 1L1－2L1 为水平基准线，驱动部分的 U11－U12－U13 为垂直基准线。这里要注意，一是这两根基准线必须水平、垂直；二是基准线的位置必须准确。因为在两根基准线的位置确定以后，其他各图、表的图线不仅要以它们为基准画出，而且各部分的位置、图表大小都将确定（见图 2-54）。

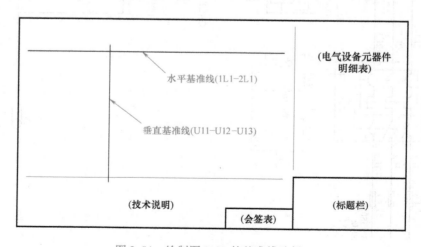

图 2-54　绘制图 2-52 的基准线选择

第三，按先画电路后写说明、先上后下、先左后右、先圆和斜线后直线、先图形后文字等顺序进行。相同电路和相同的图形符号要上下或左右一致，间隔均匀。上下注释框要与被注释的电路相对应。

要轻轻地画出底稿线，经过自己或者同学相互检验确认正确后，再分别描深图线、书写文字，最后填写标题栏等。

五、电子电路图的绘制

电子电路图是用于描述电子装置或电子设备的电气原理、结构以及安装方式的图形。一个复杂电子设备的电子电路图通常包括：电子设备框图、电子设备电路图、逻辑电路图、印制电路板图等。

1. 电子设备框图

电子设备框图是将完整的电子系统分成若干个基本组成部分，每一部分均用文字或规定的符号框表示，并根据电信号流程用箭头符号连接起来的图形。框图是将电子电路图"化整为零"的主要手段，根据框图可以较快地对系统的总体结构和重要组成部分有所了解。

以单片机为例，单片机是一种集成电路芯片，是单片微型计算机的简称。它将具有数据处理能力的微型处理器（CPU）、存储器（含程序存储器 ROM 和数据存储器 RAM）、输入/输出接口（I/O 接口）电路集成在同一芯片上，构成一个既小巧又完善的计算机硬件系统，在单片机程序的控制下，能准确、迅速、高效地完成程序设计者事先所规定的任务。因此，一个单片机芯片就相当于某一具有全部功能的微型计算机。

图 2-55 是以 MCS－51 系列单片机为核心组成的某测控系统逻辑框图。该系统由 8031 单片机、温度传感器、湿度传感器、外部扩展 EPROM2732、I/O 扩展芯片 8155H、ADC0809

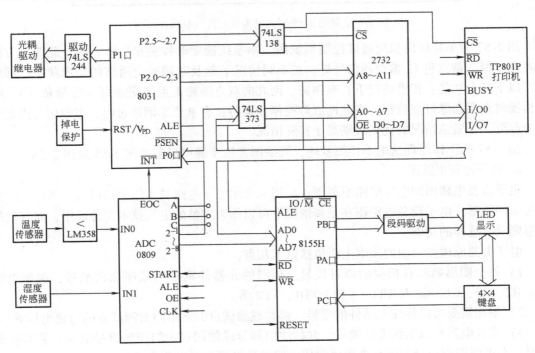

图 2-55　单片机测控系统逻辑框图

以及键盘、打印机等组成。该图中，各主要组成部件的方框以集成电路芯片的方式给出，次要组成部件则以文字符号注解。带箭头号的空心细线表示一组并行的数据线或地址线，箭头方向表示导线传输信号的流向。由于系统内的控制线通常是单根的，所以仍以单根细实线表示。

绘制图 2-55 时，可在确定水平基准线和垂直基准线后，首先画出若干辅助作图线，如图 2-56 中的细线所示，它用以各部分的定位限位及相互对齐、均匀一致，也便于修改调整，其他图线则按自上而下、自左至右、先图线后文字逐步绘制。

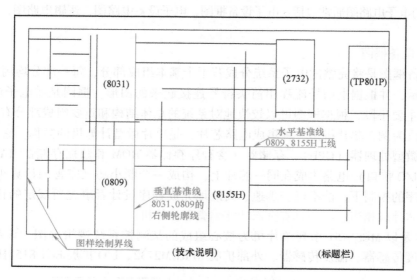

图 2-56 绘制图 2-55 时的基准线及部分辅助作图线

图 2-57 为单片机模拟交通灯控制系统图。本系统能定时控制东、南、西、北四个方向的各红、绿、黄三色 12 盏交通信号灯，在不同情况下能及时调整交通灯的指示状态，即能实现以下三个功能：正常情况下，东西向、南北向双方向轮流点亮交通灯（红绿黄灯）；特殊情况时东西道绿灯亮放行，南北向红灯亮停止通行；有紧急车辆通过时，东西向、南北向均为红灯，即紧急情况的优先级别高于特殊情况。

图 2-57 的工作原理这里不详细叙述，其绘图方法步骤可以参考图 2-55 及图 2-56。

2. 电子设备电路图

电子设备电路图即电子电路原理图，是用来表示电子电路的工作原理以及元器件之间连接关系的图形。电子设备电路图在很多情况下可以作为完整的电气技术文件使用，而其他的图形则没有这样的功能。

电子电路原理图绘制的原则主要包括以下几点：

1）每个图形都标有相应的项目代号，相同的元器件则按照顺序依次编号，例如电阻 R1、R2、R3、C1、C2 及 VT1、VT2、VD1、VD2 等。

2）根据需要可以标注元器件的型号、参数或测试点的波形图及测试点的对地电压等。

3）集成电路常以实线方框表示，并标注引脚号或使用规定的图形符号表示。若有特殊需要，在电路图空白处需要另外提供集成电路的外形图和引脚顺序号等。

4）集成门电路、触发器用其逻辑图符号表示。

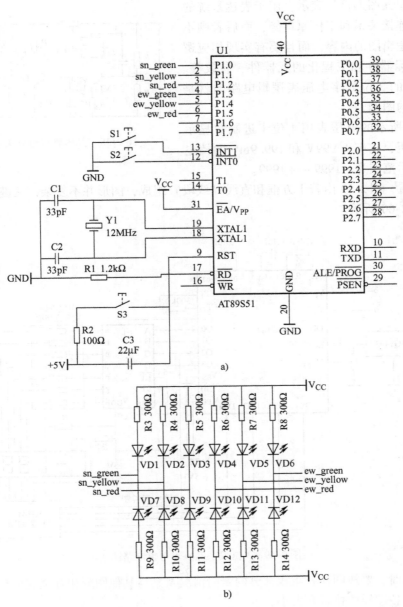

图 2-57 单片机模拟交通灯控制系统图

a）控制系统框图 b）硬件原理图

图 2-58 为晶体管接近开关电路图的示例。该图并不复杂，绘图时可以将上方和左侧两线分别为水平基准线和垂直基准线，逐步画出各电路。不过要注意相同元器件的图形符号要大小、形状相同，排列要疏密均匀。做练习时使用电工绘图模板较为简便。

3. 逻辑电路图

逻辑电路图主要用于数字电子电路和数字系统图中，它并不需要考虑器件的内部电路，只是用逻辑单元符号表达电路和器件的逻辑功能。

逻辑电路图分为理论逻辑图（纯逻辑图）和工程逻辑图（详细逻辑图）两类。前者以二进制逻辑单元图形符号表示，用于表达系统的逻辑功能、连接关系和工作原理等，而后者则不仅包括理论逻辑图的内容，而且要有实现相应逻辑功能的实际器件和工程化的元器件、参数等。图2-59 所示的 3 位数字电压表逻辑电路图就是工程逻辑图的图例。

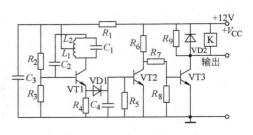

图 2-58　晶体管接近开关电路图

图 2-59 所示的电压表用 4 位十进制数显示被测模拟电压，它有 1.999V 和 199.9mV 两档电压量程，显示范围为 −1999 ～ +1999。

从图样看，图 2-59 由若干方框和直线（线段）组成，图形并不复杂，关键是整体布局，其画法如图 2-60 所示。

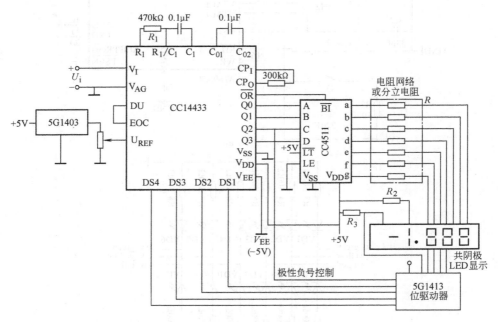

图 2-59　3 位数字电压表逻辑电路图

图面布局时，要按图样各组成部分的繁简情况及其与其他图形相互之间的连接关系，突出主次，确定各图样的位置和大小。

在确定基准线以后，由于该图样较为简单，可以用一副三角板平移推平行线分别轻轻画出各水平线和竖直线的底稿线。

图 2-60b 中的几根辅助作图线，是分别用来限定上方中、右两元件大小和使电阻大小整齐划一的。图中各电阻图形符号在描深时，应用电工模板画出较为方便。

4. 印制电路板图

印制电路板（PCB）设计是电路板开发的最终阶段。印制电路板是以绝缘板为基础材料，以铜箔为连接导线，用一层以上导电的图形及预先设计的孔（有元器件引线孔、机械安装孔等）实现相应元器件之间的电气连接，经特定工艺加工将导线印制在绝缘板上而成的。

印制导线的表示方法通常有图 2-61 所示几种。

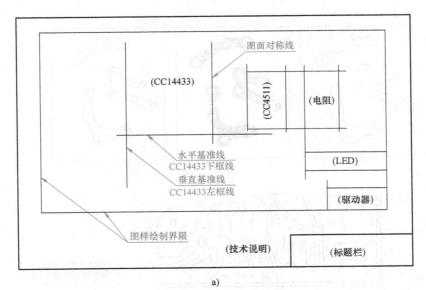

图 2-60　图 2-59 的绘制

a）图面布局及确定基准线　b）画辅助作图线

图 2-62 和图 2-63 分别为印制电路板装配图图例。其中图 2-62 既画出了印制电路板布线图，又在实际安装位置画出了元器件。而图 2-63 只画出了元器件安装面（即印制电路板正面）上各元器件的电气图形符号及其位置，用于指导装配焊接。

在绘制图 2-62 和图 2-63 时，要注意以下要领：①电路板要由确定的尺寸按比例画出；②同类元器件和相同直径的孔要大小一致、排列整齐；③圆孔、电阻等图形符号可用电工模板画出；④图 2-62 的正面是元器件安装面，而导线（铜箔）在反面，因此，用双轮廓线表示的导线用虚线表示。虚线的曲线段宜用曲线板绘出，曲线要画得均匀一致，弯曲圆滑；⑤用以固定印制电路板的安装孔要画出十字形中心线，并标注出相应尺寸，其余元器件引线孔等不画中心线。

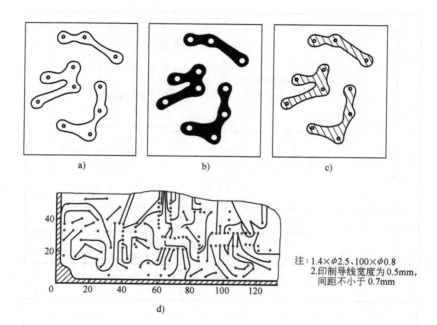

图 2-61 印制导线的表示方法

a) 双轮廓线 b) 双轮廓线涂色 c) 双轮廓线加剖面线 d) 单线

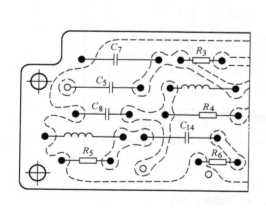

图 2-62 印制电路板装配图（一）

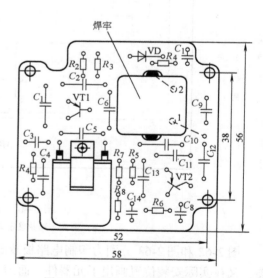

图 2-63 印制电路板装配图（二）

思 考 题

2-1 什么是电气电路图？它有哪些主要特点？

2-2 电路图表达的主要内容和要素有哪些？

2-3 什么是电气元器件的集中表示法和分开表示法？它们分别有什么优缺点，各应用于什么场合？

2-4 什么是电路图中电气元器件的"正常状态"？

2-5 什么是"电气符号"？它主要包括哪些内容？

2-6 应用电气图形符号要注意哪些问题？

2-7 绘制电路图的一般步骤有哪些？

2-8 简要说明电路图布局的原则、顺序和要点。

2-9 电路及元器件的布局应遵守哪些原则？

2-10 什么是电气主接线图和二次回路图？它们之间有什么关系和区别？

2-11 简要说明绘制一次电路图的要点及步骤。

2-12 按绘图表达的方法不同，二次回路图有哪三类？它们各有什么特点和用途？

2-13 简要说明绘制二次回路图的要点及步骤。

2-14 简要说明绘制数控机床电气控制电路图的要点及步骤。

2-15 什么是电子电路图？它通常包括哪些图？

习 题

2-1 用 A2 图纸绘制图 2-33。

2-2 用 A2 图纸绘制图 2-36 和图 2-37（提示：①将两图电路相连，即将图 2-36 中变压器 T1、T2 的低压引出线分别接连图 2-37 上方 380/220V 的 I、II 段电源；②两图的"技术说明"统一合并）。

2-3 用 A2 图纸绘制图 2-47（含明细栏）。

2-4 用 A3 图纸绘制图 2-52。

2-5 用 A4 图纸绘制图 2-59。

2-6 用 A4 图纸绘制图 2-64。

2-7 用 A3 图纸绘制图 2-57（提示：用横向图纸，将图 2-57a、b 并列水平布置）。

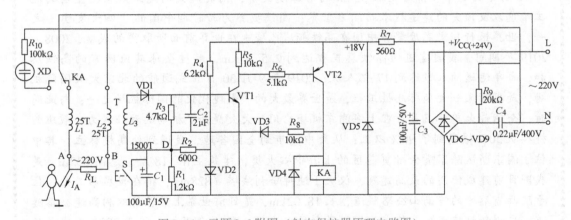

图 2-64 习题 2-6 附图（触电保护器原理电路图）

第三章
建筑电气制图

各种电气项目大都是依附于各类建筑的，建筑电气制图与前述电气电路图的绘图原理、表达范围、内容和方式有很大区别。本章首先讲述建筑电气工程图的基本常识，然后由投影基础知识重点讲解建筑电气安装图的表示方法及其绘制。

素养阅读

"中国制造"已经成为世界耀眼璀璨的名片，中国制造为全球经济发展做出了巨大贡献。

让人们最为印象深刻甚至感到震撼的，便是那些成为世界之最的大工程、大项目，例如：目前世界排名前100的最长桥梁，只有18座不是中国建造的，其中2018年12月1日通车、桥隧全长55km的港珠澳大桥，因其超大的建筑规模、空前的施工难度以及顶尖的建造技术而闻名世界；高铁被誉为新时期中国的"四大发明"之一，世界银行刊文高度赞誉中国在高铁领域已经走在世界前面所取得的成就，2008～2019年期间，我国建造的高铁总里程达到2.5万km，超过全球其他国家的高铁总和，每年运送的人数达到17亿人次；2019年9月30日正式通航的北京大兴国际机场，是我国又一大型标志性工程，是世界最大的、最现代化的国际机场之一；与此同时，全球最大单体卫星厅在上海浦东机场启用，大大提升了机场的吞吐能力，航班靠桥率从50%提高到了90%以上；从大中城市到全国各地，我国到处高楼林立，其中位于浦东新区陆家嘴金融贸易区的上海中心大厦，建筑主体118层，总高632m，是我国目前建成使用的最高建筑，仅次于迪拜哈利法塔（828m），排在世界第二位；位于陕西省秦岭的终南山公路隧道，长18.02km，是目前世界上最长的双洞高速公路隧道；广州新站建成后，将成为规模最大的火车站；2020年开工、将于2022年建成的从西藏日喀则延伸540km到尼泊尔的日吉铁路，穿越喜马拉雅山的珠峰隧道将创造人类的又一"奇迹"；国内的基础设施建设日新月异，目不暇接，令世界惊叹。

2013年秋，习近平主席提出了"一带一路"倡议。在共建"一带一路"国际合作框架下，贷款给一些发展中国家建设铁路、公路、桥梁、港口、机场等建筑，促进其工业化发展，助其经济腾飞。而了解这些建筑，要先学习"建筑电气制图"。

第一节　建筑电气工程图

随着我国经济快速发展，技术不断创新，人民生活水平明显改善，计算机技术和通信技术的日新月异及其在建筑领域的广泛应用，建筑电气工程的范畴越来越宽泛，对建筑电气的现代化、自动化、智能化、弱电化要求越来越高，由此对从事设计、施工安装或运行维修的电气工程技术人员的绘图、识图无疑提出了更高的要求。

一、电气工程

电气工程，一般是指某一建筑工程（如工厂、高层建筑、居住区、院校、商住楼、宾馆饭店、仓库、广场及其他设施）的供配电、用电工程。

电气工程的主要项目有以下几种。

（1）变配电工程　由变配电所、变压器及一整套变配电电气设备、防雷接地装置等组成。

（2）发电工程　除了主发电机组及其配套的辅助设备外，还包括自备发电站及其附属设备设施。

（3）外线工程　包括架空线路、电缆线路等室外的电源供电线路。

（4）内线工程　有室内、车间内的动力、照明线路及其他电气线路。

（5）动力工程　包括各种机床、起重机、水泵、空调、锅炉、消防等用电设备及其动力配电箱、配电线路等。

（6）照明工程　包括各类照明的配电系统、管线、开关、各种照明灯具、电光源、电扇、插座及其照明配电箱等。

（7）弱电工程　包括各种电信设备系统，计算机管理与监控系统，防火防盗报警系统，共用天线电视接收系统，闭路电视系统，卫星电视接收系统，电视监控系统，广播音响系统等。

（8）电梯的配置和选型　包括确定电梯的功能、台数及供电管线等。

（9）空调系统与给排水系统工程　包括供电方案、配电管线和选择相应的电气设备。

（10）防雷接地工程　有避雷针、避雷线、避雷网、避雷带和接地体、接地线及其附属零配件等。

（11）其他　如锅炉房、洗手间、室内外装饰广告及景观照明等。

诚然，并不是每个电气工程都包括以上项目，但现代高层建筑、高级商住楼、写字楼几乎涵盖了以上全部项目。关于"高层建筑"的划分方法有多种，这里介绍2种。

1972年8月，在美国伯利恒市召开的国际高层建筑会议上，提出高层建筑的分类和定义是：第一类高层建筑为9～16层（最高到50m）；第二类高层建筑为17～25层（最高到75m）；第三类高层建筑为26～40层（最高到100m）；超高层建筑为40层以上（高度100m以上）。

在我国，按照《建筑设计防火规范》（GB 50016—2014）的规定，建筑高度大于27m的住宅建筑和建筑高度大于24m的非单层厂房、仓库和其他民用建筑，均属高层建筑。

建筑电气工程是指与建筑物相关联的新建、扩建或改建的电气工程，它涉及土建、暖通、设备、管道、装饰、空调制冷、给排水等若干专业。

建筑电气工程图一般包括电气总平面图、电气系统图、某单元电气平立面布置图、控制原理图、电气安装图、大样图、电缆清册、设备材料清册及图例等。

建筑电气安装图是建筑电气工程图的一种，它是表示电气装置、设备、线路在建筑物中的安装位置、连接关系及其安装方法的图样。

二、电气工程图

表达电气工程的电气图，即电气工程图。电气工程图是电气工程施工、安装、竣工验收和运行、维护检修的主要依据。

1. 标题栏及会签栏

应根据工程需要选择确定标题栏、会签栏的格式、尺寸及分区。

根据图纸不同幅面（横式或竖式），标题栏可采用图3-1不同的格式及尺寸。

会签栏如图3-2所示。

2. 图样种类

电气工程图是电气工程施工、安装、竣工验收和运行、维护检修的主要依据。

按电气工程项目的不同，电气工程图一般由以下几类图样组成。

（1）首页 首页相当于整个电气工程项目的总的概要说明。它主要包括该电气工程项目的图样目录、图例、设备明细表及设计说明、施工说明等。图样目录按类别顺序列出；图例只需要标明该项目中所用的特殊图形符号，凡国家标准所统一规定的不用标出；设备明细表列出该项目主要电气设备元器件的文字代号、名称、型号、规格、数量等，供读图及订货时参考。根据情况，有的还要列出主要电气材料明细表，它可与"电气设备明细表"合并列为"主要电气设备材料明细表"；设计或施工说明主要表述该项目设计或施工的依据、基本指导思想与原则，用以补充图样中没有阐明的项目特点、分期建设、安装方法、工艺要求、特殊设备的使用方法及使用与维护注意事项等。

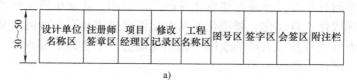

a)

c)

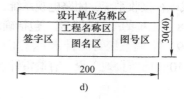

d)

图3-1 标题栏

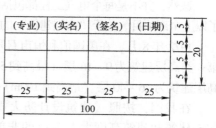

图3-2 会签栏

（2）电气系统图 用以表达整个电气工程或其中某一局部工程的供配电方案、方式，一般指一次电路图或主接线图，如图2-33和图2-36所示。

（3）电气原理图及接线图 它是表示某一系统或设备的工作原理和相互连接，用以说明电路工作原理、安装、接线、调试及维修的图样。它属于二次电路图，如图2-44、图2-45所示。

（4）平面图及立面图 平面图及立面图用于表示各种电气设备和线路的平面、立面布置，是进行电气布置、安装的依据，如图3-80和图3-81所示。

（5）大样图 大样图是用以详细表示某一设备或某一部分结构、安装要求的图样。

（6）订货图 订货图用于重要设备（如发电机、变压器、高压开关柜、低压配电屏、继电保护屏及箱式变电站等）向制造厂的订货。通常要详细画出并说明该设备的型号规格、使用环境、与其他有关设备的相互安装位置等，并必须附上与其有关的图样，如变配电所的电气主接线图、高压开关柜安装图、低压配电屏安装图、变压器安装图等。

3. 建筑电气工程图的编排顺序及图号

（1）图纸编排顺序　建筑电气工程在初步设计阶段有设计总说明时，图纸的编排顺序为：图纸目录、设计总说明、总图、建筑图、结构图、给排水图、暖通空调图、电气图等；而施工图设计阶段往往把图纸目录与设计说明合为一项。

图纸宜按专业设计说明、平面图、立面图、剖面图、大样图、详图、三维视图、清单、简图等的顺序编排。

（2）工程图纸编号　用于表示图纸的图样类型和排列顺序的编号，也称图号。

三、建筑电气安装图

1. 建筑电气安装图的用途

1）它是建筑电气装置施工安装和竣工验收的依据。例如，各电气装置、设备、线路的安装位置、接线、安装方法以及相应设备的编号、容量、型号规格、数量等，都是电气施工安装和验收时必不可少的技术资料。

2）它是电气设备订货及运行、维护管理的重要技术文件。

2. 建筑电气安装图的分类

（1）按表示方法分　一是用正投影法表示，即按实物的形状、大小和位置，用正投影法绘制的图，如图 3-80 及图 3-81 所示；另一种是用简图形式表示，即不考虑实物的形状和大小，只考虑其安装位置，只将图形符号画在对应于实物的实际位置而绘制的图，如图 3-59 及图 3-60 所示。建筑电气安装图多数用简图表示。

（2）按表达内容分　一是平面图，二是断面图、立面图。建筑电气安装图大多用平面图表示，只有当用平面图表达不清时，才按需要画出断面图、立面图，如图 3-81 所示。

（3）按功能分　建筑电气安装图按功能分为如下几种。

1）供电总平面图：图中标出建筑物名称及电力、照明容量，定出架空线路的导线、走向、杆位、路灯以及电缆线路的敷设方法，标出变、配电所的位置、编号和容量等，如图 3-3 及图 3-61 所示。其中图 3-3 为某柴油机厂供电的总平面图。该厂由地区变电所引入两回 10kV 电缆线路至总配电所 HDS，再由总配电所经电缆引出线（电缆沟暗敷）分别供电到 1~7STS 车间变电所。由于幅面限制，图中路灯线等未详细画出，而且只标注了部分主要车间的设备容量（单位：kW）。

2）高、低压供配电系统图：即高、低压电气主接线图，供设计计算、订货、安装及运行时使用，如图 2-36 和图 2-37 所示。

3）变、配电所平面图：包括变、配电所高低压开关柜（屏），变压器等设备的平、立（剖）面排列布置，母线布置及主要电气设备材料明细表等，如图 3-80 及图 3-81 所示。

4）动力平面及系统图：平面图应表示配电干线、滑触线、接地干线的平面布置，导线型号、规格、敷设方式，配电箱、起动器、开关等的位置，引至用电设备的支线（用箭头示意）；系统图应表示接线方式及注明设备编号、容量、型号、规格及负载（用户）名称，如图 3-59 及图 3-75 所示。

5）照明平面及系统图：平面图应表示照明干线、配电箱、灯具、开关、插座的平面布置，并注明用户名称和照度及由照明配电箱引至各灯具和开关的支线；系统图应注明配电箱、开关、导线的连接方式、设备编号、容量、型号、规格及负载名称，如图 3-60 及图 3-76 所示。

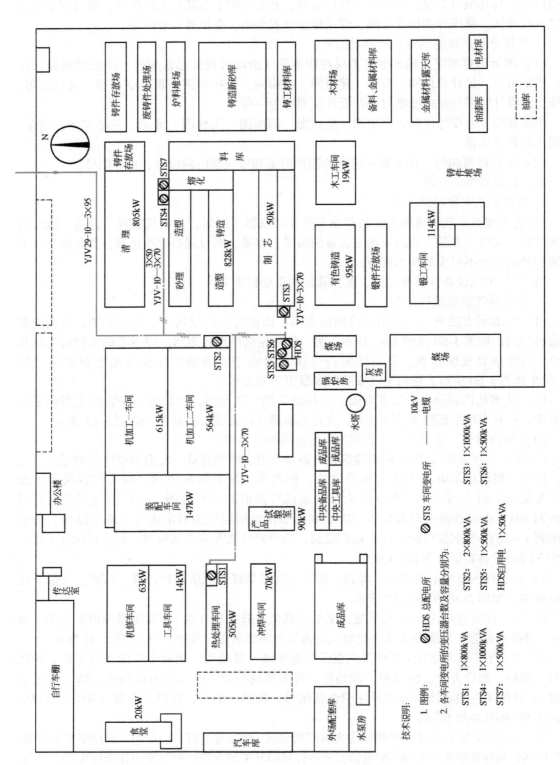

图3-3 某柴油机厂供电总平面图

6）空调系统与给排水系统电气安装图：包括供电方案、配电管线和各电气设备的安装位置等。

7）自动控制图：包括自动控制和自动调节的框图或原理图及控制室平面图（简单自控系统在设计说明书中用文字说明即可），标明控制环节的组成、技术要求、电源选择、控制设备和仪表的型号规格等。

8）电信设备安装平面图。

9）高层建筑弱电系统图：包括火灾自动报警及自动消防系统、防盗系统、通信系统、电视系统、计算机管理系统及广播音响系统等的各图。

10）建筑物防雷接地平面图：包括俯视平面图（对于复杂形状的大型建筑物，还应绘制立面图，注出标高和主要尺寸），避雷针、避雷带、接地线和接地体平面布置图，材料规格，相对位置尺寸，防雷接地平面图等，如图3-56所示。

11）主要电气设备及材料明细表（或主要电气设备及材料清册）。

第二节　投影基础知识

一、投影概念

物体在光源的照射下，会在地面或墙体上产生影子，这就是投射现象。

投影法是把投射现象加以科学抽象、归纳、概括而产生的投影理论，并用于绘图的方法。

投影作图是根据投影理论，研究空间主体与各视图的对应关系、投影规律并作图的原理和方法。

用投影法所得物体的图形，称为投影。投影所在的平面，称为投影面。抽象设想光源照射物体的光线，即用以获得物体投影的线，称为投影线。

按照投影原理的不同，工程上常用的投影法有中心投影法和平行投影法两种，分别如图3-4、图3-5所示。平行投影法按投影方向的不同又分为正投影法和斜投影法。在工程制图中广泛采用正投影法。

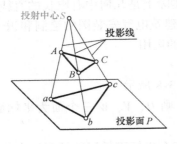

图3-4　中心投影法

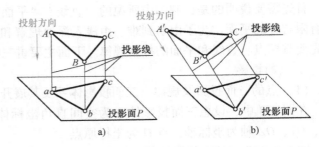

图3-5　平行投影法
a）正投影法　b）斜投影法

1. 中心投影法

图3-4中，投影线SAa、SBb、SCc是汇交于同一点S的。这种投影线汇交于一点的投影法称为中心投影法。

2. 平行投影法

假设将图3-4中的光源S移向离投影面P无穷远，则投影线不再相交而是相互平行，便

成为图 3-5a 和图 3-5b，其各投影线是相互平行而不相交的。这种投影线相互平行的投影方法，称为平行投影法。

图 3-5a 中，所有平行投影线是垂直于投影面的，这种投影方法称为正投影法，它所得到 $\triangle ABC$ 的投影 $\triangle abc$ 称为 $\triangle ABC$ 的正投影。

图 3-5b 中，所有平行投影线都是与投影面成一倾斜角度的，这种投影方法称为斜投影法，它所得到的 $\triangle A'B'C'$ 的倾斜投影 $\triangle a'b'c'$ 称为 $\triangle A'B'C'$ 的斜投影。

正投影法之所以在工程制图中获得广泛应用，主要是由于它具有真实性：当投影物体上的直线或平面与投影面平行时，其正投影表示了直线（线段）的实长或平面（有界）的实形，因此，正投影在各投影面上能正确表达空间物体的形状和大小，如图 3-26 及图 3-28 所示。而且，正投影法直观、简易、实用。

二、投影体系与视图

空间物体是立体的，我们所画的图是平面图形。那怎样才能比较真实、正确地表达物体呢？

图 3-6 表达了一个立体机件用正投影法在空间上下、左右、前后 6 个投影面上的正投影原理和各投影。由于是平面图形，因此我们假想把 6 个投影面展开摊平成同一平面，由此便可以得到图 3-7 所示的各基本视图。

视图，是将物体按正投影法向投影面投射时所得到的投影，它主要表达物体的外部形状。

在 6 个视图中，用得最多的是主视图、俯视图和左视图。因为对于一般物体而言，这 3 个视图（对于某些形体简单或特殊的机件，甚至只要其中的俯视图、主视图或其中一个）就能清楚表达物体的形状和大小，或必要时加以文字说明即可。因此，主视图、俯视图和左视图相对而言是最基本的视图，称之为三视图。

由图 3-6 和图 3-7 可见，主视图表达了物体的高度和长度，俯视图表达了物体的长度和宽度，而左视图表达的是高度和宽度。在建筑电气安装图中，用俯视图作为平面图，表达建筑电气的平面布置情况，用主视图（必要时辅以剖面图、剖视图等）作为立面图，表达建筑电气的立面布置情况，分别如图 3-80 和图 3-81 所示。

三、点、直线、平面的投影

首先需要说明的是，制图中所说的"直线""平面"，实际上是几何中有限长的直线段和有限有界的平面。为了由易到难、由浅入深地理解和掌握建筑电气安装图的绘制和识读，首先要掌握点、直线和平面的投影规律。下面主要讲三视图的运用。

1. 点的投影

（1）点的三面投影及规律　三面投影体系及其展开如图 3-8 所示。

在图 3-8 中，设想三面投影体系为空间直角坐标体系，则 H、V、W 三个面为坐标面，OX、OY、OZ 轴为坐标轴，点 O 为坐标原点。

图 3-9 表示了按正投影法将空间点 A 分别向 H、V、W 三个坐标面投影的情况，由此可见点的三面投影规律是：

1）A 点的水平投影 a 与正面投影 a' 在同一垂直线上，且该垂直线垂直于 OX 轴；

2）A 点的正面投影 a' 与侧面投影 a'' 在同一水平线上，且该水平线垂直于 OZ 轴；

3）A 点的水平投影 a 与侧面投影 a'' 到正投影面的距离（图 3-9a 中的 aa_X 与 $a_Y O$）相等。

（2）空间两点的相对位置及重影点　如图 3-10 所示，点 A 和点 B 为空间两点，则两点分别对三投影面的投影表达了该两点之间前后、左右、上下的相对位置关系。由图 3-10 可见，B

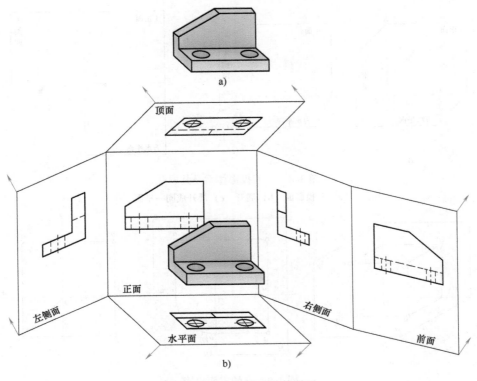

图 3-6 基本投影面及其展开

a）立体图 b）基本投影面展开

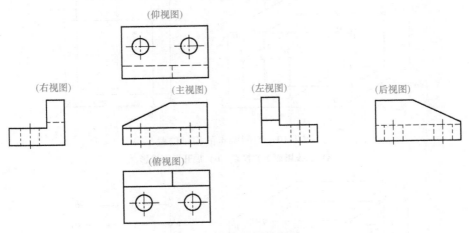

图 3-7 基本视图的配置

点在 A 点的前面、下面、右面。这里要注意，所谓"前""后"是以该点与绘（识）图者视线的远近来判断的：靠近绘（识）图者为"前"，反之为"后"，"左""右"同样如此。

图 3-11 中的空间两点 A 与 B 都位于垂直于水平投影面的同一垂直投影线上，于是 A、B 两点在水平投影面上的投影 a、b 重合为同一点，则 A、B 点为水平投影面（H 面）上的重影点，图中用"a（b）"表示。这种空间位于垂直于某一投影面的同一投影线上的两点或若干点，称为重影点。重影点在该投影面上的投影重合为一点。

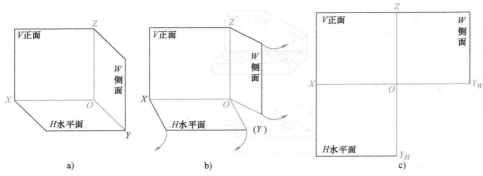

图 3-8 三面投影体系及其展开

a) 三投影面 b) 展开 c) 展开成同一平面

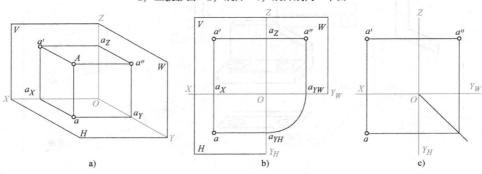

图 3-9 点的三面投影

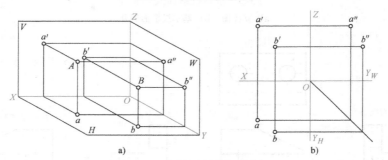

图 3-10 空间两点的相对位置

a) 三投影面上的投影 b) 展开平面投影

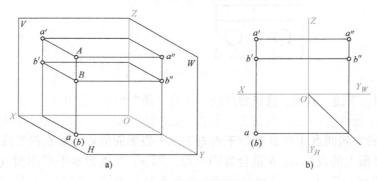

图 3-11 空间两重影点的投影

a) 三投影面上的投影 b) 展开平面投影

2. 直线的投影

直线与投影面的相对位置关系有 3 种：投影面的垂直线、投影面的平行线和一般位置线（与三投影面都相倾斜），前 2 种是直线的特殊位置。

（1）投影面垂直线的投影　根据投影面垂直线垂直于投影面的不同，分别将其称为铅垂线（垂直于 H 面）、正垂线（垂直于 V 面）和侧垂线（垂直于 W 面）。其投影特性见表 3-1。

表 3-1　投影面垂直线的投影

名称	空间立体投影图及展开平面图	投影特性
铅垂线	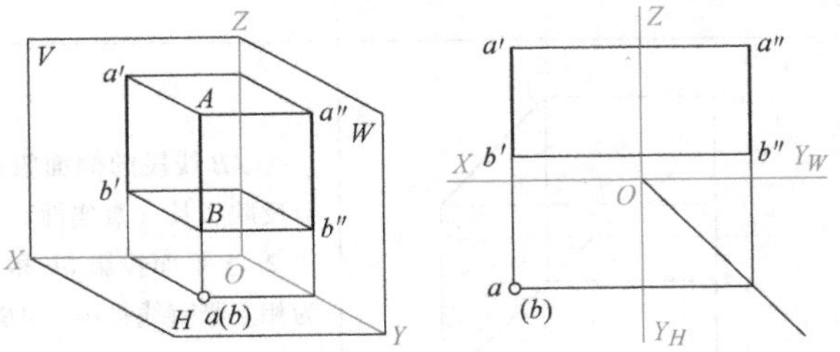	① AB 线段的水平投影 a（b）积聚为同一点（聚合性） ② $a'b'$ 和 $a''b''$ 为水平线且反映实长（真实性）
正垂线	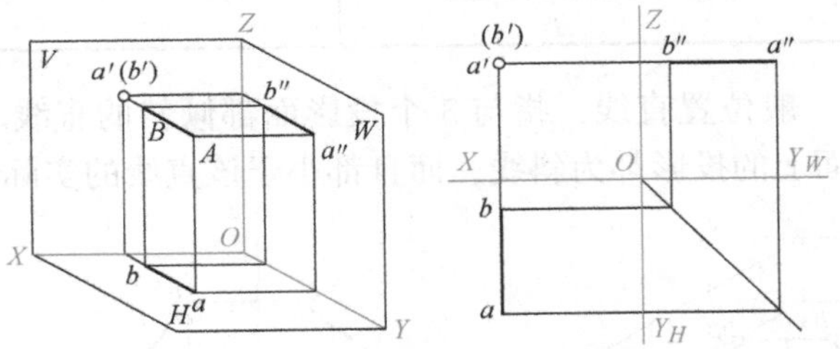	① AB 线段的正面投影 a'（b'）积聚为同一点（聚合性） ② 水平投影 ab 为水平线且反映实长（真实性） ③ 侧面投影 $a''b''$ 为水平线且反映实长（真实性）
侧垂线	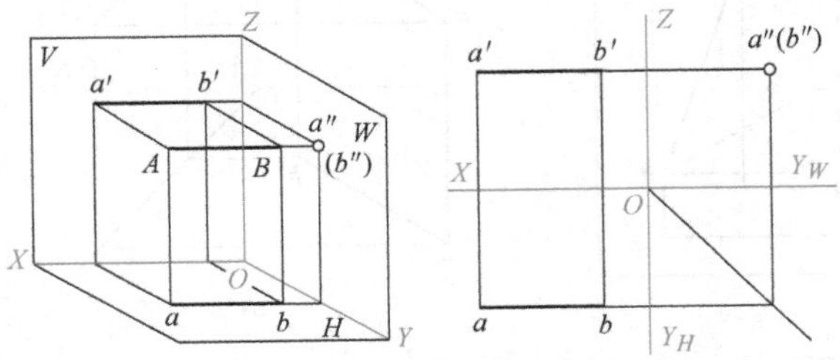	① AB 线段的侧面投影 $a''b''$ 积聚为同一点（聚合性） ② ab 和 $a'b'$ 为水平线且反映实长（真实性）

（2）投影面平行线的投影　根据投影面平行线平行于投影面的不同，分别将其称为水平线（平行于 H 面）、正平线（平行于 V 面）和侧平线（平行于 W 面），其投影特性见表 3-2。

表 3-2　投影面垂直线的投影

名称	空间立体投影图及展开平面图	投影特性
水平线	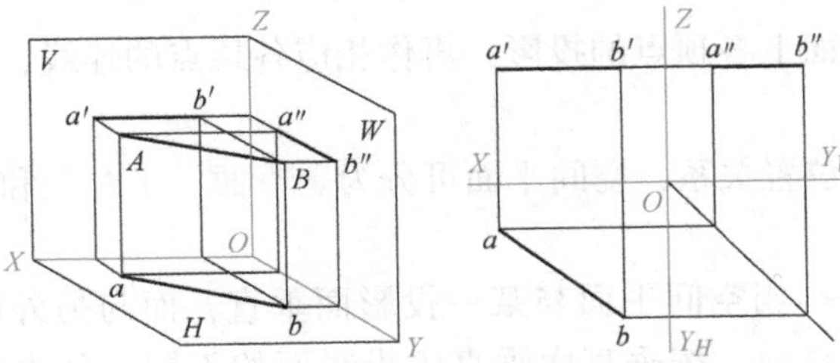	① AB 线段的水平投影 ab 为斜线且反映实长（真实性） ② 正面投影 $a'b'$ 和侧面投影 $a''b''$ 为水平线且小于 AB（类似性）

（续）

名称	空间立体投影图及展开平面图	投影特性
正平线	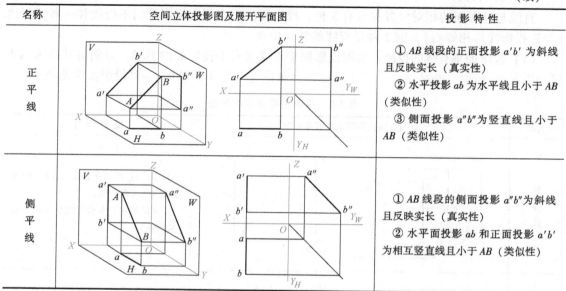	① AB 线段的正面投影 a'b' 为斜线且反映实长（真实性） ② 水平投影 ab 为水平线且小于 AB（类似性） ③ 侧面投影 a"b" 为竖直线且小于 AB（类似性）
侧平线		① AB 线段的侧面投影 a"b" 为斜线且反映实长（真实性） ② 水平面投影 ab 和正面投影 a'b' 为相互竖直线且小于 AB（类似性）

（3）一般位置直线的投影　一般位置直线，指与 3 个投影面都倾斜的直线。由图 3-12 可见，一般位置直线在 3 个投影面上的投影都为斜线，而且都小于该直线的实际长度。

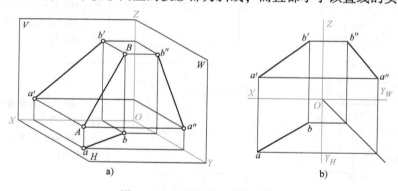

图 3-12　一般位置直线的投影
a）三投影面上的投影　b）展开平面投影

3. 平面的投影

除了当平面垂直于投影面时其投影才聚合成直线外，平面的投影一般仍为平面。图 3-13a 中，平面 ABC 倾斜于水平投影面 H，其投影 abc 仍为平面；平面 DEF 垂直于 H 面，其投影 def 聚合成直线 df。

作平面的投影时，先作出同一面上各顶点的投影，再作相应各顶点的连线，便可得到平面投影，如图 3-13b、c 所示。

按照空间平面与投影面的相对位置关系，空间平面可分为垂直面、平行面和一般位置平面 3 种，前两种为特殊位置平面。

（1）垂直面的投影及投影特性　当空间平面与某一投影面垂直，而与另外两个投影面倾斜时，这平面称为该投影面的垂直面。按垂直面垂直于投影面的不同，分为铅垂面（垂

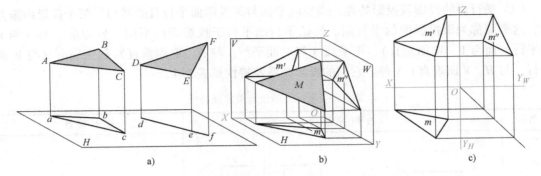

图 3-13 平面的投影

a) 一般平面及垂直平面的投影 b) 三投影面上的投影 c) 展开平面投影

直于 H 面)、正垂面（垂直于 V 面）和侧垂面（垂直于 W 面）3 种。它们的投影关系及特性见表 3-3。

表 3-3 垂直面的投影关系及特性

名称	投 影 关 系	投 影 特 性
铅垂面		① 水平投影 a 积聚为斜线，并反映 A 平面与 V、W 面的夹角 β、γ ② 正面投影 a' 和侧面投影 a'' 为 A 平面的类似形
正垂面		① 正面投影 b' 积聚为斜线，并反映 B 平面与 H、W 面的夹角 α、γ ② 水平投影 b 和侧面投影 b'' 为 B 平面的类似形
侧垂面		① 侧面投影 c'' 积聚为斜线，并反映 C 平面与 V、H 面的夹角 β、α ② 水平投影 c 和正面投影 c' 为 C 平面的类似形

（2）平行面的投影及投影特性 当空间平面与某投影面平行且必然与另两个投影面垂直时，这平面称为该投影面的平行面。按该平行面平行于投影面的不同，分为水平面（与 H 面平行，而与 V、W 面垂直）、正平面（与 V 面平行，与 H、W 面垂直）和侧平面（与 W 面平行，与 H、V 面垂直）3 种。它们的投影关系及特性见表 3-4。

表 3-4 平行面的投影关系及特性

名 称	投 影 关 系 图	投 影 特 性
水平面	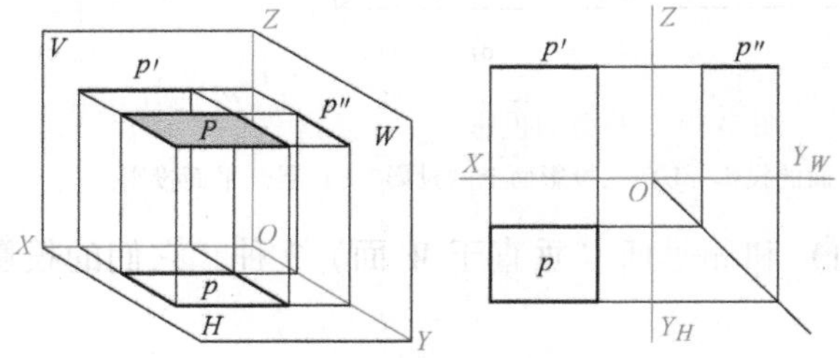	① 水平投影 p 反映 P 平面的实形 ② 正面投影 p' 和侧面投影 p'' 积聚为水平线
正平面	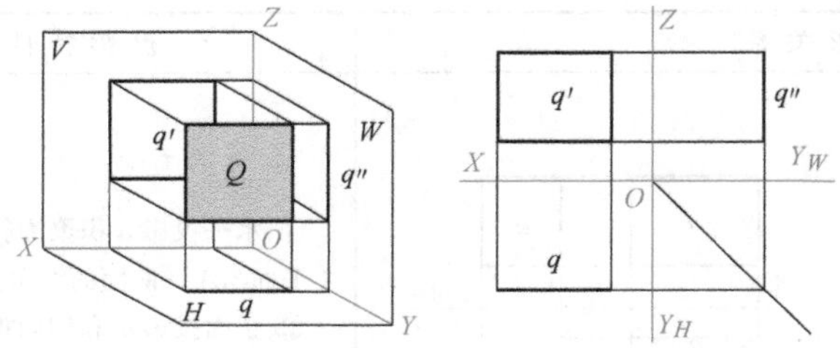	① 正面投影 q' 反映 Q 平面的实形 ② 水平投影 q 积聚为水平线 ③ 侧面投影 q'' 积聚为竖直线
侧平面	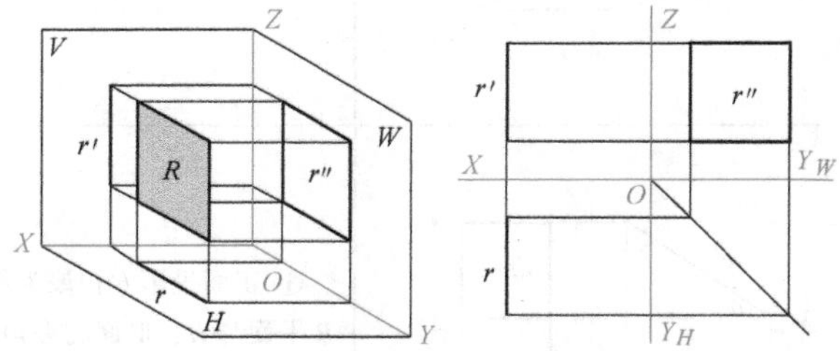	① 侧面投影 r'' 反映 R 平面的实形 ② 水平投影 r 和正面投影 r' 积聚为 2 根在空间相互垂直的线

（3）一般位置平面的投影 一般位置平面是指与 3 个投影面都倾斜的平面。其投影方法是将顶点分别向 3 个投影面投影，然后分别将各相应顶点的投影连接而得。由图 3-14 可见，其 3 个投影是小于实际平面图形的类似形。

4. 圆的投影

作图中常遇到圆的投影。按圆与投影面的位置关系，可分为 3 种情况：垂直于投影面的圆、平行于投影面的圆、与 3 个投影面都倾斜的一般位置的圆。

（1）垂直于投影面的圆的投影 如图 3-15 所示，当圆与投影面相垂直时，它在所垂直的投影面上的投影聚合成斜线，而在另 2 个投影面上的投影都为椭圆。

（2）平行于投影面的圆的投影 图 3-16 中表示圆与水平投影面平行时圆在 3 个投影面上的投影：在其平行的投影面上为实际形状圆，且大小与原圆相等；在另 2 个投影面上聚合成直线。

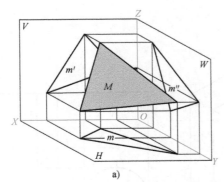
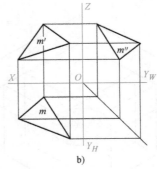

图 3-14　一般位置平面的投影

a）三投影面上的投影　b）展开平面投影

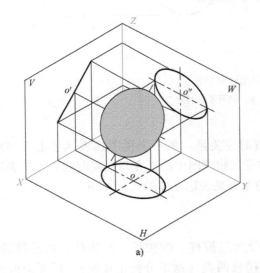
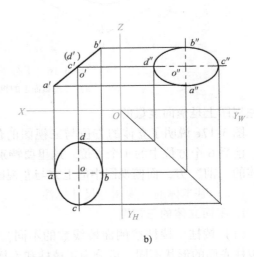

图 3-15　垂直于投影面的圆的投影

a）三投影面上的投影　b）展开平面投影

（3）一般位置圆的投影　很明显，当圆与 3 个投影面都倾斜时，其 3 个投影均为椭圆。

四、基本几何体的投影及尺寸标注

基本几何体，简称基本体，按形状不同可分为平面立体和曲面立体两类。平面立体的每个面都成平面，如棱柱、棱锥；曲面立体的面是曲面或其中既有曲面又有平面，如圆柱、圆锥和圆球等。

（一）立体三视图的形成及对应关系

将图 3-17a 所示立体放在三投影面体系中，并将其主要平面平行或垂直于投影面，如图 3-17b 所示，则用正投影法可分别在 H、V、W 面上得到俯视图、主视图和左视图，如图 3-17c、d 所示。显而易见，V 面与 H 面上长度的投影相等，V 面和 W 面上高度的投影相等，W 面与 H 面上宽度的投影相等，于是，把这种两两投影相等的对应关系通俗地归纳为：长对正，高齐平，宽相等。

图 3-17c 中，我们将立体上沿 X、Y、Z 轴方向度量的尺寸分别定为长、宽、高。展开摊平后，X、Z 轴不变，但 Y 轴分解为 Y_H 和 Y_W，故立体上的宽在俯视图上是竖向度量，而

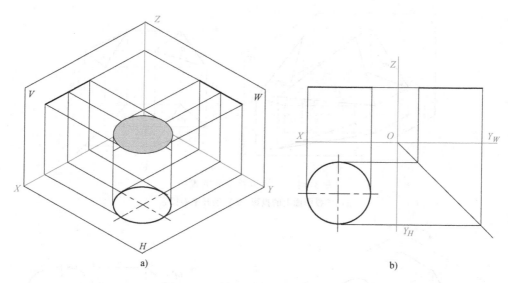

图 3-16　平行于投影面的圆的投影

a) 三投影面上的投影　b) 展开平面投影

在左视图上是横向度量的。

图 3-17e 说明了立体的方位与三视图的位置对应关系：每一个视图都表达了上下、左右、前后 6 个方位中的 4 个方位。这里要特别注意：俯视图中的下方与左视图的右方是表达立体的"前"方，而俯视图中的上方与左视图的左方是表达立体的"后"方。

（二）基本体的三视图与尺寸标注

1. 平面立体的三视图

（1）棱柱　棱柱按侧面棱线数的不同，可分为三棱柱、四棱柱、五棱柱、六棱柱等；按棱柱底面的形状不同，可分为正棱柱和不规则棱柱两类（这里分析正棱柱）。但无论何种棱柱，它们都是由棱线、上下底面、侧平面和顶点所组成的，其投影方法就是前述点、直线、平面投影的组合。今以正六棱柱为例。

1）正六棱柱的三视图：如图 3-18a 所示，正六棱柱是 6 根侧棱线、上下 2 个正六边形底面和 6 个侧面、12 个顶点所组成的。

画三视图的步骤及方法如下：把正六棱柱的上下底面平行于水平面（H 面），两个前后侧面平行于正面（V 面），如图 3-18b 所示；确定作图基准线（图 3-18c 中中轴线及对称线位置）；画出俯视图（按正六边形的几何作图方法），确定主、左视图的高；按三视图的投影规律和对应关系画出主、左视图，如图 3-18c 所示。

2）视图分析：从图 3-18c 与图 3-18b 对照分析可见：在正六棱柱的三视图中，上、下 2 个底面平行投影于水平面，因此其在 H 面上的投影正六边形是表达的实形大小，而正六边形的 6 个顶点是 6 根垂直于 H 面的侧边棱线聚合而成；主视图由 3 个并连的矩形组成，由于正六棱柱前、后两侧面平行于 V 面，因此中间的矩形表达了正六棱柱前侧面（及不可见的后侧面）的实形及真实大小，而左右 2 个矩形是另 4 个侧面的类似形；左视图上 2 个并连的矩形都是 4 个侧面的类似形，其左右 2 条竖线则是前、后 2 个侧面（垂直于 W 面）聚合的投影。

按照投影关系，读者可自行分析图 3-18c 中"长对正，高齐平，宽相等"的对应关系。

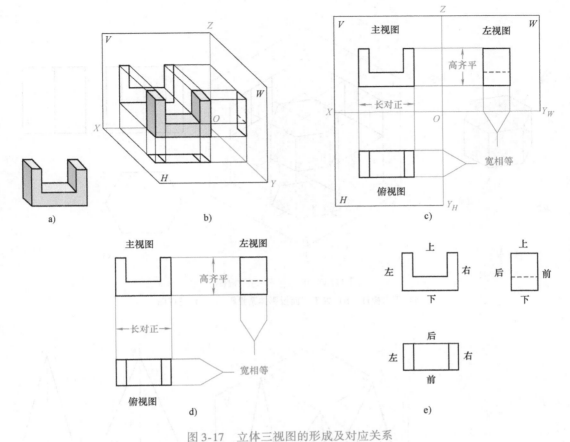

图 3-17　立体三视图的形成及对应关系

a）立体图　b）立体在三投影面体系中　c）展开平面投影的对应关系

d）移去三投影面后的投影及对应关系　e）位置对应关系

（2）棱锥　今以图 3-19a 所示的四棱锥为例。

1）四棱锥的三视图：图示四棱锥的底面为矩形，它由 4 个等腰三角形的侧面、4 条等长的棱线、5 个顶点组成，其中 4 条棱线相交于锥顶点 S。

作三视图时，将其底面平行于 H 面，前后 2 个侧面垂直于 W 面，左右 2 个侧面垂直于 V 面，如图 3-19b 所示，则可得此四棱锥的三视图，如图 3-19c 所示。

2）视图分析：该四棱锥的底面平行于 H 面，因此其投影（矩形）在 H 面（俯视图）上的投影表达了它底面的实形大小，而此投影（矩形）的对角线就是 4 条棱锥，对角线的交点就是锥顶点的投影 s；由于前后侧面垂直于 W 面，因此它们在 W 面上的投影聚合成 2 条直线，并相交于 s'' 点，但由于左、右两个侧面与 W 面倾斜，因此它所组成的等腰三角形只是左、右两侧面的类似形；同理，V 面上的投影等腰三角形，是前、后侧面的类似形，其 2 条腰分别是左、右两个侧面的投影。

同样，图 3-19c 中三视图有"长对正，高齐平，宽相等"的对应关系。

2. 曲面立体的三视图

今以圆柱、圆锥、圆球为例讲解常见曲面立体的三视图。

（1）圆柱　如图 3-20a 所示，圆柱由上下两个底圆和圆柱面围成。圆柱面上的任何一根

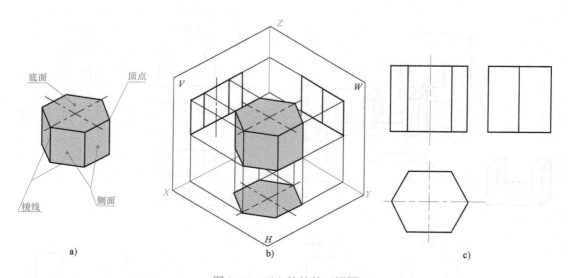

图 3-18 正六棱柱的三视图

a）正六棱柱 b）置于三面投影体系投影 c）三视图

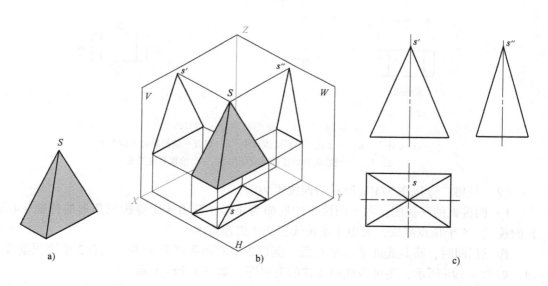

图 3-19 四棱锥的三视图

a）四棱锥 b）置于三面投影体系投影 c）三视图

直线称为圆柱的素线（如图中的 AB），圆柱面是由素线绕着与它平行的轴线 OO_1，沿底圆旋转的轨迹所形成的。

1）圆柱的三视图：将圆柱的轴线垂直于水平面，则上、下底面均平行于水平面，其三视图如图 3-20c 所示。

2）视图分析：图 3-20c 中，由于圆柱上、下底面平行于 H 面，因此俯视图的圆表达了上、下底面的实形大小（其中下底圆不可见，它与上底圆的投影重合），而圆周是由圆柱面聚合而成的。

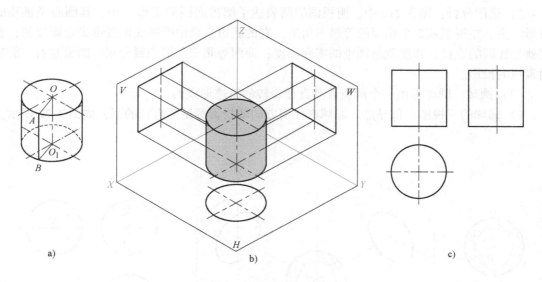

图 3-20　圆柱的三视图

a）圆柱及其形成　b）置于三面投影体系投影　c）三视图

主、左视图为两个完全相等的矩形，它们的上、下两条边分别由上、下底圆投影聚合而成，而左、右两条边则分别是圆柱面左右、前后两侧素线实形的投影。

（2）圆锥　圆锥一个底圆和圆锥面围成，圆锥面是由一条与轴线 SO 相交的直线 SA 绕轴线沿底圆旋转的轨迹所形成的。圆锥面上任何一条过锥顶的直线称为圆锥的素线，如图 3-21 中的 SA。

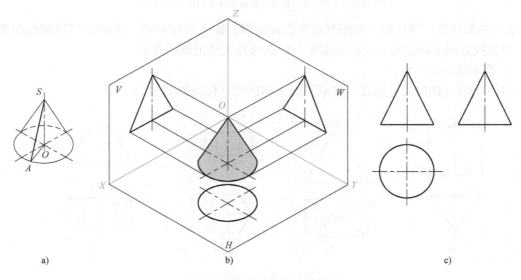

图 3-21　圆锥的三视图

a）圆锥及其形成　b）置于三面投影体系投影　c）三视图

1）圆锥的三视图：将圆锥的底面与水平面平行，即其轴线垂直于水平面，可得圆锥的三视图如图 3-21c 所示。

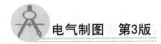

2）视图分析：图 3-21c 中，俯视图的圆表达了圆锥底圆的实形大小，其圆心是锥顶的投影。主、左视图是 2 个相等的等腰三角形，它的底边也是由圆锥底圆投影聚合而成的，长度就是底圆的直径；高度就是圆锥的实际高度；而两等腰三角形的腰分别是圆锥左右、前后两素线的投影。

（3）圆球　圆球是由一个圆绕着其直径旋转的轨迹形成的。

1）圆球的三视图：很显然，圆球在任何方向的投影都是等直径的圆，如图 3-22 所示。

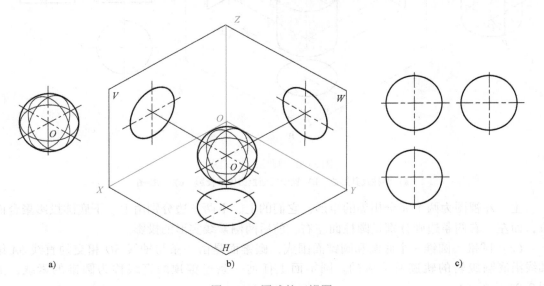

图 3-22　圆球的三视图

a）圆球及其形成　b）置于三面投影体系投影　c）三视图

2）视图分析：圆球的三视图都是等直径的圆，即水平投影圆、正面投影圆和侧面投影圆，但各投影圆分别是与相应投影面平行的圆球最大外形圆的投影。

3. 基本体的尺寸标注

（1）平面立体的尺寸标注　常见平面立体的尺寸标注如图 3-23 所示。

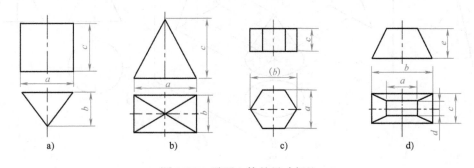

图 3-23　平面立体的尺寸标注

a）三棱柱　b）四棱锥　c）六棱柱　d）四棱台

平面立体最基本的尺寸是长、宽、高三个方向的尺寸，其中要注意该立体的各平面形状是否规则，不要注重复尺寸。

棱柱要确定长、宽、高三个方向的尺寸，但正六棱柱只要有对边宽和高 2 个尺寸就可以了，因为一旦对边宽确定以后，正六边形的长度即棱边最大距离也就确定了，如图 3-23c 中的"（b）"就是重复尺寸。四棱台则要分别标注出上、下两底的长和宽，以及锥高共 5 个尺寸以后才能确定，如图 3-23d 所示。

（2）曲面立体的尺寸标注　以图 3-24 所示回转体为例：圆柱只需注出直径和高度；圆锥标注底面直径及其高度；圆锥台要分别注出上下底面圆的直径及其高度；圆球只要标注出直径或半径，但要在尺寸数字前加圆球的文字符号"S"和直径、半径的符号"ϕ"或"R"；圆环则要标注出圆截面的直径和环的中心距两个尺寸，如图 3-24d 中的 $\phi1$ 和 $\phi2$ 所示。

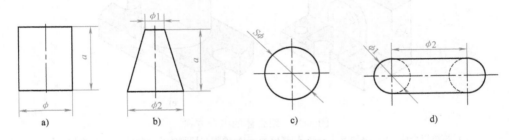

图 3-24　回转体的尺寸标注

a）圆柱　b）圆台　c）圆球　d）圆环

五、组合体的视图及尺寸标注

（一）组合体及其表面连接关系

任何复杂的机件、部件和构件，都可以看成是由若干基本几何形体按照一定的连接方式和切割方式组合而成的。

由若干个基本几何形体组合成的立体称为组合体。

大多数机械零件、部件以及建筑构件，都可以看成是由一些基本形体经过叠加、切割等方式组合而成的，但一般其中有一个主要的基本形体。

1. 组合体的组合方式

组合体的基本组合方式一般有叠加和切割两种，如图 3-25 所示。

叠加，是指几个基本形体按照一定的空间位置关系组合而成一个形体，如图 3-25a 中的形体，可以看成是图 3-25b 中两个四棱柱的叠加。这种由若干基本形体叠加而成的组合体，称为叠加型组合体。

图 3-25c 则是在大的四棱柱中"切割"去一个小四棱柱，同样可以形成图 3-25a 所示的组合体。这种在一个基本形体上切除一个或几个基本形体后剩下的形体，称为切割型组合体。

复杂的零件、部件和构件，往往是运用叠加和切割形成的综合组合体，如图 3-25d、e 所示。

2. 组合体表面的连接关系

既然组合体是由若干个基本形体按一定空间关系组合而成的，那基本形体相互之间必定有若干表面的连接关系。

组合体各组成部分表面之间的连接关系通常有以下 4 种情况：

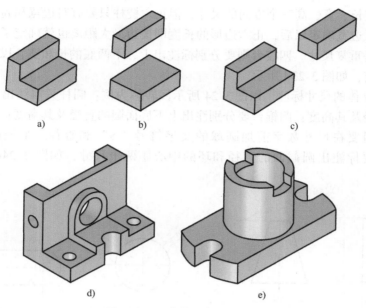

图 3-25 组合体的组合方式

a) 简单组合体 b) 叠加形式 c) 切割形式 d) 叠加与切割的综合形式 e) 综合组合体

1) 两表面互相平齐，相互之间无分界线，如图 3-26 所示。

2) 两表面互相不平齐，相互之间有分界线，如图 3-27 所示。

3) 两表面相切，相切处无分界线，如图 3-28 所示。

4) 两表面相交，相交处有分界线，如图 3-29 所示。

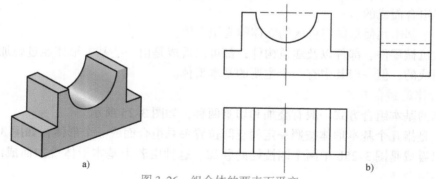

图 3-26 组合体的两表面平齐

a) 立体图 b) 三视图

（二）形体分析法

为了便于理解和掌握画图、识图及标注尺寸的知识，我们可以假想把一个比较复杂的组合体，分解成若干个基本几何形体，然后分析各个组成部分的空间形状、相互位置关系及表面连接关系，再由此综合想象判断出该组合体的整个形状和结构。这种把组合体假设分解成若干基本几何形体进行分析的方法，称为形体分析法。

图 3-30a 所示的组合体，可假想分解为图 3-30b 的三部分组成。其中，连接板为平放，切口圆筒为竖放，用于加固的肋板斜放；切口圆筒与连接板的表面之间既有相交，又有相切，肋板与连接板和切口圆筒的表面之间都是相交。在假想分解并分析后，要想象综合形成

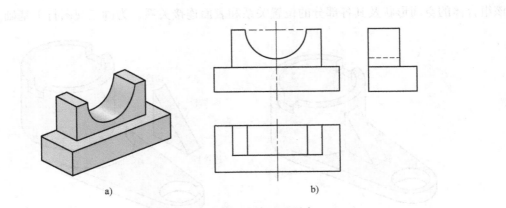

图 3-27 组合体的两表面不平齐

a）立体图　b）三视图

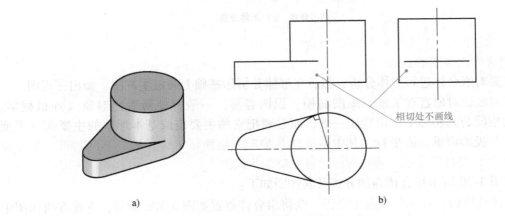

相切处不画线

图 3-28 组合体的两表面相切

a）立体图　b）三视图

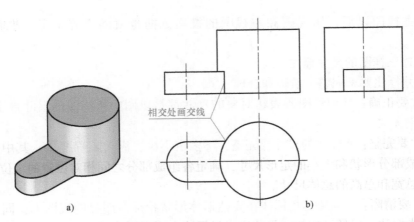

相交处画交线

图 3-29 组合体的两表面相交

a）立体图　b）三视图

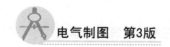

该组合体的空间形状及其各部分的位置关系和表面连接关系，为画三视图打下基础。

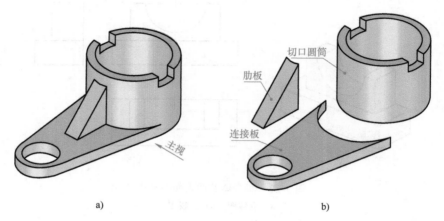

图 3-30　组合体形体分析示例

a）组合体　b）形体分析

（三）组合体三视图的画法及尺寸标注

1. 组合体三视图的画法

首先要对组合体进行形体分析，然后在形体分析的基础上确定主视图、画出三视图。

为了对表达对象直观了解、画图简便、识图容易，一般要使所表达对象（如机械零、部件）的空间与其实际工作位置相一致，而且要把它的主要组成基本形体的主要面（平面或曲面）与投影面垂直或平行。其中主视图是最能表达所画形体结构、形状特征、工作位置和尺寸的，要特别注意正确合理地选择和确定主视图。

今以图 3-30 所示组合体为例分析及其作图如下：

在形体分析后，首先要确定主视图。今将组合体放置如图 3-30a 所示，主视方向如图中箭头所示，即连接板平放，且其长度方向的对称线与正立面平行，则切口圆筒的轴线与水平面垂直、与正立面平行，而三角形肋板的前后面与水平面垂直、与正立面平行，其斜面与正立面垂直。

在确定主视图以后，俯视图和左视图的投影方向也就随之确定了。**步骤如图 3-31 所示。**

2. 组合体三视图的尺寸标注

（1）尺寸标注要求完整、清晰和合理

1）尺寸要正确：任何绘图所表达对象的尺寸都是以图中所标注的尺寸数字为依据的，而与选用比例无关。

2）尺寸要完整：所标注的尺寸要完整，不多也不少，满足工程要求。其中包括确定表达形体各组成部分形状和大小的定形尺寸，确定各组成部分之间相对位置的定位尺寸，确定形体总长、总宽和总高的总体尺寸。

3）尺寸要清晰：尺寸要尽量标注在表达形体形状特征最明显的视图上；同一形体的尺寸应尽量集中标注，以便于查找；尺寸应尽量标注在两视图之间；凡直径尺寸应尽量标注在投影不是圆的视图上，但圆弧的半径尺寸应注在投影为圆弧的视图上。

尺寸数字不得被任何图线所相交或穿过、重叠，不得已时应把图线断开以避让尺寸数

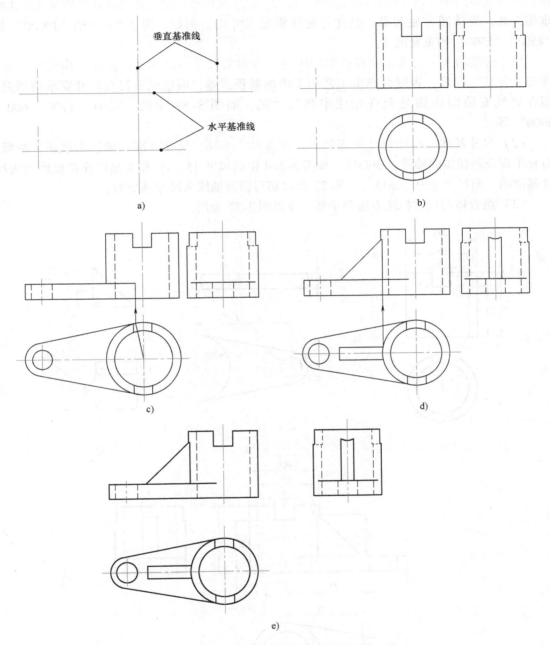

图 3-31 组合体三视图的画法举例

a）画作图基准线 b）画切口圆筒 c）画连接板 d）画肋板 e）检查修改并加深

字。例如在建筑电气安装图中往往会遇到剖面线等图线与尺寸数字相交叉重叠的情况，这时必须把图线断开以能清晰看出尺寸数字。

4）尺寸要合理：尺寸的合理，就是指标注的尺寸要符合设计、制造、安装等要求。一般不能注重复尺寸，尤其是在机械制图中，因加工工艺要求是不能标注重复尺寸的。例如，图 3-32d 中，标注了尺寸 27、R5 和 φ20，就不能再注总长 42，否则 42 就是重复尺寸。但在

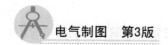

建筑电气安装图中，由于图样或图纸幅面较大，加之对尺寸误差的要求没有机械制造尺寸要求那么高，为读图方便起见，是允许标注重复尺寸的。例如，图 3-81 中的"10000"是"4500""5500"的重复尺寸。

尺寸合理的另一含义是在机械制图中同一方向的尺寸一般不允许标注"串联"尺寸，而要"并联"标注，否则会产生工艺加工中的累积误差，而造成不符合尺寸要求的误差。但在电气安装图中则是允许标注串联尺寸的，如图 3-81 中的"4200 - 1200 - 600 - 4000"等。

（2）尺寸基准　标注尺寸的起始点，即为尺寸基准。尺寸基准一般选为底面、端面、对称平面或回转体的轴线、中心线。如图 3-32d 中的尺寸 15、19 和 4 是以连接板底面为尺寸基准的，而尺寸 φ20、φ15、5 和 27 是以切口圆筒轴线为尺寸基准的。

（3）组合体的尺寸标注方法和步骤　今以图 3-32 为例。

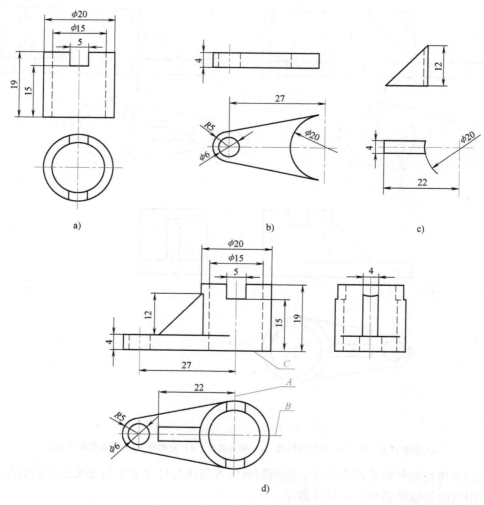

图 3-32　组合体的尺寸标注示例

a）切口圆筒　b）连接板　c）肋板　d）三视图及尺寸标注

首先，进行形体分析。把组合体分解为三部分，如图 3-32a、b、c 所示，由此分析各组成部分的形状尺寸和位置关系。

其次，确定尺寸基准。图 3-32d 中的 A 为长度方向 22、27 及 5 的尺寸基准，B、C 分别是宽度（φ20、φ15 及 4）和高度方向（15、19、4）等的尺寸基准。其中，"A" 是垂直于 H、V 面而平行于 W 面的对称平面，在 V 面上聚合成切口圆筒的轴线，因此，它既是长度方向的尺寸基准（面），又是切口圆筒 φ20、φ15 和切口 5 的尺寸基准（线）；"B" 是垂直于 H 面和 W 面而平行于 V 面的，因此在 W 面上聚合投影成了线；"C" 是组合体的底面，它垂直于 V 面和 W 面而平行于 H 面，因此 "C" 在 V、W 面上聚合投影成线，但在 H 面上是面，它是高度方向的尺寸基准面。

最后，在三视图上分别标注各组成部分的尺寸。一般可按先主后次、从上到下、自左至右的顺序标注。图中先标注切口圆筒的尺寸，再标注连接板、肋板的尺寸。其中，主、俯视图中的总长尺寸是由直径 φ20、27 和 R5 确定的，不能再标注总长 42（即 R10 + 27 + R5），否则就是标注了不合理的重复尺寸；同理，俯、左视图中不能标宽度（20），因为主视图中已经标注的圆筒直径 φ20 就是宽度尺寸了。

六、图样的常用画法

对于较为复杂的组合体机件，往往用三视图还不能完全表达清楚，否则可能由于其结构复杂，而用三视图表达不完整，或不可见轮廓的虚线增多，或因需要标注的尺寸数量多而影响了视图的清晰程度。因此，在制图中针对不同的表达对象，要运用相应的画法。

下面讲述图样的常用画法——视图、剖视图、断面图、局部放大图和简化画法以及这些基本画法的综合运用。这些画法在机械制图中得到广泛应用，在建筑电气安装图中也因不同的表达对象和图样要求而得到应用。

（一）视图

如前所述，视图是将物体按正投影法向投影面投射时所得到的投影。

视图分为基本视图、向视图、局部视图和斜视图 4 种。

1. 基本视图

物体向基本投影面投射所得的视图，称为基本视图。

由于三视图可能不能完整清晰地表达复杂物体的外部形状特征，国家制图标准 GB/T 17451—1998《技术制图　图样画法　视图》中规定，表示物体可有 6 个基本投影方向，相应的 6 个基本投影面分别与各投影方向垂直，由此使物体得到 6 个基本视图，如图 3-6 和图 3-7 所示。除了三视图中的主视图、俯视图和左视图外，还有后视图、仰视图和右视图。

在绘图中，绝大部分的物体并不需要画出 6 个基本视图，而是只要根据物体的结构特点和复杂程度，选择其中适当的基本视图。为此，GB/T 17451—1998 对视图选择有如下规定：表示物体信息量最多的那个视图应作为主视图，通常是物体的工作位置或加工位置或安装位置。当需要其他视图（包括剖视图和断面图）时，应按下述原则选取：

1）在明确表示物体的前提下，使视图（包括剖视图和断面图）的数量为最少。

2）尽量避免使用虚线表达物体的轮廓及棱线。

3）避免不必要的细节重复。

当基本视图按图 3-7 配置时，各视图一律不用标注图名。

由图 3-6 及图 3-7 可见，物体是放在投影面与观察者（或绘图者）之间进行投影的。这种投影法称为第一角投影法。我国国家标准规定，我国采用第一角投影法。但有的国家采用的是第三角投影法，即是将投影面置于物体和观察者（绘图者）之间，也就是相当于观察者（绘图者）是透过投影面来观察物体的（当然，假设投影面是透明的），这样，它与第一角投影法中 6 个基本视图的配置就有所不同了：除前视图（主视图）和后视图保持不变外，其余视图与第一角投影法中的视图（左右、仰俯）互换了位置配置。按第一角投影法画出的图 3-7，如用第三角投影法则如图 3-33 所示。读者可将图 3-6、图 3-7 与图 3-33 对照，以加深理解。

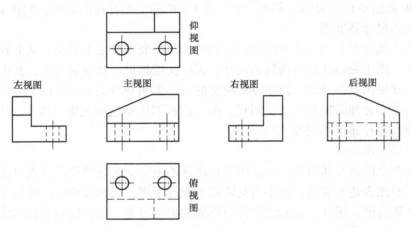

图 3-33　按第三角投影法图 3-6 中物体的基本视图配置

2. 向视图

向视图是指可以根据需要把投影自由配置的视图。

根据 GB/T 17451—1998 和 GB/T 4458.1—2002 规定，向视图只允许从以下两种表达方式中选择一种：

1）在向视图的上方标注 "X"（"X" 为大写拉丁字母），在相应视图的附近用箭头指明投射方向，并标注相同的字母，如图 3-34 所示。

2）在视图下方（或上方）标注图名。标注图名的各视图的位置，应根据需要和可能，按相应的规则布置，如图 3-35 所示。

在工程制图中，通常用图 3-34 所示的表达方式。

3. 局部视图

局部视图是将物体的某一部分向基本投影面投射所得的视图。

当物体的某一局部形状在已有基本视图中表达不清楚，而又没有必要再画一张完整的基本视图来表达时，为了减少基本视图的数量，突出重点，简化画图就可选用局部视图来表达，如图 3-36a 中的 "B" "C" 所示。

局部视图可按基本视图的配置形式配置（见图 3-36a 中的 "B"、"C"），也可按向视图的配置形式配置并标注（见图 3-36a 中的 "A"）。

当局部视图按基本视图的配置形式配置，中间并没有其他图形隔开时，可省略标注，如图 3-36b 中 "B" 局部视图即可省略标注。

为了简便和节省图幅，凡对称构件或零件的视图可只画一半或 1/4，并在对称中心线的两端画出两条与其垂直的平行细实线，如图 3-37 所示。

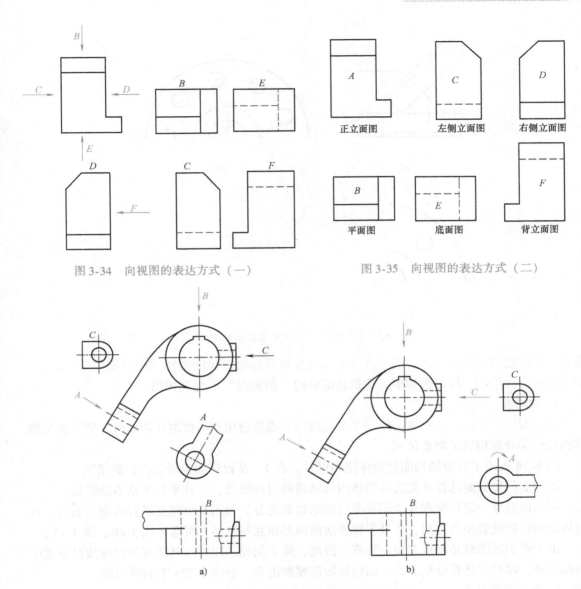

图 3-34 向视图的表达方式（一）

图 3-35 向视图的表达方式（二）

图 3-36 压紧杆的局部视图和斜视图

a）局部视图和斜视图　b）斜视图 *A* 的旋转配置

局部视图的断裂边界线应用波浪线表示，如图 3-36 所示。但当所表示的局部结构是完整的而且外轮廓又封闭的，则波浪线可省略不画，如图 3-36 中的"*C*"局部视图。

4. 斜视图

斜视图是物体向不平行于基本投影面的平面投射所得的视图。

斜视图通常按向视图的配置形式配置并标注，如图 3-36a 中的"*A*"；必要时，允许将斜视图旋转配置，如图 3-36b 中的"*A*"，这时，表示该视图名称的大写拉丁字母应靠近旋转符号的箭头端，也允许将旋转角度标注在字母之后。旋转符号高度与字高 *h* 相同。

（二）剖视图

国家标准 GB/T 17452—1998 对剖视图的定义是：假想用剖切面剖开物体，将处在观察

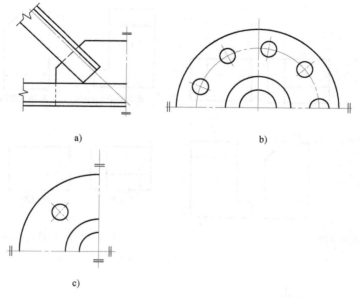

a)　　　　　　　　　　　　b)

c)

图 3-37　对称构件或零件的简化画法图例

者和剖切面之间的部分移去，而将其余部分向投影面投射所得的图形。剖视图可简称剖视，应按正投影法绘制。**按习惯称谓，建筑制图中的"剖面图"即指剖视图。**

1. 剖切面

剖切面是剖切被表达物体的假想平面或曲面。当假想用剖切面剖开物体时，剖切面与物体的接触部分就构成了剖面区域。

图 3-38 表示了假想剖切面把物体剖切以后，在 V、H 投影面上得到投影的情况。

剖切面的位置要选择在能表达物体内部结构的对称面处，并且平行于基本投影面。

剖切面有单一剖切面和几个相互平行的剖切面之分。当用几个相互平行的剖切面时，各剖切面的转折处必须为直角，并且要使表达的内形相互不遮挡，可参考图 3-80、图 3-81。

由于画剖视图时是假想剖切、移开，因此，除了剖视图以外，其他视图仍应按投影规律画得完整，即只要是看得见的线、面的投影都要画出来。如图 3-39a 中的俯视图。

2. 剖视图的分类

剖视图可分为全剖视图、半剖视图和局部剖视图 3 种。

（1）全剖视图　用剖切面完全地剖开物体所得的剖视图，称为全剖视图，如图 3-39 所示。

（2）半剖视图　当物体具有对称平面时，向垂直于对称平面的投影面上投射所得的图形，可以按对称中心线为界，一半画成剖视图，另一半画成视图，这种图形就称为半剖视图，如图 3-40 所示。

（3）局部剖视图　局部剖视图是用剖切面局部地剖开物体所得的剖视图，如图 3-41 所示。

局部剖视图中，一般用波浪线（边上也可以用双折线、双点长画线）作为剖开部分和未剖开部分的分界线。但波浪线不可与其他图线重合，也不能画在其他图线的延长线上。波

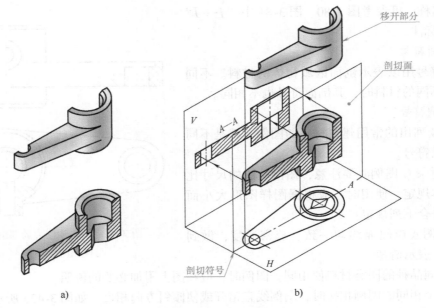

图 3-38 剖视图的概念

a) 立体图 b) 剖视示意图

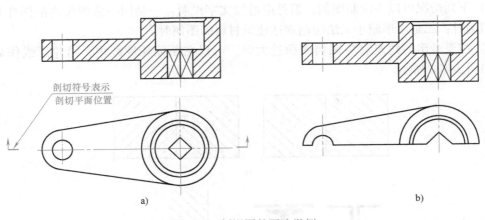

图 3-39 剖视图的画法举例

a) 正确 b) 错误

浪线要与物体的实体相连, 不能穿过孔、洞、槽等。

在同一局部剖视图上, 可以剖 1 个以上局部, 如图 3-41 所示, 但不可剖得过多而造成图样的零乱。

3. 剖切符号

剖切符号是指示剖切面起、讫和转折位置 (用线宽 $b \sim 1.5b$、长 $5 \sim 10$mm 的粗短画表示) 及投射方向 (用箭头或粗短画表示) 的符号, 如图 3-39 及图 3-80 所示。

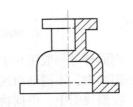

图 3-40 半剖视图示例

剖切符号可用阿拉伯数字、罗马数字或拉丁字母编号。在剖切符号的起、讫和转折处要标注相同的大写字母, 然后在相应的剖视图上方 (也可下方) 采用相同大写字母注写, 以表示

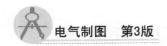
该视图的名称，可参考图 3-80、图 3-81 中"*I—I*"
"*Ⅱ—Ⅱ*"标注。

4. 剖面符号

剖面符号用以表示剖面区域物体的材料。不同
物体使用不同的材料时，其剖面符号也不相同。

5. 图例符号

附录 G 列出的常用建筑材料的图例，就是不同
材料的剖面符号。

应用附录 G 图例时要注意，图例画法的尺寸比
例没有具体规定，使用时，应根据图样图形大小而
定，并应符合下列规定：

1）图例线应间隔均匀一致、疏密适度，做到
图例正确、表示清楚。

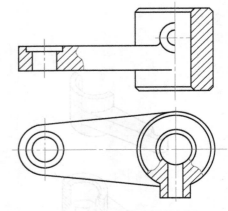

图 3-41　中心线作为局部剖视
与视图的分界线

2）不同品种的同类材料使用同一图例时，应在图上附加必要的说明。

3）两个相同的图例相接时，图例线宜错开或使倾斜方向相反，如图 3-42a 所示。

4）两个相邻的填黑（或灰）的图例间应留有空隙，其净宽度不得小于 0.5mm，如
图 3-42b 所示。

5）下列情况可以不绘制图例，但是应增加文字说明：一是同一张图纸内的图样只采用
一种图例时；二是图形较小无法绘制表达建筑材料的图例时。

6）需要画出的建筑材料图例面积过大时，可以在断面轮廓线内，沿轮廓线作局部表
示，如图 3-42c 所示。

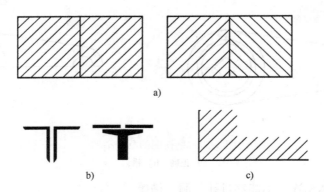

a)

b)　　　　　　　　　　　　c)

图 3-42　图例符号的一般规定

a）相同图例相接时的画法　b）相邻涂黑图例的画法　c）局部表示图例

剖面符号一般用与主要轮廓线或剖面区域的对称线成 45°的细实线（剖面线）表示。在
同一图样中，不同剖面区域的剖面线的角度和间距（稀密）应有所区别。

在剖视图中，根据物体的结构特点，可以选择单一剖切面，或几个互相平行的剖切平
面，或几个相交的剖切面（交线要垂直于某一投影面）。

（三）断面图

假想用剖切面将物体的某处切断，仅画出该剖切面与物体接触部分的图形，称为断面

图。断面图简称断面。

图 3-43b 的左图及图 3-43c 为假想用剖切面把轴的某处截断开，而仅画出剖切面与轴接触部分的图形。

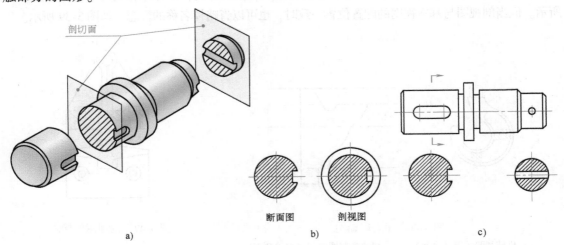

图 3-43　断面图与剖视图的区别
a) 立体图　b) 断面图和剖视图　c) 断面图

由图 3-43 可见，断面图只画出物体被剖切处的断面形状，而剖视图除了画出剖切处断面形状以外，还要画出断面投射方向可见部分的轮廓。

断面图可分为移出断面图和重合断面图。

1. 移出断面图

移出断面图的图形画在视图之外，其断面轮廓线用粗实线绘制，配置在剖切平面（这里投影为剖切线）的延长线上或其他适当的位置，如图 3-43 ~ 图 3-45 所示。为了读图方便，移出断面图要尽可能画在剖切平面的延长线上。

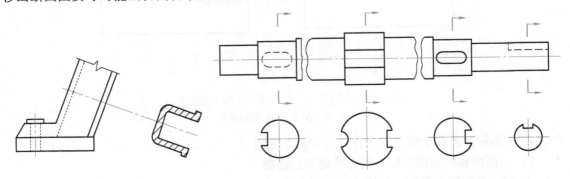

图 3-44　移出断面图　　　　图 3-45　移出断面图剖面符号的省略画法

2. 重合断面图

重合断面图的图形画在视图之内，其断面轮廓线用实线绘出：通常在机械制图中用细实线，如图 3-46a 所示；建筑类制图用粗实线，如图 3-46b 所示。

3. 剖视图和断面图的标注

1）一般应标注剖视图或移出断面图的名称"*X—X*"（*X* 为大写拉丁字母或阿拉伯数字、罗马数字）。在相应的视图上用剖切符号表示剖切位置和投射方向，并标注相同的字母，如图 3-47 所示。但当剖视图与基本视图的配置位置一致时，也可以省略掉名称的标志，如图 3-39 所示。

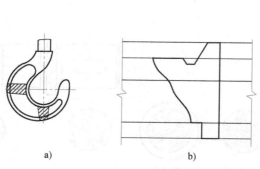

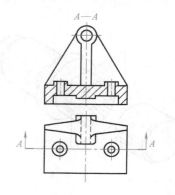

图 3-46　重合断面图

a）机械制图示例（吊钩）　b）建筑类制图示例（立柱顶部）

图 3-47　剖视图的标志

图 3-80 和图 3-81 中 *I—I*、*II—II* 剖视图就是用的这种标志方法。

2）剖切符号、剖切线和字母的组合标志，如图 3-48a 所示。当剖切线省略不画时，则如图 3-48b 所示。

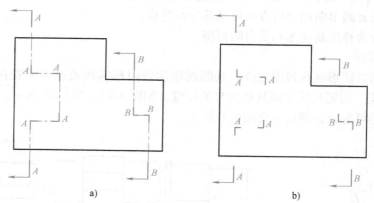

图 3-48　剖切符号、剖切线与字母的组合标志

a）组合标志　b）省略画法

4. 在画剖面图和断面图时，还应注意以下几点。

1）剖面图和断面图应按下列方法剖切后绘制

① 用一个剖切面剖切，如图 3-49a 所示。

② 用两个或两个以上平行的剖切面剖切，如图 3-49b 所示。

③ 用两个相交的剖切面剖切，如图 3-49c 所示。

④ 用上述②、③法剖切时，应在图名后注明"展开"字样。

2）分层剖切的剖面图，应按层次用波浪线将各层隔开，且波浪线不能与任何图线重合，如图 3-50 所示。

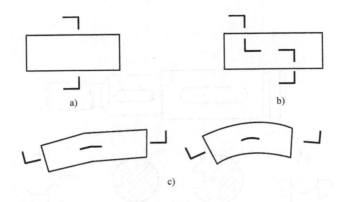

图 3-49 剖面图的剖切画法

a）一个剖切面剖切图 b）两个平行的剖切面剖切 c）两个相交的剖切面剖切

3）杆件的断面图可绘制在靠近杆件的一侧或端部处并按顺序依次排列，如图 3-51a 所示，也可以绘制在杆件的中断处，如图 3-51b 所示。

（四）局部放大图

当机件或建筑构件的某一部分太小，按它所属图样的比例在视图中表达不清时，就要对该部分局部放大表示。这种将图样中部分结构用大于原图形比例所绘出的图形，称为局部放大图。如图 3-52 所示。

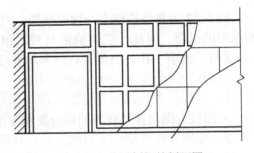

图 3-50 分层剖切的剖面图

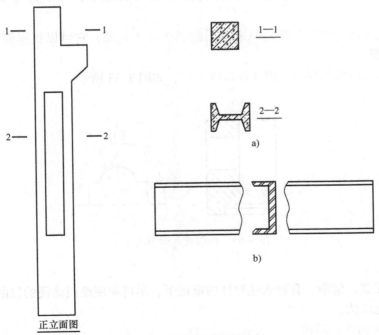

图 3-51 杆件断面图的绘制

a）断面图按照顺序排列 b）断面图画在杆件中断处

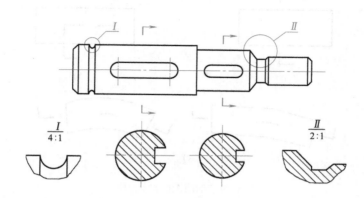

图 3-52　局部放大图图例之一

图 3-52 为典型机件之一轴的视图。由于轴是用整根圆材（钢或铜等）切削加工成若干圆柱形的组合，因此，主要视图只要画出一个（各直径用不同尺寸表示），其余局部结构（如键槽、油槽、孔、倒角等）的形状和尺寸则要用局部放大图画出。

绘制局部放大图时，要注意下述几点。

1）局部放大图要画在被放大部分附近，而且其投影方向必须同原图中的投影方向一致。局部放大图与整体联系的部分要用波浪线画出。

2）用细实线（圆或不规则图形）在原图上圈出局部放大的范围。当在同一机件和结构上需要有几个局部放大的部分时，则要用细实线引出，并分别对应注明拉丁字母或罗马字母，同时在各局部放大图的正上方用分式标注：分母为比例，分子为局部放大处的标注字母。

3）局部放大图与被放大结构原来采用的表达方法无关，它可以根据需要画成剖视图、断面图、视图等。

4）投影方向的局部视图可画成局部放大图，如图 3-53 所示。

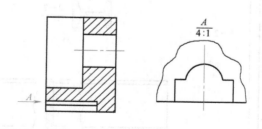

图 3-53　局部放大图图例之二

（五）简化画法

为达到在完整、清晰、合理表达物体的前提下，尽可能使绘图简便的目的，在各种制图中广泛采用简化画法。

1. 相同结构的简化画法

当机件或构件上具有多个相同的结构要素（如槽、孔、齿等）并且是按一定规律分布时，只需画出其中一个或几个完整的结构，其他的则用细实线连接，或只画出它们的中心线，然后在图中注明它们的总数，如图 3-54 所示。

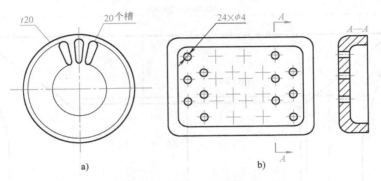

图 3-54 相同结构要素的简化画法

2. 较长物体的简化画法

较长的物体（如轴、连杆、型材、杆等）沿长度方向的形状一致，或是按一定规律变化时，可假想"折断"而缩短绘制，如图 3-55 所示。但采用折断画法以后，尺寸仍必须按原有实际尺寸标注。

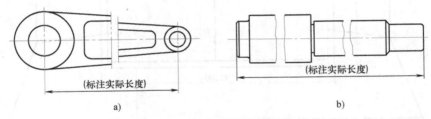

图 3-55 折断画法示例

a）连杆 b）轴

3. 剖面符号的简化画法

1）尺寸小的钢材、型材或局部建材的断面，在剖面图中可以不画出剖面符号，而用涂黑（或灰）色标注，或用点画线表示。这在建筑电气制图中尤为广泛应用，如图 3-56 所示。

图 3-56 中，用符号"⌐"表示接地体采用的是∟50×50 角钢，用粗单点长画线分别表示接地干线（-40×4 镀锌扁钢）和屋顶避雷带（-25×4 扁钢）。

2）在移出断面图中，一般要画出剖面符号，但当不至于因此引起误解时，允许不画剖面符号，但其剖切位置和断面图的标注必须遵守相应规定，如图 3-45 所示。

4. 对称结构的简化画法

1）对称结构的视图可只画一半或 1/4，但必须在对称中心线（或轴线）的两端画出 2条与其垂直的细实线，如图 3-57 所示。

2）对称结构的局部视图可用移出等方式表达，如图 3-58 所示。

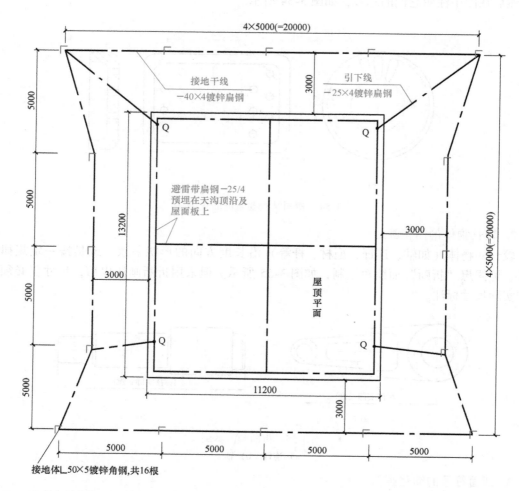

接地体L 50×5镀锌角钢,共16根

说 明

1. 室外接地网埋深h≥0.7m,接地体采用L 50×5镀锌角钢,每根长2.5m,共16根。室外采用接地线─40×4镀锌扁钢,所有接头均为焊接。安装见电气安装行业标准D563。

2. 屋顶避雷带采用─25×4镀锌扁钢,暗敷在天沟边沿顶上和屋面隔热预制板上。避雷带引下线Q采用─25×4镀锌扁钢,敷设在外墙粉层内。

3. 本接地装置采用综合接地网,其接地电阻应小于1Ω。

设 备 材 料 表

序号	名称	规格	单位	数量	国标图号	备注
1	镀锌扁钢	─25×4	m	400		
2	镀锌扁钢	─40×4	m	150		
3	镀锌扁钢	L 50×5	m	50	D─563─3	16×2.5m以上
4	临时接地接线柱	M10×30螺栓	付	10	D─563─11	配M10元宝螺母

4. 本图材料表中包括了室内外所有避雷及接地装置的材料数量。

5. 所有焊接处应刷两道防腐漆。

6. 竣工后实测接地电阻达不到要求时,加接地体。

图 3-56 某 10kV 降压变电所防雷接地平面图

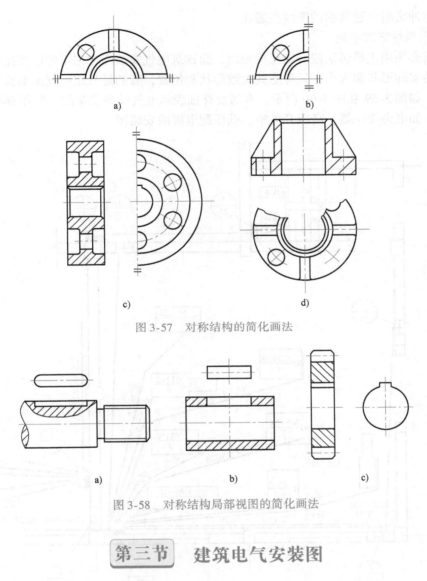

图 3-57　对称结构的简化画法

图 3-58　对称结构局部视图的简化画法

第三节　建筑电气安装图

一、建筑电气安装图的主要特点

　　建筑电气安装图又称建筑电气布置图，它表示出电气项目与建筑物之间的相对位置或绝对位置和尺寸。其中电气项目（如发电机、变压器、电动机、高压开关柜、低压控制屏、控制箱、电风扇和照明等）用形状或简化外形、主要尺寸及符合国家标准的符号表示。其采用的字母代码应在图中集中说明。

　　建筑电气安装图既有建筑图、电气图的特点，但与它们又有区别，其主要特点如下所述。

1. 要突出以电气为主

　　建筑电气，既有建筑又有电气，电气是为建筑配套的，但在建筑电气安装图中，是以电气为主，建筑为辅。为了在图中做到主次分明，电气图形符号常画成中、粗实线，并详细标注出文字符号及型号规格，而建筑物（包括其轮廓线）则用细实线绘制，而且只画出其与电气安装有关的轮廓线、剖面线，只要标注出它与电气安装有关的主要尺寸。凡与表达电气

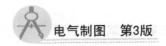

的内容发生冲突时，建筑物的图线应避让。

2. 绘图表达方式不同

建筑图必须用正投影法按一定比例画出，而建筑电气安装图往往不考虑按比例表达电气装置实物的实际形状和大小，只考虑其大致形状和位置，有的是只用电气图形符号表示而绘制的简图，如图 3-59 和图 3-60 所示。有需要详细表示电气设备安装的，则用详图、局部放大图画出，如电力变压器、高压开关柜、低压配电屏的安装图。

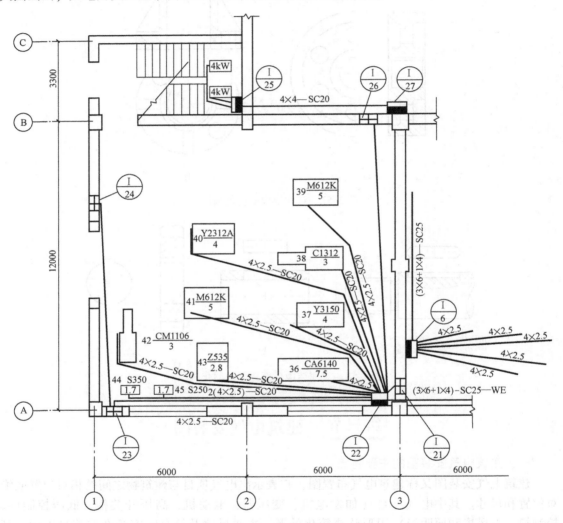

图 3-59　某机加工车间动力平面布置图（局部）1:100

3. 接线方式不同

电气接线图所表示的是电气设备端子之间的接线，如图 2-45 所示，而建筑电气安装图则主要表示电气设备的相互位置，其间的连接线一般只表示设备之间的连接，如图 3-60 和图 3-81 所示。

4. 连接线的使用不同

在表示连接关系时，电气接线图可以采用连续线、中断线，可以采用单线或多线表示，

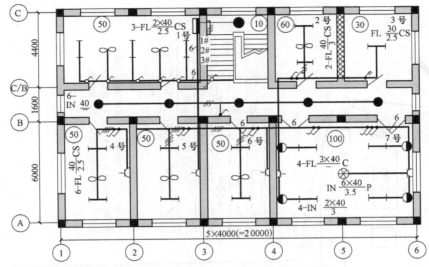

图 3-60　某建筑物第 5 层电气照明平面图

但在建筑电气安装图中，只采用连续线且一般都用单线表示（导线的实际根数按绘图 2-2 等绘图规定方法注明），如图 3-59、图 3-60 所示。

5. 建筑电气安装图中的常用简化画法

除图 3-56 所示的简化画法以外，建筑电气安装图还常用以下简化画法。

（1）只用外形轮廓表示电气设备　图 3-80 和图 3-81 的某工厂 10kV 变电所平、立面布置图中，电力变压器、高压开关柜和低压配电屏只画出了与设备安装布置有关的外形轮廓，而并无必要按投影详细画出它们的视图和剖视图。至于施工安装的详细尺寸及要求，将分别在它们各自的安装大样图中表达。

（2）只用电气图形符号表示电气设备　图 3-59 和图 3-60 分别用机床的外形轮廓（按比例画出，无需标注尺寸）和动力配电箱、照明灯具及开关、插座的电气图形符号，表达了它们的大致安装位置，而并不按视图画法表达这些设备，至于具体安装的位置及尺寸等则可由机械和电气施工安装人员会同土建人员视现场情况而定。

以上这些画法，既能满足工程技术的要求，又达到了使画图尽可能简化的目的。

二、建筑电气总平面布置图

建筑电气总平面布置图简称建筑电气总平面图、电气总平面图，是将拟建电气工程附近一定范围（或工厂全厂）内的建筑物、构筑场及其自然状况，用水平投影方法和相应的图例画出的图样。

1. 电气总平面图的用途

1）表达新建、拟建电气工程的总体布局以及原有建筑物、构筑物和自然状况。如新建、拟建电气工程（如发电厂、变配电所、输电线路、路灯等）的具体位置、高程，周围原有建筑物和构筑物、通道系统，管线、电缆及其走向，以及绿化、原始地形地貌等。

2）由总平面图进行电气工程建筑的定位、施工放线、挖填土方和进行施工，并由此作为绘制水、电、暖等管线和绿化美化总平面图、施工总平面图的依据。

2. 电气总平面图的主要表达内容

图 3-61 和图 3-3 分别为某工厂 35kV 总降压变电所电气总平面图和某柴油机厂供电总平面

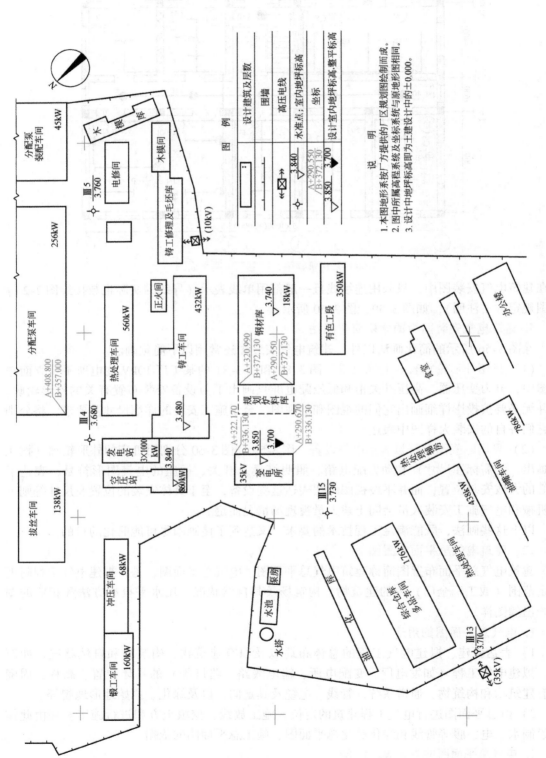

图3-61　某工厂35kV总降压变电所电气总平面图1:1000

图。由图可见，电气总平面图上主要表达内容有以下几项。

1）表明新建、拟建电气工程的具体位置、标高及道路、管线、电缆系统等的总体布置。

2）表明原有或其他建筑物、构筑物、道路等的位置，作为新建、拟建电气工程的依据。

3）表明标高。如建筑物的首层地面标高、室外场地地坪标高、道路中心线的标高等。

4）表明各负荷的用电量（千瓦数）。用以确定电力负荷中心，作为选择变配电所所址的依据之一，并直观地了解各负荷的大小。

5）表明总平面范围内的整体朝向。用指北针或风玫瑰图表示。

6）其他。如绿化和水暖管线等。

当一张电气总平面图尚不能完整表达时，可画成几幅电气总平面图，或分别画出必要的道路、管线图、剖面图等。

这里要说明的是，图3-61和图3-3所表达的内容并不完整，但为简化起见，就该两电气工程的设计而言，已能基本满足要求了。

3. 绘制电气总平面图的注意事项

根据上述电气总平面图所要表达的内容，在绘图时还要注意以下几点：

1）熟悉建筑图、电气图和建筑材料的图形、图例符号（附录C、F、G）。

2）熟悉坐标注法。电气总平面图的坐标注法按"上北下南"方向绘制，向左或向右偏移不宜超过45°。电气总平面图中应绘制指北针或风玫瑰图以标明方向。在较大区域的电气总平面图上采用坐标网格定位，坐标网格以细实线表示，如图3-62所示。

3）图线。按GB/T 50786—2012《建筑电气制图标准》及GB/T 50001—2017《房屋建筑制图统一标准》，图中的图线宽度 b，应根据图样的复杂程度和比例及图样的功能，按表3-5规定的线型选用。

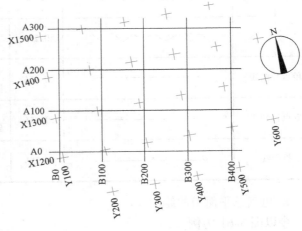

图3-62　坐标网格

表3-5　建筑电气制图图线、线型、线宽及用途（GB/T 50786—2012）

图线名称		线　　型	线宽	一　般　用　途
实线	粗	———————	b	本专业设备之间电气通路连接线，本专业建筑、设施、设备可见轮廓线、图形符号轮廓线
	中粗		$0.7b$	本专业设备可见轮廓线、图形符号轮廓线、框线、建筑物可见轮廓线、尺寸线
	中	———————	$0.5b$	
	细	———————	$0.25b$	非本专业设备可见轮廓线、建筑物可见轮廓；尺寸、标高、角度等标注线及引出线；图例填充线、家具线

133

（续）

图线名称		线　　型	线宽	一　般　用　途
虚线	粗		b	本专业设备之间电气通路不可见连接线;线路改造中原有线路
	中粗		$0.7b$	
			$0.7b$	本专业设备不可见轮廓线、地下电缆沟、排管区、隧道、屏蔽线、连锁线
	中		$0.5b$	
	细		$0.25b$	非本专业设备不可见轮廓线及地下管沟、建筑物不可见轮廓线等;图例填充线、家具线
波浪线	粗		b	本专业软管、软护套保护的电气通路连接线、蛇形敷设线缆
	中粗		$0.7b$	
	细		$0.25b$	断开界线
单点长画线			$0.25b$	定位轴线、中心线、对称线;结构、功能、单元相同围框线
双点长画线			$0.25b$	辅助围框线、假想或工艺设备轮廓线;成型前原始轮廓线
折断线			$0.25b$	断开界线

4. 电气总平面图的绘制

今以图 3-61 为例。

（1）按图示内容确定比例和图纸大小　根据图示内容，选用 A2 图纸。

（2）图面布局　完整的电气总平面图中包括总平面图形、图例、技术说明、坐标网格、方位标记及标题栏、会签表。很显然，本图中的总平面图形占据了主要篇幅，只要它确定了位置，其他都可以确定了。因此，在图面布局时，关键是要合理确定总平面图形的位置和所占图幅大小。而总平面图形的位置及所占图幅是与坐标网格直接有关的，图中采用的是建筑坐标网，代号用"A"、"B"表示。

（3）确定基准线　可按图 3-63 所示选择坐标网格作为绘图的水平基准线和垂直基准线。

（4）画底稿线　根据先主后次、从左至右、自上而下、先图形后文字的原则，按图中各车间（或其他建筑）、围墙等的大小先后画出底稿线。凡平齐的图线（如上方拔丝车间、分配泵车间和分配泵装配车间等的水平方向图线），可先轻轻画出 1 根辅助作图线后再分别画出各自的底稿线。

（5）检查无漏无误后描深图形　电气总平面图的图线线型及应用见表 3-5。

（6）其他　画图例，书写、标注文字，填写标题栏等。

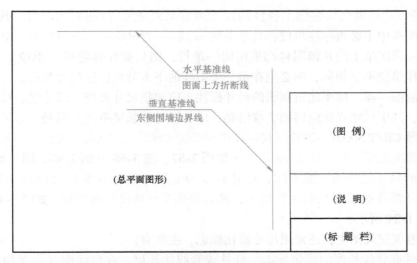

水平基准线
图面上方折断线
垂直基准线
东侧围墙边界线

（图 例）

（说 明）

（标 题 栏）

（总平面图形）

图 3-63　图 3-61 的图面布局及基准线的确定

三、建筑电气安装图的表示方法

建筑电气安装图有其自身的特点，因而在表示方法上与建筑图或电气图既有联系，又有区别。

1. 图形符号及图例

建筑电气安装图中的动力、照明和电信布置图形符号及常用建筑图例，均按国家标准规定统一表示，凡用非国家标准符号及图例标注的，必须在图样中另行注明。部分图形符号及图例见附录 C、F、G。

2. 图线及其应用

（1）粗实线　用于建筑图的平面图、立面图、剖视图和断面图的轮廓线、图框线；电气安装图中的电气图线等。但在建筑电气安装图中，为突出以电气图线为主，上述建筑图中的各种轮廓线图线只用细实线表示。

（2）中实线　用于电气安装施工图中的电气设备轮廓线及干线、支线、电缆线、架空线等电气线路。

（3）细实线　用于电气安装施工图中的建筑平、立面图的轮廓线等，以便突出用粗、中实线画出的电气线路及设备；另外，用于尺寸线、尺寸界线和指引线、接线图中用于标注电气设备（元器件）型号规格的标注框线，以及表格、标题栏等的分行分列图线，如图 2-33、图 2-36 所示。

（4）粗单点画线　用于平面图中的大型构件轴线，车间行车导轨的中轴线，接地平面图中的接地线、接地干线等，如图 3-56 所示。

（5）细单点画线　用于轴线、中心线、围框线及电气安装图中定位轴线的引出线等，如图 3-59 及图 3-72 所示。

（6）粗虚线　用于地下管道。

（7）细虚线　用于不可见轮廓线，暂不施工的二期工程或近期拟扩展部分的轮廓线。

（8）折断线　用于为简略不重要部分而被假想断开删去部分的边界线。

3. 尺寸标注

总图中的坐标、标高、距离宜以米（m）为单位，并应至少取至小数点后两位，不足时

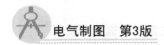

以 "0" 补齐。建筑电气安装图上标注的尺寸通常采用毫米（mm）为单位。凡是采用 mm 为单位的，图样中不必再标注单位；凡是采用 m 或 cm 为单位的，必须在图样中另外注明。

如果同一张图纸上的几幅图样都采用同一单位，则只要在标题栏"单位"项中统一注明；若各图样单位不尽相同，则必须在每一个图样的下方分别标注尺寸单位。

同机械制图一样，房屋建筑制图的尺寸标注也应包括尺寸界线、尺寸线、尺寸起止符号和尺寸数字，其中尺寸界线应用细实线绘制，应与被标注长度垂直。但是，这里需要特别说明的是，**按照 GB/T 50001—2017《房屋建筑制图统一标准》规定的尺寸注法，尺寸界线与其所标注的轮廓线之间要有间距 2mm 以上，如图 3-67、图 3-68 及图 3-80、图 3-81 所示；而机械制图中的尺寸注法则有所不同：尺寸界线与其所标注的轮廓线之间没有间距，尺寸界线是在其所标注的轮廓线的延长线上，两者是相互连接没有间距的，如图 1-1 ~ 图 1-6 及图 1-23 ~ 图 1-24 所示。**

在建筑电气安装图中，还常用尺寸简化标志，主要有：

（1）杆件或管线长度的简化标志　杆件或管线的长度，在单线图（桁架简图、钢筋简图、管线简图）上，可直接将尺寸数字沿杆件或管线的一侧注写，如图 3-64 所示。

（2）连续排列的等长尺寸的简化标志　连续排列的等长尺寸，可用"个数 × 等长尺寸 = 总长"的形式标志，如图 3-60、图 3-65 所示。

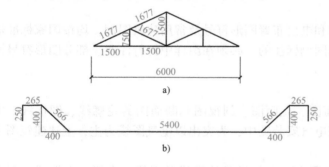

图 3-64　单线图尺寸标志方法

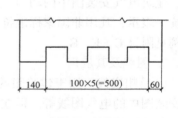

图 3-65　等长尺寸简化标志方法

（3）相同构造要素的简化标志　当构配件内的构造因素（如孔、槽等）相同时，可仅标注其中一个要素的尺寸，如图 3-66 所示。

（4）对称构配件的简化画法　对称构配件可采用省略画法，这时其尺寸线应略超过对称符号，仅在尺寸线的一端画尺寸起止符号，但尺寸数字应按完整尺寸注写，而且尺寸数字的注写位置宜与对称符号对齐，如图 3-67 所示。

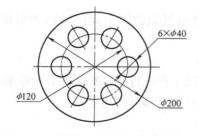

图 3-66　相同构造要素尺寸标志方法

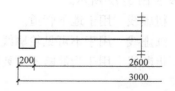

图 3-67　对称构配件尺寸标志方法

（5）相似构配件的简化画法　两个相似构配件，如个别尺寸数字不同，则可在同一图样中将其中一个构配件的不同尺寸数字注写在括号里，该构配件的名称也应注写在相应的括号内，如图 3-68 所示。

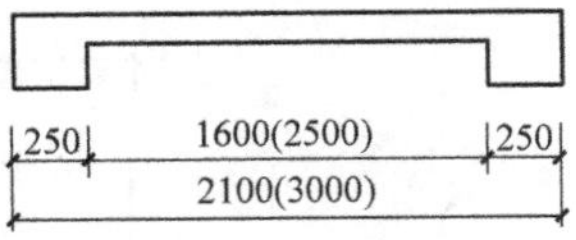

图 3-68　相似构配件尺寸标志方法

4. 比例

建筑电气安装图常用的比例有 1∶50、1∶100、1∶200，大样图的比例可以用 1∶20、1∶10 或 1∶5 等。总平面布置图和外线工程图则常用 1∶500、1∶1000 甚至 1∶2000 等较小的比例。

5. 图名

建筑电气安装图的同一张图纸上往往有几幅图样，这时必须在每一图样的下方标注图名，其格式如图 3-69a 所示。"比例"书写在图名的右侧，字号比图名字号小 1 号或 2 号。必要时可将单位注写在比例的下方，并用分式的形式表示，如图 3-69b 所示，也可用图 3-69c 表示，其中"M"是"比例"的代号。

××车间动力平面布线图 1∶100

a)

××车间照明平面布线图 $\frac{1∶100}{cm}$

b)

防雷接地平面图

M 1∶100 单位：cm

c)

图 3-69　图名、比例、单位的标志格式举例

6. 安装标高

建筑物各部分的高度常用标高表示。标高，是以某一水平面作为基准面，并以此为零点（水准原点）起计算地面（或楼面）至基准面的垂直高度。

标高有绝对标高、相对标高和敷设（安装）标高三种。

（1）绝对标高　我国把青岛附近黄海某点的平均海平面定为绝对标高的零点，即"黄海零点"。全国所有各地标高都以它为基准标注。但在东南沿海省市，也有用上海吴淞口某点的平均海平面定为绝对标高的零点，即"吴淞零点"，两者有所差别。除了专业测量用的图样外，绝对标高很少应用。吴淞零点比黄海零点低 1.6297m。

（2）相对标高　为简便起见，建筑电气图上通常都用相对标高，即把室内首层地坪面高度设定为相对标高的零点，记作"+0.000"，高于它的为正值（但一般不用注"+"号），表示高于地坪面多少；低于它的为负值（必须注明"-"号），表示低于地坪面多少。

标高的符号及用法见图 3-70，其中小三角形为等腰直角三角形，用细实线绘制，高 3~5mm；下面横线为某处高度的界线；标高数字注在小三角形外侧。按国标规定，标高单位为 m，精确到 mm，即小数点后面第 3 位，但总平面图中标注到小数点后面第 2 位即可。如标注位置不够，可用图 3-70e 所示形式绘制。

（3）敷设标高　电气装置、设备安装时比安装地点高出的高度，称为敷设标高。即敷设标高是以安装地点地面为基准零点的相对标高。它有 3 种表示方法：

1）直接标注：直接用尺寸线、尺寸界线和尺寸数字标注出安装尺寸的敷设高度，如图 3-81 所示变压器高压侧母线瓷绝缘子支架中心安装高的"2500"。

2）电力设备和线路的分式标注：如图 3-60 右上角 3 号房间灯具安装高度的标注格式

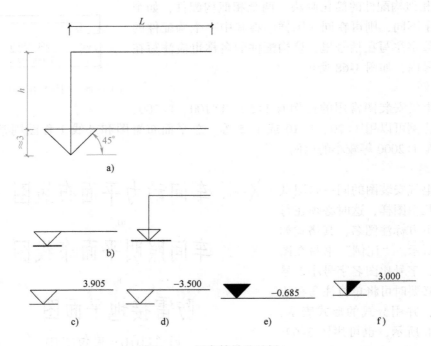

图 3-70 标高符号及示例

a) 标高符号 b) 标高符号的两种画法 c) 高于地坪面的标志 d) 低于地坪面的标志
e) 总平面图上室外整平标高 f) 敷设标高的标志

"FL$\dfrac{30}{2.5}$ch"，所注 "2.5" 即表示该链吊式安装的荧光灯离地面高度为 2.5m。

3）用带图形符号的相对标高标注：如图 3-70f 所示。

7. 方位

建筑电气安装图中的有些图，如总平面布置图、外线工程图等，要表示出建筑物、构筑物、装置、设备的位置和朝向及线路的来去走向，一般按 "上北下南、左西右东" 来表示，但在很多情况下都是用方位标记（即指北针方向）来表示其朝向的，如图 3-71a 所示，其箭头方向表示正北方向，"北" 通常用字母 "N" 表示。图 3-71b 中细实线圆的直径宜为 24mm，指北针头部应注 "北" 或 "N" 字样，尾部宽度约为圆直径的 1/8。

8. 风向频率标记

在建筑总平面图上，一般还要根据当地实际风向情况绘制风向频率标记，它用风玫瑰图表示，如图 3-71c 所示。

风玫瑰图是根据当地多年平均统计的各个方向吹风次数的百分数按一定比例绘制的。风吹方向是指从外面吹向中心，用细实线表示全年风向频率，虚线表示夏季（6～8 月）风向频率。由图 3-71c 可见，该地全年以东北、西北、西南风居多，夏季则主要是东北风。

从风玫瑰图上可以看出该地区的常年主导风向和夏季主导风向，这对建筑的总体规划、建筑构造方式、朝向及安装施工安排都具有重要意义。

9. 建筑物定位轴线

动力、照明、电信工程的布置通常都是在建筑平面图上进行的，在建筑平面图上一般都

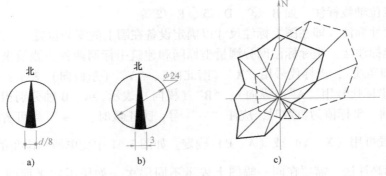

图 3-71 方位标记及风向频率标记

a)、b) 方位标记 c) 风向频率标记

标有定位轴线，以作为定位、施工放线的依据和便于识别设备安装的位置。

凡由承重墙、柱、梁和屋架等主要承重构件的位置所画的轴线，称为定位轴线。

定位轴线应用细单点画线绘制。

定位轴线一般应编号，编号应注写在轴线端部的细实线圆内。圆的直径为 8 ～ 10mm。定位轴线圆的圆心，应在定位轴线的延长线上或延长线的折线上。定位轴线编号的基本原则是：在水平方向，从左到右用阿拉伯数字顺序表示；在垂直方向，采用拉丁字母（其中 I、O、Z 因容易与 1、0、2 混淆而不用）由下向上编注。数字和字母分别用细单点画线引出，注写在末端的细实线圆圈中，如图 3-72 所示。

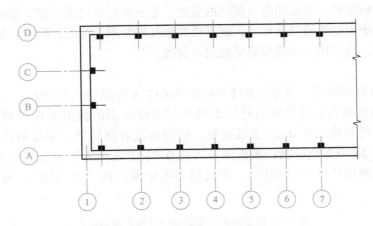

图 3-72 建筑物定位轴线示例

10. 电力设备和线路的标注方法

在建筑电气安装图上，电力设备和线路通常不标注其项目代号，但一般要标注出设备的编号、型号、规格、数量、安装和敷设方式等。

电力设备和线路的标注方法见表 3-10，电信设备和线路的标注方法可以此仿照。

为了区别有些设备的功能和特征，可在其图形符号旁增注字母，见表 2-3 及表 3-7。

11. 图上位置、图线、建筑构件等的表示方法

（1）图上位置的表示方法 电气设备和线路的图形符号在图上的位置，可以根据建筑

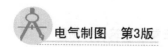

图的位置确定方法分别采用下述4种方法来表示：

1）采用定位轴线标注。如 B –③、D –⑤、E –②等。

2）采用尺寸标注。即在图上标注尺寸以确定设备在图上的安装位置。

3）采用坐标注法。坐标标注网分测量坐标网和建筑坐标网两种。测量坐标网画成交叉"＋"字线（细实线），坐标代号用"X"（南北向）、"Y"（东西向）表示；建筑坐标网画成网格通线，坐标代号用"A"（纵向）、"B"（横向）表示，A、B 轴分别相当于测量坐标网中的 X、Y 轴。坐标值为负数时，应注"－"号，为正数时，"＋"号可省略。由此建筑物或设备的位置可用（X、Y）或（A、B）确定。如图 3-61 中变电所东南角的 $\frac{A+290.670}{B+336.130}$°。

4）采用标高注法。需要在同一幅图上表示不同层次（如楼层）平面图上的符号位置时，可采用标高注法。如图 3-81 中的"6.600"、"11.400"分别表示了该变电所1、2 层楼楼顶的相对高度。

（2）图线的表示方法　在建筑电气安装图上主要有建筑平面图图线和电气平面图图线两类图线。为了主次分明、图形清晰，突出电气布置，在同一建筑电气安装图图样上的电气图线应比建筑图线宽1~2 个等级，如建筑物的外形轮廓线用细实线，电气图线则应用中实线或粗实线。但应注意同类图线的宽度应一致；不同图线的宽度要与整个图面相协调，不要太宽或太细。

（3）建筑构件等的表示方法　为了清晰表示电气设备和线路的布置，在建筑电气安装图上往往需要画出某些建筑物、构筑物、地形地貌等的图形和位置，如墙体及材料，门窗、楼梯、房间布置，必要的采暖通风和给排水管道，建筑物轴线及道路、河流、林地、山丘等，但这些图形的图线不得影响电气图线的表达，也不得与电气图线相混淆或重叠。凡是与电气布置无关的图形的图线以及尺寸，就不要在电气安装图上画出；即使有关的，一般也只画出其外形轮廓，或仅用一条图线简略地表示管线。

12. 其他

（1）剖视图与剖面图　按照 GB/T 50001—2017《房屋建筑制图统一标准》的定义，剖面图除了应画出剖切面剖切到部分的图形外，还应画出沿投射方向看到的部分，被剖切面剖切到部分的轮廓线用 0.7b 实线绘制，剖切面没有剖切到、但是沿投射方向可以看到的部分，用 0.5b 中实线绘制；断面图只需用 0.7b 实线画出剖切面剖切到部分的图形。由此可知，建筑制图中的"剖面图"，即机械制图中所称的"剖视图"。为区别起见，列出表 3-6 对照。

表3-6　建筑制图与机械制图视图名称对照表

机械制图	主视图	左视图、右视图	后视图	俯视方向的全剖视图	剖视图	断面图
建筑制图	正立面图	侧立面图	背立面图	平面图	剖面图	断面图

（2）建筑总平面图及建筑材料图例　常用图例见附录 F、G。

（3）电气设备常用简化形式表示　一是仅用电气图形符号表示其大致位置，如图 3-59 和图 3-60 所示；另一种是只画出外形，即使被剖切平面剖到时也是如此，如图 3-80 和图 3-81 中的电力变压器、高压开关柜和低压配电屏所示。

四、电气平面图

电气平面图如图3-60、图3-78及图3-80所示。

电气平面图表示出该电气工程建筑物轮廓线、对称轴线号、房间名称、楼层标高、门、窗、墙体、梁柱、平台和绘图比例等，其中承重墙体及梁柱宜涂灰色。

电气平面图应绘制出安装在本楼层的电气设备、敷设在本楼层和连接本楼层电气设备的电线电缆、路由等信息。进出建筑物的电线电缆，其保护管应注明与建筑轴线的定位尺寸、穿越建筑外墙的标高和防水形式。

电气平面图应标注电气设备、电线电缆敷设路由的安装位置、参照代号等，并应采用应用于平面图的图形符号绘制。

当电气平面图布置是不同楼层时，应分别绘制各自楼层的电气平面图；若其中有的楼层电气设备布置是相同的，则只需要绘制其中1个楼层的电气平面图，并加以说明。

强电和弱电应分别绘制电气平面图。

当局部部位需要另外绘制电气详图或者电气大样图时，应在局部部位处标注出各编号，并且在电气详图或者电气大样图的下方标注出其编号及比例。

五、动力和照明工程图

动力和照明工程是现代电气工程中最为基本的内容，因此，其设计图也是电气图中最基本的图样之一。

表示建筑物动力和照明工程配电系统、布置及安装接线的图，称为动力和照明工程图。

1. 动力和照明工程图的组成

动力和照明工程图一般由系统图、平面布置图、配电箱（柜）安装接线图等组成。

（1）动力和照明系统图 动力和照明系统图是表示动力和照明系统的电气主接线图。它集中反映了动力和照明系统的电源、接线、安装容量、计算负荷、配电方式及各负荷项目，导线和电缆的型号规格、敷设方式、穿管管径，开关及保护设备（如低压断路器、熔断器、剩余电流保护器等）的型号规格等。

一般车间、住宅的动力和照明系统图比较简单，如图3-73所示。

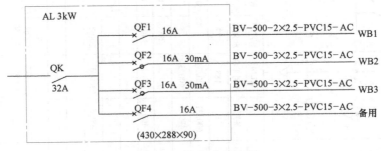

图3-73 某供电系统图

高层综合楼等高层建筑的动力和照明系统图则要复杂些，例如图3-74、图3-75及图3-76所示。

（2）动力和照明平面布置图 表示建筑物内外动力、照明设备和线路平面布置的电气工程图，称为动力和照明平面布置图。

电源引入：
- LMY-100×10
- 主电源，由厂区变电所引来，2×VV22-(3×185+1×95)
- 备用电源 VV22-(3×185+1×95)

编号	AA1	AA2	AA3		AA4				AA5	
型号	GGD2-15-0108D	GGJ2-01-0801D	GGD2-38B-0502D		GGD2-39C-0513D				GGD2-38-0502D	
主电路接线方案	（接线图）	（接线图）	（接线图）		（接线图）				（接线图）	
设备（回路）编号			WPM1	WPM2	WPM4	备用	WLM2	WPM3	备用	WLM1
用途	引入线总屏	无功补偿	空调机房	动力干线	电梯	备用	消防中心	水泵房	备用	照明干线
容量/kW	634.5	180kvar	195	156	18.5			77		188
刀开关HD13BX-	HSBX-1000/31	400/31	600/31	600/31	400/31	400/31	400/31	400/31	600/31	600/31
低压断路器DWX15-	1000/3	400/3	400/3	400/3					400/3	400/3
低压断路器DZX10-					100	200	100	200		
脱扣器额定电流/A	600		300	250	60	200	60	140	400	300
接触器		CJ16-32×10								
热继电器		JR16-60/32×10								
电流互感器LMZ-0.66-	800/5	400/5×3	300/5	300/5	100/5	200/5	50/5	200/5	300/5	300/5
熔断器	400	aM3-32×30								
避雷器	200	FYS-0.22×3								
电容器		BCMJ0.4-16-3×10								
管线电缆 VV-0.6kV			3×120+2×70	3×120+2×70	5×10		5×6	3×95+1×50		4×185+1×95
屏宽/mm	1000	1000	800		800				800	

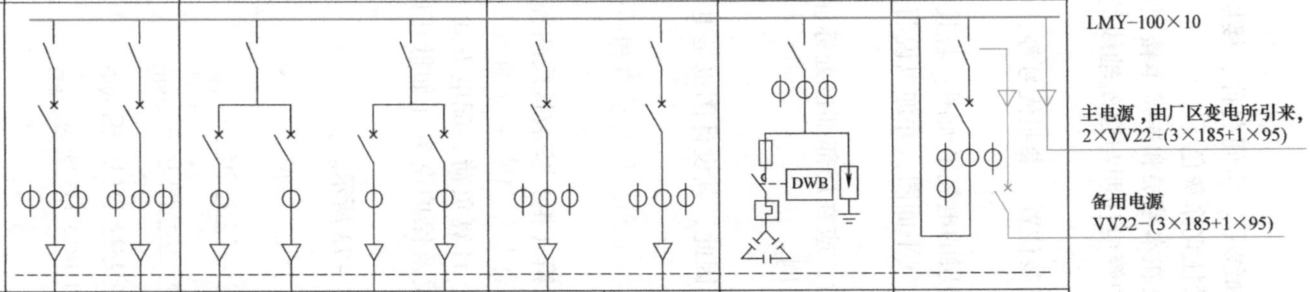

图3-74 某综合楼低压配电室配电系统图

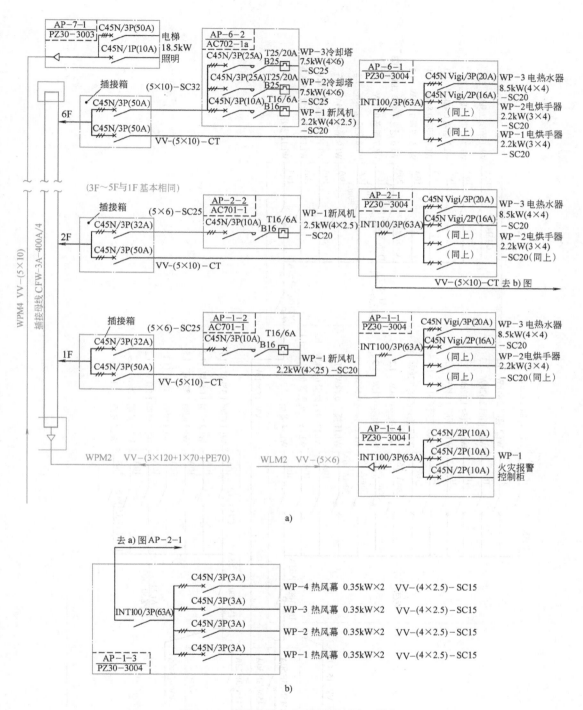

图 3-75 某综合楼动力配电系统图（部分）

　　动力和照明平面布置图主要表示动力和照明设备及其线路，如电动机、电光源及灯具、控制开头、配电箱、导线等的接线、安装位置等，也包括电风扇、插座和其他日用电器，如图 3-59 和图 3-60 所示。

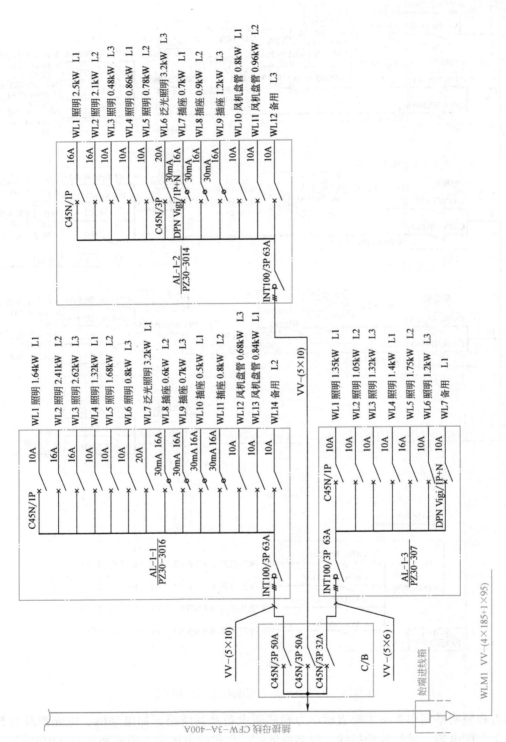

图3-76 某综合楼1层照明配电系统图（部分）

在图 3-59 和图 3-60 中，建筑物（图中车间、办公室）的尺寸是按正投影画法并按比例画出的，但主要只表示其轮廓，而用电设备及其相配套的各种电气设备（如配电箱、机床、灯具、电扇、开关插座和导线等），并不按正投影法及比例画出，因为不仅麻烦而且没有必要，它们只要用示意图和电气图形符号、文字符号标注就可以了，具体安装位置按有关安装规范现场确定。

建筑物不同标高的楼层平面要分别画出每层的动力和照明平面布置图。其中，如有若干层（如高层住宅、商住楼）的动力和照明平面布置是相同的，则应在标准层的图样上注明。

动力和照明平面布置图的画法一般并不复杂，但要弄清图中电气图形符号和文字符号的标注。动力和照明线路在平面布置图上采用图线与文字符号相结合的方法，表示线路的走向、导线的型号、规格、根数、长度及线路配线方式、线路用途等，见表 3-7 ~ 表 3-12。

表 3-7　电气图样中的电气线路线型符号（GB/T 50786—2012）

序号	线 型 符 号		说　明
	形式 1	形式 2	
1	———S———	———S———	信号线路
2	———C———	——C——	控制线路
3	———EL———	——EL——	应急照明线路
4	———PE———	——PE——	保护接地线
5	———E———	——E——	接地线
6	———LP———	——LP——	接闪线、接闪带、接闪网
7	———TP———	——TP——	电话线路
8	———TD———	——TD——	数据线路
9	———TV———	——TV——	有线电视线路
10	———BC———	——BC——	广播线路
11	———V———	——V——	视频线路
12	———GCS———	——GCS——	综合布线系统线路
13	———F———	——F——	消防电话线路
14	———D———	——D——	50V 以下的电源线路
15	———DC———	——DC——	直流电源线路
16	 ———⊘———		光缆，一般符号

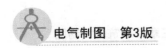
1）线缆敷设方式的标注，见表3-8。

表3-8　线缆敷设方式的标注

序号	名　称	文字符号	序号	名　称	文字符号
1	穿低压导体输送用焊接钢管（钢导管）敷设	SC	8	电缆梯架敷设	CL
2	穿普通碳素钢电线套管敷设	MT	9	金属槽盒敷设	MR
3	穿可挠金属电线保护套管敷设	CP	10	塑料槽盒敷设	PR
4	穿硬塑料导管敷设	PC	11	钢索敷设	M
5	穿阻燃半硬塑料导管敷设	FPC	12	直埋敷设	DB
6	穿塑料波纹电线管敷设	KPC	13	电缆沟敷设	TC
7	电缆托盘敷设	CT	14	电缆排管敷设	CE

2）线缆敷设部位的标注，见表3-9。

表3-9　线缆敷设部位的标注

序号	名　称	文字符号	序号	名　称	文字符号
1	沿或跨梁（屋架）敷设	AB	7	暗敷设在顶板内	CC
2	沿或跨柱敷设	AC	8	暗敷设在梁内	BC
3	沿吊顶或顶板面敷设	CE	9	暗敷设在柱内	CLC
4	吊顶内敷设	SCE	10	暗敷设在墙内	WC
5	沿墙面敷设	WS	11	暗敷设在地板或地面下	FC
6	沿屋面敷设	RS			

3）电力设备和线路的标注，见表3-10。

表3-10　电力设备和线路的标注

序号	标注方式	说　明
1	$\dfrac{a}{b}$	用电设备标注 a—参照代号（设备编号或设备位号） b—额定容量（kW 或 kVA）
2	$-a+b/c^{①}$	系统图电气箱（柜、屏）标注 a—参照代号（设备种类代号） b—位置信息 c—设备型号
3	$-a^{①}$	平面图电气箱（柜、屏）标注 a—参照代号（设备种类代号）
4	$a-b/c-d$	照明、安全、控制变压器标注 a—参照代号 b/c——次电压/二次电压 d—额定容量
5	$a-b\dfrac{c\times d\times L}{e}f^{②}$	灯具标注 a—数量　　　　b—型号 c—每盏灯具的光源数量 d—光源安装容量　e—安装高度（m） "—"表示吸顶安装 L—光源种类 f—安装方式

（续）

序号	标 注 方 式	说　明
6	$\dfrac{a \times b}{c}$	电缆梯架、托盘和槽盒标注 a—宽度（mm）　b—高度（mm） c—安装高度（m）
7	$a/b/c$	光缆标注 a—型号　b—光纤芯数　c—长度
8	$ab-c(d \times e + f \times g)i-jh^{③}$	线缆的标注 a—参照代号　　b—型号　　c—电缆根数 d—相导体根数　　　e—相导体截面积（mm²） f—N、PE 导体根数　　g—N、PE 导体截面积（mm²） i—敷设方式和管径（mm）　j—敷设部位 h—安装高度（m）
9	$a-b(c \times 2 \times d)e-f$	电话线缆的标注 a—参照代号　　b—型号　　c—导体对数 d—导体直径（mm） e—敷设方式和管径（mm） f—敷设部位
10	$\dfrac{a-b-c-d}{e-f}$	电缆与其他设施交叉点 a—保护管根数　　　　b—保护管直径（mm） c—管长（m）　　　　d—地面标高（m） e—保护管埋设深度（m）　f—交叉点坐标
11	(1) ▼ ±0.000 (2) ▼ ±0.000	安装或敷设标高（m） (1)用于室内平面、剖面图上 (2)用于总平面图上的室外地面
12	(1) /// (2) / 3 (3) / n	导线根数，当用单线表示一组导线时，若需要示出导线数，可用加小短斜线或画一条短斜线加数字表示。 例:(1)表示 3 根 　　(2)表示 3 根 　　(3)表示 n 根
13	(1) 3×16 × 3×10 (2) × φ2½″	导线型号规格或敷设方式的改变 (1)3×16mm² 导线改为 3×10mm² (2)无穿管敷设改为导线穿管敷设
14	V	电压损失%
15	======220V	直流电压 220V
16	m~fu 3/N~380V,50Hz	交流电 m—相数　f—频率　u—电压 例:示出交流,三相带中性线 380V,50Hz

① 前缀 "–" 在不会引起混淆时可省略。

② 灯具的标注见表 3-12。

③ 当电源线缆 N 和 PE 分开标注时，应先标注 N 后标注 PE（线缆规格中的电压值在不会引起混淆时可省略）。

　　4）线路标注的一般格式。线路标注用得较多的格式为：a–d（e×f）–g–h。其中，a—线路编号或功能的符号；d—导线型号；e—导线根数；f—导线截面积（mm²）；g—导线敷设方式的符号，见表 3-7；h—导线敷设部位的符号，见表 3-8。

（e×f）中，如有不同导线根数及截面，则应分开表示。其中，相线和中性线截面积前不标注文字符号，但保护线 PE 及保护中性线 PEN 要另外加注文字符号。如 2 - BLV - 500（3×35 + 1×25 + PE25）- SC50 - WS 表示意义为：第 2 号线路；导线为额定电压 500V 的铝芯塑料（聚氯乙烯）绝缘导线；共有 5 根导线，其中 3 根相线每根截面积为 $35mm^2$，中性线截面积为 $25mm^2$，保护线截面积也为 $25mm^2$；穿内径为 50 mm 的焊接钢管沿墙明敷。

配电支线的标注格式为 d（e×f）- g - h，各代号意义同前。

5）照明器具的表示方法。照明器具采用图形符号与文字标注相结合的方法表示。灯具标注的一般格式见表 3-10 中第 5 项；照明电光源种类的文字代号见表 3-11；灯具安装方式的标注见表 3-12。

表 3-11 照明电光源种类的文字代号

序号	电光源类型	代号		序号	电光源类型	代号	
		新标准	旧标准			新标准	旧标准
1	氖灯	Ne		7	电发光灯	EL	
2	氙灯	Xe	X	8	弧光灯	ARC	
3	钠灯	Na	N	9	荧光灯	FL	Y
4	汞灯	Hg	G	10	红外线灯	IR	
5	碘钨灯	I	L	11	紫外线灯	UV	
6	白炽灯	IN	B	12	发光二极管	LED	

表 3-12 灯具安装方式的标注

序号	名称	文字符号
1	线吊式	SW
2	链吊式	CS（旧符号 ch）
3	管吊式	DS（旧符号 p）
4	壁装式	W
5	吸顶式（或直附式）	C（旧符号 S）
6	嵌入式（嵌入不可进人的顶棚）	R
7	吊顶内安装（嵌入可进人的顶棚）	CR
8	墙壁内安装	WR
9	支架上安装	S
10	柱上安装	CL
11	座装	HM

（3）配电箱（柜）安装接线图 动力和照明配电箱（柜）是成套的配电装置，装设在车间或其他民用建筑的各楼层，用于动力和照明供配电系统的控制、保护和直接向各用电设备的配电。

动力或照明配电箱种类繁多，其中，既有专用于动力或照明的，也有动力与照明兼用的。除了成套动力、照明配电箱（柜）外，还有各系列的电源插座配电箱。

动力和照明配电箱安装接线图，就是按照预定的接线方案，表示动力和照明配电箱内电气接线、开关及保护设备和导线的型号规格、安装方法的图样。

一般建筑物的动力与照明线路是互相分开的。这主要是因为：一是动力与照明用电的计费费率不同；二是动力负荷的起动、骤变影响照明质量；三是照明线路的三相负荷不易均衡，且较易发生故障，混在一起将影响动力负荷的正常工作。因此，动力和照明工程图通常都是分别绘制的。但在某些负荷很小的工程中，动力与照明系统是混合在一起的。

　　2. 动力和照明工程图的绘制

　　由图 3-74 ~ 图 3-76 可见，动力和照明系统图与第二章第三节的一次电路图是相似的，因此其画法与一次电路图相仿。今以图 3-75 为例。

　　首先，熟悉一下图 3-75 与图 3-74 的关系。图 3-75 所示动力配电系统的电源 WPM2、WPM4 和 WLM2 分别来自图 3-74 中编号为 AA3、AA4 的低压固定式动力配电屏，其中，WPM2 为动力干线，采用 VV－（$3 \times 120 + 1 \times 70 +$ PE70）聚氯乙烯绝缘低压铜芯电缆，三根相线每一相截面积为 $120mm^2$，中性线 N 和保护线 PE 的截面积都为 $70mm^2$，引入竖井后经 1 ~ 6 层（1F ~ 6F）各插接箱分别供电给各动力负荷（图示的新风机、电开水器、电烘手器、冷却塔等）；WPM4 为专供 7 层电梯动力和照明的配电线，采用 VV－（5×10）聚氯乙烯绝缘低压铜芯电缆，其每相相线与中性线、保护线的截面积都是 $10mm^2$；WLM2 则是用于消防中心火灾报警控制柜的电源。图 3-75b 是因图幅限制而与图 3-75a 分开画的，其电源引自图 3-75a 的 AP－2－1 配电箱。

　　绘制图 3-75 的步骤和方法如下：

　　1）确定图幅。按图示内容，可选用 A3 图纸。

　　2）图面布局。仅该图的话，可以水平方向布置，将主要图样图 3-75a 布置在图幅的左方，图 3-75b 在右上方，右下方为明细表及标题栏，如图 3-77a 所示。

　　3）确定基准线。如图 3-77a 确定水平基准线和垂直基准线。

　　4）画底稿线。由该图的特点，可先用 H 或 HB 铅笔画出若干根既轻又细的辅助作图线，用于图样中相同或相似部分的布局和定位，如图 3-77b 所示，然后再详细画出各局部图线。

　　与画一次接线图相仿，凡相同或相似的线路的图形符号，要尽可能整齐划一，上下或左右对齐。如图中各插接箱和分电箱（各 AP－1 ~ AP－6）是大小一致、分别对齐的。

　　5）检查无漏无误后，描深图样。

　　6）书写、标注文字，填写标题栏等。

　　六、住宅电气线路安装图

　　不同层数的住宅建筑，其电气设计在负荷等级、有无单独变电所、电梯、消防等方面是有很大区别的。但是其共同点是，都有照明、插座、家用电器（如电视机、空调器、冰箱、音响设备、洗衣机、微波炉等）、电话、计算机等设施，都需要敷设相应的电气线路。

　　今以图 3-78 的绘制为例。图 3-78 并不复杂，关键在掌握要领：首先，它的建筑部分是按正投影法按比例画出的，但只简单地画出轮廓线，并没有也没有必要详细画出具体结构和细部，各电气设备也只用电气图形符号表达其安装项目和大致布置位置；其次是与其他电气平面布置图一样，要突出以电气为主，因此建筑物的轮廓线用细实线表示，而电气线路要用中（或粗）实线画出；最后，各墙壁的对称中心线位置要画准确，将它作为各墙壁轮廓线的基准。

　　1）确定图幅。可选用 A3 图纸水平画出（X 型图纸）。

　　2）图面布局。左侧画图样，右上方画图例等，右下方为标题栏，如图 3-79a 所示。

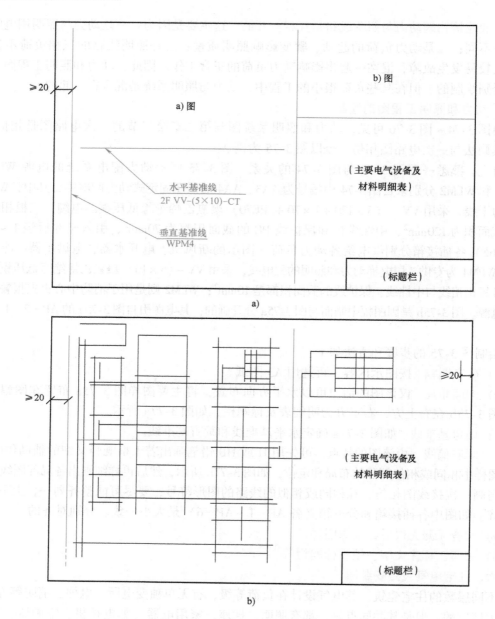

图 3-77　图 3-75 的绘制

a）图面布局及确定基准线　b）部分辅助作图线

3）确定基准线。如前所述，可把该建筑的墙壁对称中心线作为水平和垂直基准线，如图 3-79a 所示。

4）画底稿线。首先可轻轻画出各墙壁的对称中心线，如图 3-79b 所示，然后按墙壁尺寸（厚度）画出所有墙壁轮廓线。各灯只要画出圆心的准确位置（轻轻画出相互垂直的两根交叉线，交点即圆心），不必画出其底稿线，而可留待描深时使用电工模板一次性画出。同理，各插座也可在稍后用电工模板依次画好。

5）检查无漏、无误后描深图样。

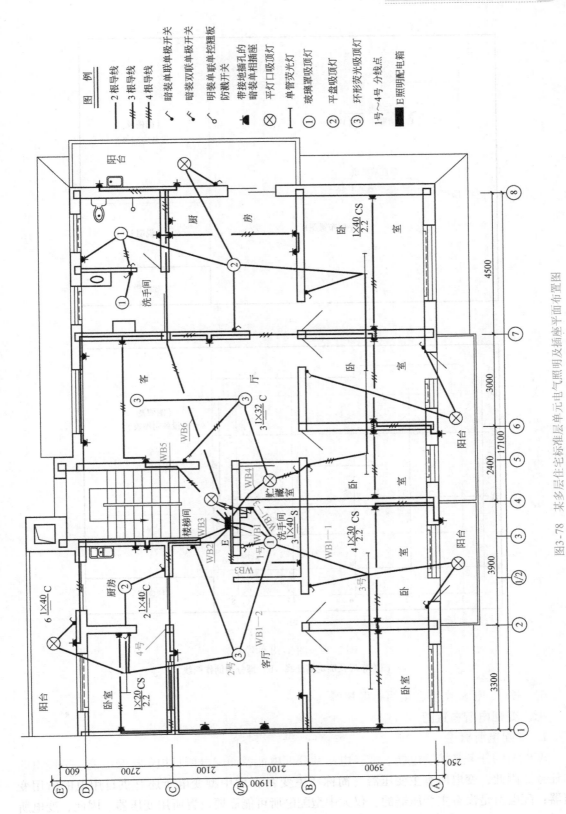

图3-78 某多层住宅标准层单元电气照明及插座平面布置图

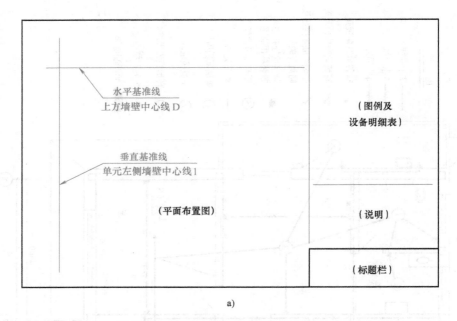

a)

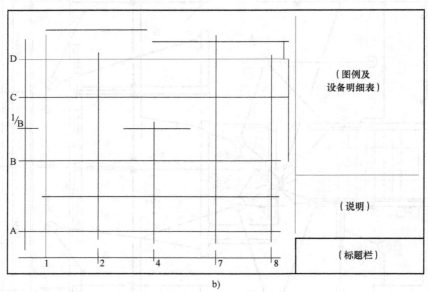

b)

图 3-79 图 3-78 的绘制

a) 图面布局及确定基准线 b) 部分辅助作图线

6) 书写、标注文字，填写标题栏等。

七、变配电所布置图

1. 变配电所概述

变电所的任务是接受电能、变换电压和分配电能，而配电所只担负接受电能、分配电能的任务。因此，变电所有主变压器（简称"主变"），大中型变电所还有供自用电的所用变压器；配电所是没有主变压器的，仅大中型配电所可能需要设置所用变压器。因此，变电所与配电所的布置就有较大的区别。

变配电所的布置还与不同电气主接线形式、负荷大小、变压器台数、高低压开关柜（屏）数和投资条件等因素有关。

变配电所的布置，包括高压配电室、高压电容器室、低压配电室、控制室、变压器室、值班室及其他辅助用房的布置。

变配电所的形式很多，不同形式的变配电所，其布置的差别是很大的。今以某工厂的独立变电所为例进行讲解。

2. 工厂独立变电所布置图的图例

图 3-80、图 3-81 分别为某工厂变电所的平面布置图和立面布置图，表 3-13 为图中主要电气设备及材料明细表。

（1）图例识读　识读图 3-80 和图 3-81 时，应结合其电气主接线图（见图 2-36 及图 2-37）一并进行。

1）总体了解概况：首先看两图的标题栏、技术说明及主要电气设备材料明细表，以便对图示整个变电所的概况有所了解。

2）变电所的总体布置：由图 3-81 可见，该变电所分上、下两层：底层为 2 间变压器室、高压配电室、辅助用房（含备件室和洗手间等），2 层为低压配电室和值班室。

3）供配电进出线：本厂由地区变电所经电压为 10kV 的架空线路树干式单回路供电，进入厂区后由电缆引入该变电所 AK1 高压开关柜，然后分别经 AK4、AK5 高压开关柜到变压器 T1、T2，降压为 400/230V 后经电缆引向 2 层低压配电室有关低压配电屏（AN1、AN15）的母线，再向全厂各车间等负荷配电。

4）高低压配电室：本厂采用 XGN2 – 12 型手车式高压开关柜，如图 2-36 所示。图 3-80a 中高压开关柜 AK1 ~ AK5 分别为电压互感器-避雷器柜、总开关柜、计量柜和 1 号变压器柜、2 号变压器柜。低压配电屏采用 GGD1 型，电容补偿屏为 PGJ1 型，接线如图 2-37 所示。图 3-80b 表示了各屏的排列及安装位置。

5）变压器室：今采用 500kVA 及 315kVA 电力变压器各 1 台，户内安装。

6）值班室：在 2 层与低压配电室毗邻。

由于是独立变电所，因此在底层室内设置有单独的洗手间。

吊装孔是用于两层低压配电屏等设备的吊运的。

图 3-81 分别表示了 Ⅰ—Ⅰ、Ⅱ—Ⅱ剖视图。"剖面图"是建筑制图中的习惯称谓，严格来说这里应是剖视图。

（2）图例绘制　应当指出，图 3-80 和图 3-81 及表 3-13 本应布置在同一图纸上的，这里是因为篇幅限制才分开的。今按绘制在同一张图纸上来讲解。

绘图前，先要把该两图与表 3-13 以及图 2-36 和 2 –37 综合对照识读。在大致读懂的基础上再绘制，将会更好更快更有收获。图中，涉及建筑制图的图例，可查附录 F 和附录 G。

1）确定图幅。该图包括 4 幅图样、1 张表格、技术说明（图 3-80 和图 3-81 中两技术说明应合并在一起）和标题栏。按照表达内容及图示复杂程度，宜选用 A1 图纸。

2）图面布局。按照投影的对应关系，应将图 3-81 布置在上方，图 3-80 在下方；表格布置在右上方；技术说明可按实际情况安排在表格的下方或图样的下方。

全图按 X 型图纸水平方向布局，如图 3-82a 所示。

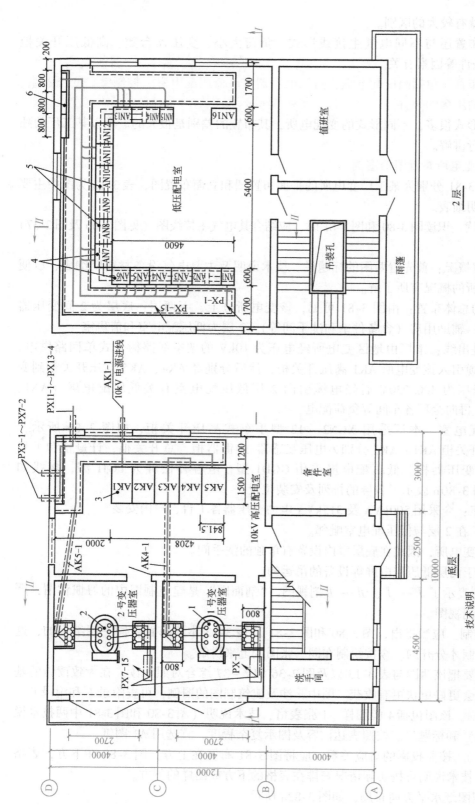

技术说明

1. 本设计中变压器室按发展容量两台800kVA变压器考虑。

2. 主要设备和材料明细表详见表3-13。

3. 10kV的YJV29-10-3×35及3×70的交联聚乙烯绝缘电力电缆的户内终端头，可采用干包，也可采用环氧树脂浇注法。

图3-80 某工厂10kV变电所平面布置图

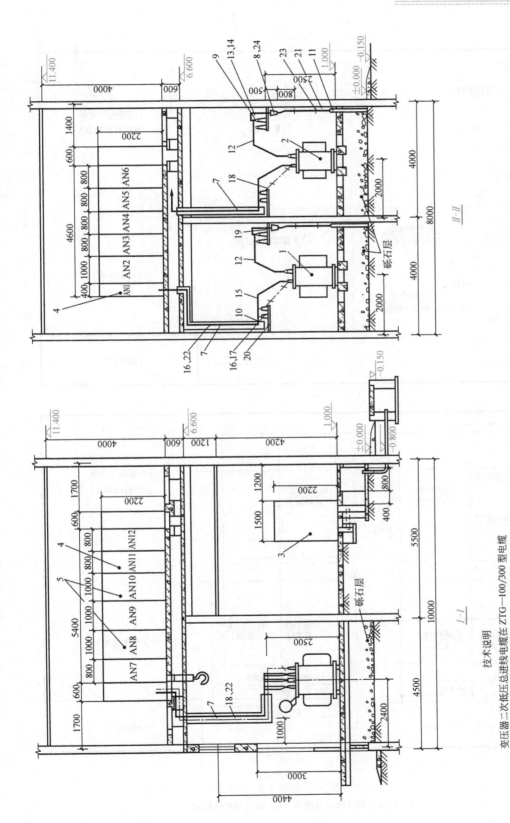

技术说明

变压器二次低压总进线电缆在 ZTG—100/300 型电缆
梯架沿墙和楼板下沿敷设，用铁膨胀螺栓 M12 固定。

图3-81 某工厂10kV变电所立面布置图

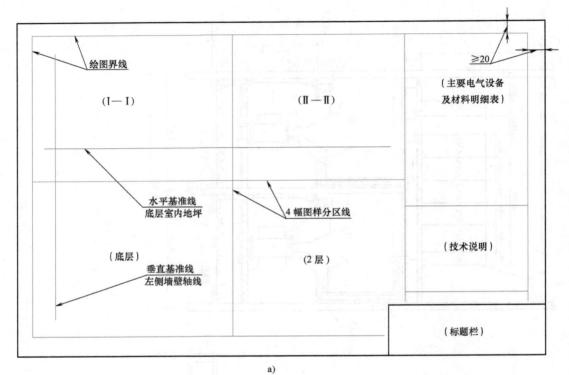

a)

b)

图 3-82 图 3-80 和图 3-81 的绘制

a）图面布局及确定基准线 b）部分辅助作图线

3）确定基准线。一般图样只要确定水平基准线和垂直基准线各一根。这里由于图幅较大，为方便起见，也可以选用各 2 根基准线（但必须注意要"准"）。无疑，这 4 根基准线应选为 4 幅图样的中心线及轮廓线，用以兼顾图样定位，如图 3-82a 所示。

表 3-13　图 3-80 和图 3-81 中主要电气设备及材料明细表

编号	名　称	型号规格	单位	数量	备　注
1	电力变压器	S11 – 500/10，10/0.4kV，Yyn0	台	1	
2	电力变压器	S11 – 315/10，10/0.4kV，Yyn0	台	1	
3	手车式高压开关柜	XGN2 – 12，10kV	台	5	AK1 ~ AK5
4	低压配电屏	GGD1	台	13	AN1 ~ AN7、AN9、AN11 ~ AN15
5	电容自动补偿屏	PGJ1 – 2，112kvar	台	2	AN8、AN10
6	电缆梯型架（一）	ZTAN – 150 /800	m	20	
7	电缆梯型架（二）	ZTAN – 150/400、90DT – 150/400	m	15	90°平弯型 2 个
8	电缆头	10kV	套	4	
9	电缆芯端接头	DT – 50　d = 10	个	12	
10	电缆芯端接头	DT – 400　　d = 28	个	12	
11	电缆保护管	黑铁管 φ100	m	80	
12	铜母线	TMY – 30 ×4	m	16	高压侧
13	高压母线夹具		副	12	
14	高压支柱瓷瓶	ZA – 10Y	个	12	
15	铜母线	TMY – 60 ×6	m		低压侧
16	低压母线夹具		副	12	
17	电车线路绝缘子	WX – 01	只	12	
18	铜母线	TMY – 30 ×4	m	20	T 次级引至低压屏
19	高压母线支架	型式 15	套	2	∠50 ×5 共 5.2m
20	低压母线支架	型式 15	套	2	∠50 ×5 共 5.2m
21	高压电力电缆	YJV29 – 10 – 3 ×35　10kV	m	40	
22	低压电力电缆	VV – 1 – 1 ×500　无铠装	m	120	也可用 VV – 3 ×150 + 1 ×50
23	电缆支架	3 型	个	4	∠40 ×4. 共 1m
24	电缆头支架		个	2	∠40 ×4. 共 1m
25	接地线	– 25 ×4　镀锌扁钢	m		
26	临时接地线螺栓	M10 ×30	个	2	

4）画底稿线。画底稿线时，4 幅图样之间必须保持正投影"长对正，高齐平，宽相等"的关系，4 幅图样各尺寸要按统一比例画出（根据图示尺寸及画幅，本图可选用 1∶50）。这里要注意的是，从图 3-80 和图 3-81 的投影对应关系可见，$I—I$ 剖视图与图 3-80 的"底层"是"长对正"的，但 $II—II$ 剖视图与"2 层"图样在图示长度方向并不"对正"，这是因为 $II—II$ 是在宽度方向剖切的。

画底稿线可只画主要的图线，某些局部的次要的图形可在描深时一并进行。

画底稿线的步骤基本是：先总体后局部，先轮廓后内部，先建筑后设备，先图样后表格，从上到下，自左至右。由于图幅限制，图 3-82b 只画出了主要的辅助作图线以作为示范。

5）检查无漏、无误后描深图样，画尺寸界线、尺寸线和表格。描深时，为了突出以电气为主，建筑物轮廓线用细实线，电气设备（如图中的变压器、高压开关柜、低压配电屏等）及电缆、导线用中实线。而且图中的变压器、高低压柜屏只用外形轮廓简化表示。

6）书写、标注文字，填写标题栏。

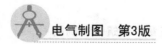
绘制图 3-82 无疑比较复杂，但读者如能在绘制时边画边理解绘图原则、要点和掌握技巧，则不仅较好地实现了本章的教学目的，而且可以说是较好地融会贯通掌握了前述手工尺规绘图的主要内容和技巧了。

思 考 题

3-1　什么是"电气工程"？电气工程主要包括哪些项目？

3-2　什么是电气工程图？电气工程图有什么用途？

3-3　电气工程图常有哪几类图样？

3-4　什么是建筑电气安装图？它有什么用途？

3-5　按表达方法分，建筑电气安装图分哪几类？

3-6　按表达内容分，建筑电气安装图分哪几类？

3-7　什么叫投影？什么是正投影法？正投影法为什么会得到广泛应用？

3-8　什么叫视图？基本视图是怎么形成的，它有哪几种？

3-9　什么是三视图？三视图之间有什么对应关系？

3-10　空间两点的前、后、左、右、上、下是怎么判定的？

3-11　什么是重影点？重影点有什么投影规律，怎样表示？

3-12　什么是形体分析法？

3-13　什么是断面图、剖视图？剖视图与断面图有什么异同点？

3-14　建筑电气安装图有哪些主要特点？

3-15　建筑电气安装图中的安装标高有哪三种表示方法，它们之间有什么联系和区别？

3-16　什么是动力和照明工程图？它们通常包括哪些图样？

3-17　线路标注的一般格式"$a-d-(e\times f)-g-h$"中各文字表示什么含义？

3-18　某导线标注为"$5-BLV-500-(3\times 50+1\times 25)-SC65-WC$"，表示什么意思？

3-19　说明导线标注为"$2-BLV-500-(3\times 25+1\times 16+PE16)-FPC50-WS$"的含义。

3-20　某照明平面图的一个房间标注有"$8-FL\dfrac{2\times 40}{2.5}CS$"，表示什么意义？

3-21　说明图 3-60 中"$6-IN\dfrac{40}{-}$"、"$IN\dfrac{6\times 40}{3.5}DS$"及"$4-FL\dfrac{3\times 40}{-}C$"的含义？

3-22　某车间灯具标注为"$48-GC1-A-1\dfrac{1\times 150\times IN}{4.0}DS$"，表示什么含义？

3-23　变配电所的布置包括哪些内容？

3-24　绘图时，确定水平基准线和垂直基准线时有什么规则？要注意哪些要点？

3-25　绘图时，为什么要画辅助作图线？画辅助作图线时要注意哪些要点？

习 题

3-1　用 A3 图纸画出图 3-70。

3-2　用 A3 图纸画出图 3-76。

3-3　用 A3 图纸画出图 3-78。

3-4　大型作业：用 A1 图纸画出图 3-80、图 3-81 及表 3-13（包括技术说明）。

第四章

计算机绘图

本章主要讲述计算机辅助设计（Computer Aided Design，CAD）的基本知识。在介绍 AutoCAD 2016 软件的基本绘图命令、修改命令、文字、表格以及尺寸标注等基本知识的基础上，结合典型平面几何图和电气工程图例的绘制，使读者掌握电气工程图的绘制方法，进一步提高 CAD 综合运用的能力。

素 养 阅 读

世界上第一台计算机，1946 年 2 月 14 日诞生于美国宾夕法尼亚大学莫尔电机学院，而我国直到 1957 年才起步。我国计算机及其技术的发展，先后经历了第一代电子管计算机研制（1958～1964 年）、第二代晶体管计算机研制（1965～1972 年）、第三代中小规模集成电路计算机研制（1973～1980 年）、第四代超大规模集成电路的计算机研制四个阶段。

2018 年 6 月 19 日，在德国法兰克福全球超级计算机大会上，中国"神威·太湖之光"荣登全球超级计算机 500 强榜首。自 2016 年 6 月问世以来，这是它第三次获评"全球最快超级计算机"，由此实现"三连冠"。

"神威"到底有多快？据了解，其 1 分钟的计算能力，相当于全球 72 亿人同时用计算器不间断计算 32 年。

不仅速度领先世界，"神威"的应用能力也在加速跟进。2017 年 11 月，基于"神威·太湖之光"的"千万核可扩展大气动力学全隐式模拟"应用项目，获得国际高性能计算应用领域最高奖——"戈登贝尔奖"，填补了中国超算应用领域在这个奖项的获奖空白。

"神威·太湖之光"使用中国自主芯片研制。在被称为"国之重器"的超级计算机领域内，它的成功标志着我国超算科技取得了多方面关键性突破，对提升综合国力具有战略意义。

第一节　AutoCAD 绘图基础

一、AutoCAD 简介

AutoCAD 是美国 Autodesk 公司开发的专门用于计算机绘图和设计工作的软件。自 20 世纪 80 年代推出 AutoCAD R1.0 以来，由于其具有简便易学、精确高效等优点，一直深受广大工程设计人员的青睐，被广泛应用于机械、电子、建筑、航空及纺织等行业，是当今世界上应用最为普及的计算机辅助设计软件之一。与之前的版本相比，AutoCAD 2016 中文版在优化界面、新标签页、功能区、命令预览等方面有所改进，新增暗黑色调界面，底部状态栏整体优化更加实用便捷。在二维制图方面，新版本加强了整体绘图的辅助功能，对尺寸标注与文字编辑等功能进行了完善与提升，极大地提高了二维制图功能的易用性。另外，该软件的硬件加速效果相当明显，在平滑效果与流畅度方面效果明显。

AutoCAD 绘图软件的基本功能有：①图形绘制与编辑功能；②图形尺寸标注及文本注释功能；③三维建模及渲染功能；④图形的控制显示与观察功能；⑤数据库管理功能；⑥Internet 功能；⑦输出与打印功能；⑧二次开发和用户定制功能。

二、AutoCAD 的启动

启用 AutoCAD 2016 主要有以下两种方式：

1）双击桌面上的 AutoCAD 2016 的快捷图标 ▲。

2）选择菜单命令【开始】｜【所有程序】｜【Autodesk】｜【AutoCAD 2016 –简体中文（Simplified Chinese）】。

启动 AutoCAD 2016 简体中文版软件后，系统弹出初始界面，如图 4-1 所示。该初始界面主要提供【快速入门】、【最近使用的文档】、【通知】、【连接】等方面的内容。

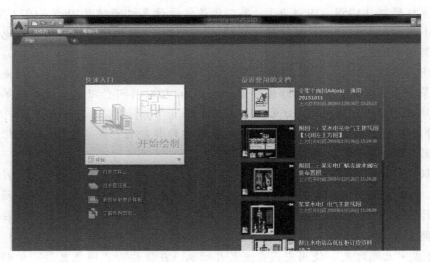

图 4-1　AutoCAD 2016 初始界面

三、AutoCAD 2016 的操作界面

单击【开始绘制】按钮，系统会自动创建一个名称为【Drawing1. dwg】的图形文件，显示图 4-2 所示的操作界面。该界面主要由【应用程序】按钮、【快速访问】工具栏、标题栏、功能区、绘图窗口、工具栏、命令行窗口和状态栏等部分组成。

1. 【应用程序】按钮

在应用程序菜单中可以搜索命令、访问常用工具并浏览文件。在 AutoCAD 2016 界面左上方单击【应用程序】按钮，弹出应用程序菜单（见图 4-3），可在应用程序菜单中快速创建、打开、保存、核查、修复和清除文件、打印或发布图形，还可以单击右下方的按钮退

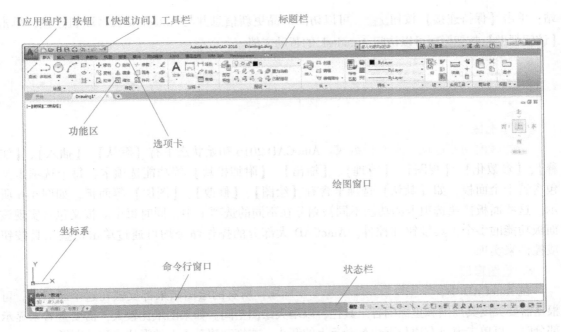

图 4-2 AutoCAD 2016 操作界面

出 AutoCAD，或者使用【最近使用的文档】选项查看最近使用的文件，或按照已排序列表、访问日期、大小、类型等来排列最近使用的文档，以及查看图形文件的缩略图。

2.【快速访问】工具栏

【快速访问】工具栏位于工作界面上方、应用程序菜单的右侧（见图 4-4），包含最常用的快捷按钮以方便用户快速调用。默认状态下，由【新建】、【打开】、【保存】、【另存为】等按钮组成。

3. 标题栏

标题栏位于工作界面的最上方（见图 4-5），用于显示 AutoCAD 软件以及当前所操作图形文件名等信息。AutoCAD 默认的文件名格式为 DrawingN. dwg（N 为自然数），用户可以通过重新保存或者重命名来更改文件的名称。标题栏中的信息中心提供了多种信息来源。在文本框中输入需要帮助问题的关键字，然后单击【搜索】按钮 ，就可获取相关的帮助信息；单击 按钮，可以登录 Autodesk 360 以访问该软件的相关集成服务；单击【应用程序】按钮 可以访问 Autodesk Exchange 应用程序网

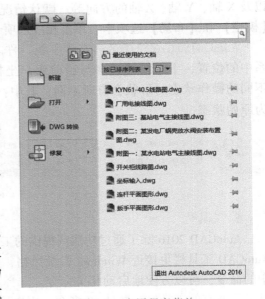

图 4-3 应用程序菜单

图 4-4 【快速访问】工具栏

站；单击【保持连接】按钮，可以访问产品更新信息并与 Autodesk 社区联机连接；单击
【访问帮助】按钮可以访问 Autodesk 的帮助文档。

图 4-5　标题栏

4. 功能区

功能区由功能选项卡和面板组成。AutoCAD 2016 初始状态下有【默认】、【插入】、【注
释】、【参数化】、【视图】、【管理】、【输出】、【附加模块】等功能选项卡，每个选项卡又
包含若干个面板，如【默认】选项卡含有【绘图】、【修改】、【图层】等面板，如图 4-6 所
示。这些面板按照选项卡的功能不同被划分在不同的选项卡中，同时每个面板又包含实现该
面板功能的多个工具按钮和控件。AutoCAD 大部分的操作命令均可通过单击这些工具按钮
或控件来实现。

5. 绘图窗口

在 AutoCAD 中，绘图窗口是绘图的工作区域，所有的绘图结果都反映在这个区域中。可
根据需要关闭其周围和里面的各工具栏，以增大绘图空间。如果图纸比较大，需要查看未显示
部分时，可单击窗口右边与下边滚动条上的箭头，或拖动滚动条上的滑块来移动图纸。

在绘图窗口除了显示当前的绘图结果外，还显示了当前使用的坐标系类型和坐标原点，
以及 X 轴、Y 轴、Z 轴的方向等。默认情况下，坐标系为世界坐标系。绘图窗口的下方有
【模型】和【布局】选项卡，单击相应选项卡可以在模型空间和布局空间之间切换。

AutoCAD 2016 绘图区内有十字线，称之为光标，十字线交点反映了光标在当前坐标
系中的位置，十字线的方向与当前用户坐标系的 X 轴、Y 轴方向平行。AutoCAD 光标在
不同的操作状态时形状会有所不同，其中：【＋】为绘制状态、【□】为选择状态、【✛】
为原始状态。

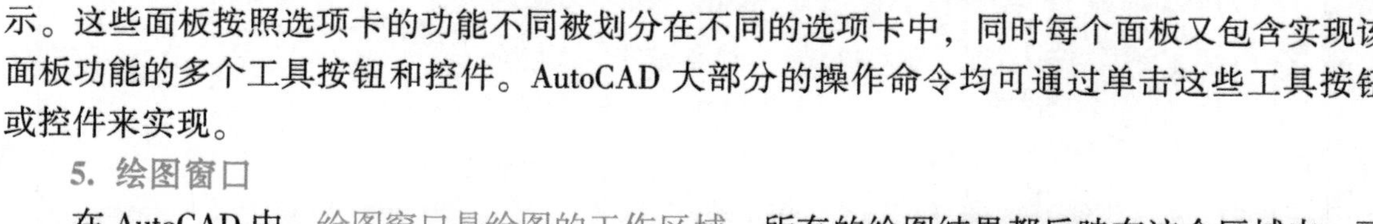

图 4-6　功能区

6. 工具栏

AutoCAD 2016 除了通过功能区提供的工具面板外，还可以利用工具栏来完成命令操作。
AutoCAD 工具栏更接近 Windows 系统风格，显示更加突出，更具有现代风格，利用工具栏
中的命令，可以方便地启动相关命令。选择【工具】|【工具栏】|【AutoCAD】菜单命令即
可显示所有的工具栏，共计 50 多个。用户可根据具体绘图实际单击需要使用的工具栏，该
工具栏即可以显示在绘图区，如不需要时单击工具栏右上角即可关闭。

7. 命令行窗口

命令行窗口位于绘图窗口的底部（见图 4-7），用于接收输入的命令，并显示 AutoCAD
提供的操作信息。在 AutoCAD 2016 中，命令行窗口可以拖放为浮动窗口。

AutoCAD 文本窗口是记录 AutoCAD 命令的窗口，如图 4-8 所示，是放大的命令行窗口。
它记录了已执行的命令，也可以用来输入新命令。在 AutoCAD 2016 中，选择【视图】|【显

示】|【文本窗口】菜单命令或者在命令行中输入【Textscr】或按＜F2＞键，均可打开 Auto-CAD 文本窗口。

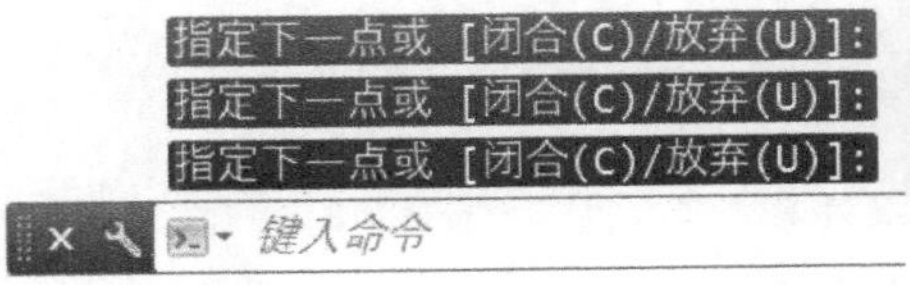

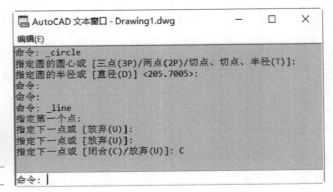

图 4-7　命令行窗口　　　　　　　　　　　图 4-8　AutoCAD 文本窗口

8. 状态栏

状态栏位于 AutoCAD 界面的底部（见图4-9），用来显示 AutoCAD 当前的状态，如是否使用栅格、是否显示线宽等。AutoCAD 2016 对状态栏进行了改进。单击状态栏最右端的自定义按钮 ≡，如图4-10 所示，在弹出的选项菜单上单击需要使用的状态栏项目，即可显示在右下角的状态栏中。

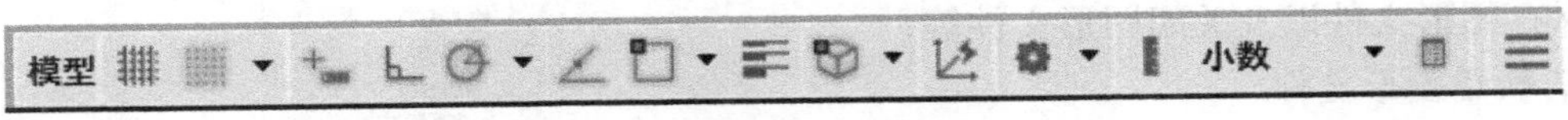

图 4-9　状态栏

四、AutoCAD 2016 的工作空间

AutoCAD 2016 提供了【草图与注释】、【三维基础】和【三维建模】共三种工作空间模式。【草图与注释】工作空间用于绘制二维图形，【三维基础】工作空间用于三维基本建模，【三维建模】工作空间则用于三维复杂建模和渲染。这三种工作空间的特点在于提供了实现其功能的【功能区】选项板，方便用户调用工具命令和控件等。在【草图与注释】工作空间模式中可以使用【默认】、【插入】、【注释】、【参数化】、【视图】、【管理】、【输出】、【附加模块】、【A360】和【精选应用】等选项卡方便地绘制和编辑二维图形。如想使用 Auto-CAD 老版本中的 AutoCAD 经典工作界面，则需通过自定义后保存，如图4-11 所示。

图 4-10　状态栏组成（部分）

AutoCAD 经典的菜单栏主要由【菜单】、【编辑】、【视图】和【插入】等菜单组成，它们几乎包括了 AutoCAD 的全部命令。单击菜单栏的某一项可弹出相应的下拉菜单。图4-12 所示为【绘图】下拉菜单，主要用于绘制各种图形，如直线、圆等。

图 4-11 AutoCAD 2016 经典工作界面

五、AutoCAD 文件管理

文件管理是软件操作的基础，在 AutoCAD 中图形文件管理包括创建新的图形文件、打开已有的图形文件、保存图形文件以及关闭图形文件等。

1. 新建图形文件

在 AutoCAD 2016 中，可通过以下几个方法来新建文件。

（1）命令行窗口 输入"NEW"。

（2）菜单栏 选择【文件】|【新建】菜单命令。

（3）工具栏 在【快速访问】工具栏或标准工具栏上单击【新建】按钮□。

（4）快捷键 按 < Ctrl > + < N > 组合键。

执行以上操作都会弹出图 4-13 所示的【选择样板】对话框，可以通过此对话框选择不同的绘图样板，选择好绘图样板后，单击【打开】按钮即可创建一个新的图形文件。

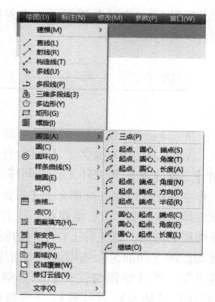

图 4-12 【绘图】下拉菜单

2. 打开图形文件

AutoCAD 文件的打开方式有以下几种方式。

（1）命令行窗口 输入"OPEN"。

（2）菜单栏 选择【文件】|【打开】菜单命令。

（3）工具栏 在【快速访问】工具栏或标准工具栏上单击【打开】按钮□。

（4）快捷键 按 < Ctrl > + < O > 组合键。

执行以上操作都会弹出图 4-14 所示的【选择文件】对话框，在该对话框中选择已有的

AutoCAD 图形文件，单击【打开】按钮即可打开所选择的文件。

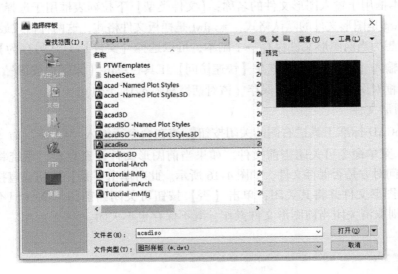

图 4-13 【选择样板】对话框

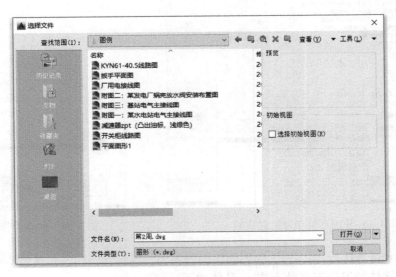

图 4-14 【选择文件】对话框

3. 保存图形文件

在 AutoCAD 2016 中，可以使用多种方式将所绘图形进行保存。

（1）命令行窗口　输入"QSAVE"。

（2）菜单栏　选择【文件】|【保存】菜单命令。

（3）工具栏　在【快速访问】工具栏或标准工具栏上单击【保存】按钮 📟 。

（4）快捷键　按 < Ctrl > + < S > 组合键。

如果当前所绘图形文件是以前命名过的文件，则 AutoCAD 自动按照以前定义好的路径和文件名保存所做的修改；如果当前所绘图形文件是第一次保存，则弹出【图形另存为】对话

框，如图4-15所示。在该对话框中，【保存于】下拉列表框用于设置图形文件的保存路径；【文件名】文本框用于输入图形文件的名称；【文件类型】下拉列表框用于选择文件的保存格式。其中 *.dwg 是图形文件的默认格式，*.dwt 是样板文件格式，这两种格式最为常用。

如果用户想为当前图形文件保存一个副本，可以选择【文件】|【另存为】菜单命令或在命令行窗口输入【SAVE】命令或在【快速访问】工具栏单击【保存】按钮 ，打开【图形另存为】对话框对图形进行重命名保存（该对话框与图4-15类似）。

4. 关闭图形文件

单击 AutoCAD 标准工具栏右侧的关闭按钮或在命令行键入"Close"命令或选择【文件】|【关闭】菜单命令可关闭当前文件。如果当前图形文件没有存盘，系统将弹出保存警告对话框，询问对方是否保存文件，如图4-16所示。此时单击【是】按钮或直接按 <Enter> 键可保存当前图形文件并将其关闭；单击【否】按钮可关闭当前图形文件但不存盘；单击【取消】按钮则取消关闭当前图形文件操作，既不保存也不关闭。

图 4-15 【图形另存为】对话框

图 4-16 保存警告对话框

5. 退出 AutoCAD

AutoCAD 软件的退出有多种方式，具体如下：

（1）命令行窗口 输入"QUIT"。

（2）菜单栏 选择【文件】|【退出】菜单命令。

（3）按钮 单击右上角的按钮。

（4）快捷键 按 <Alt> + <F> + <X> 组合键。

如果当前图形还未保存，系统也会出现图4-16所示对话框，提示是否进行存盘操作。

六、AutoCAD 基本操作

1. 命令的使用方法

（1）命令的启动方式 AutoCAD 中大部分的绘图、编辑操作都可以通过输入命令的方式来完成，通常获取 AutoCAD 命令的方式主要有以下三种。

1）键盘输入方式。用户可通过键盘输入命令来绘制或编辑图形，命令字符可不区分大小写。如在屏幕上画一条直线，则可在命令行【命令：】提示信息下输入【Line】命令，然后按＜Enter＞键，即可启动该命令。

2）图标按钮方式。AutoCAD 2016 工具栏或功能区中的面板都是由各种图标按钮组成的，将鼠标移动到某一按钮上停留片刻，在鼠标附近将提示该按钮的名称及作用，单击按钮就能执行对应的命令。如绘制一个圆，可单击【绘图】工具栏中的按钮。

3）菜单方式。AutoCAD 2016 的下拉菜单包含了绝大部分的系统命令，几乎所有的操作都可以通过下拉菜单完成。将鼠标移至菜单栏，左右移动光标选择所需的菜单项，单击该菜单项，在下拉菜单中移动鼠标，选中所需的命令项即可启动该命令。如画一条直线，可选择【绘图】|【直线】菜单命令。

（2）命令行的提示操作 AutoCAD 命令行的作用不仅在于通过它可以启动 AutoCAD 命令，更为重要的是其为用户与 AutoCAD 互动提供了一个很好的交互窗口，所以在执行命令时要注意命令行的提示并对提示做出相应的响应。如单击【修改】工具栏中的按钮，则在命令行区域会出现图 4-17 所示的信息提示。这些信息提示是一种约定格式的语句，只有通晓这种语句格式，才能更好地掌握 AutoCAD 的命令操作。

× ✎ △ ▾ **OFFSET** 指定偏移距离或 [**通过(T)** **删除(E)** **图层(L)**] ＜通过＞: ▲

图 4-17 命令响应提示信息

命令行提示信息有时含有许多选项，一般会有一个默认选项或优先选项。如图 4-17 中提示内容用"或"分为两部分，则前面部分为优先选项：如用户想要执行该选项，可直接用鼠标或键盘输入相应的数据；如用户想要执行"［ ］"中各选项，则应首先输入该选项的标识字符（选项后面的字母），然后按＜Enter＞键，再根据命令提示进行相应的操作；在命令提示结尾有时还带有尖括号"＜ ＞"，尖括号中给出的为默认选项或数值，用户若选用该项或此数值，直接回车操作即可。

（3）命令的重复、取消与重做

1）命令的重复。在需要连续反复使用同一条命令时，可使用 AutoCAD 的连续操作功能。即在上一个命令刚好执行结束，命令窗口自动返回到【命令：】提示状态时，如果此时用户想重复使用该命令，只需直接按＜Enter＞键或空格键，系统就会自动执行上一个命令。

2）命令的取消与中止。在完成某一个命令后如发现出现的结果不符合要求，希望将其取消，则可在命令行键入"UNDO"命令后回车或者单击【快速访问】工具栏中的【放弃】按钮，取消刚执行的命令。

如在某一命令的操作过程中遇到操作出错的情况，则需要及时中止该命令的执行，此时可按键盘左上角的＜Esc＞键或单击鼠标右键，在弹出的快捷菜单中选择【取消】选项，即可中止该项命令。

3）命令的重做。如果要重做已被取消的操作，可单击【快速访问】工具栏或【标准】工具栏中的重做按钮图标，或在命令行键入"MREDO"即可执行该命令。注意：此操作应在执行取消操作后立即进行。一旦其间进行了其他操作，则无法重做已取消的操作。

2. 数据的输入方法

在执行 AutoCAD 命令时，通常需要为命令的执行提供必要的数据。常见的输入数据有：点坐标（如线段的端点、圆的圆心等）、数值（如距离或长度、直径或半径、角度、位移量、项目数等）。

（1）点坐标的输入方式

1）输入点的绝对直角坐标或绝对极坐标。点的绝对直角坐标输入格式为【m, n】，表示输入点相对于坐标系原点（0, 0）的水平距离为 m，竖直距离为 n，如图 4-18a 所示。

点的绝对极坐标输入格式为【$\rho \angle \theta$】，其中 ρ 表示输入点到坐标系原点（0, 0）的距离，θ 为该点至坐标系原点（0, 0）的连线与 X 轴正向夹角，如图 4-18b 所示。

2）输入点的相对直角坐标或相对极坐标。点的相对直角坐标输入格式为【@m, n】，表示输入点相对于前一个输入点的相对水平距离为 m，相对竖直距离为 n，如图 4-18c 所示。

点的相对极坐标输入格式为【@$\rho \angle \theta$】，其中 ρ 表示输入点到前一个输入点的相对距离，θ 为该点至前一个输入点的连线与 X 轴正向夹角，如图 4-18d 所示。

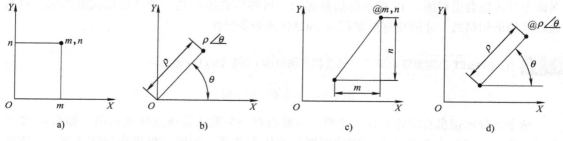

图 4-18 点的坐标输入方式

3）利用鼠标确认点。在绘图窗口中，移动鼠标，在屏幕合适位置单击直接取点，或用对象捕捉、极轴追踪等方式在对象的特殊点（如端点、交点、圆心等）上单击鼠标即可确认相应点的坐标。

（2）数值的输入方式 AutoCAD 提供了两种输入数值的方式：利用键盘在命令窗口直接输入数值；或者直接在屏幕上拾取两点，以两点的距离值定出所需的数值。

（3）动态输入 动态输入是从 Auto-CAD 2006 版本开始增加的一种比命令输入更友好的人机交互方式。单击状态栏上的 图标按钮，可以打开动态输入功能。动态输入包括指针输入、标注输入和动态提示共三项功能。选择【工具】|【绘图设置】菜单命令，将弹出【草图设置】对话框，用户可在该对话框的【动态输入】选项卡对上述动态输入的功能选项进行设置，如图 4-19 所示。

1）指针输入。在对话框中选中【启

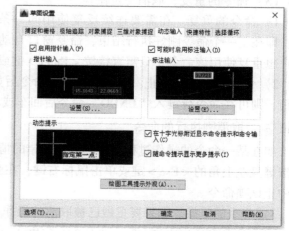

图 4-19 【动态输入】选项卡

用指针输入】复选框，则启用指针输入功能，为了区
别于其他功能，【动态输入】选项卡的其他选项暂不
勾选。设置后在绘图区域中移动光标时，光标附近的
工具栏提示显示为坐标，如图 4-20 所示。用户可以在
工具栏提示中输入坐标值，并用＜Tab＞键在几个工
具栏提示中切换。

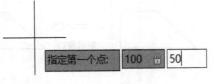

图 4-20　指针输入

　2）标注输入。选中【可能时启用标注输入】复选框，则启用标注输入功能。当命令提
示输入第二点时工具栏提示中的距离和角度值将随着光标的移动而改变，如图 4-21 所示。
用户可以在工具栏提示中输入距离和角度值，并用＜Tab＞键进行切换。

　3）动态提示。选中【在十字光标附近显示命令提示和命令输入】复选框，启动动态提
示。在光标附近会显示命令提示，用户可以使用键盘上的＜↓＞键显示命令其他选项，如
图 4-22 所示，对工具栏提示中做出相应的操作。

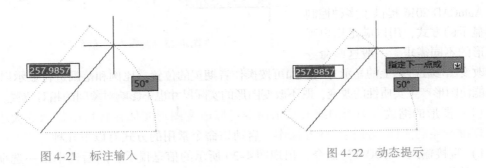

图 4-21　标注输入　　　　　　　　　　　　图 4-22　动态提示

3. 选择对象的方法

　用户在对图形进行修改时，首先要选择对象然后才能对其进行编辑，因此选择对象是一
种使用频率极高的操作。当系统提示用户进行图形对象的选择时，绘图区的十字光标将显示
为一个小方框"□"（称之为拾取框），当对象被选中时将以特定加亮线显示。AutoCAD 提
供了多种选择方式，常用的有以下几种。

　（1）点选方式　用户在执行编辑命令，如单击【修改】工具栏【删除】命令按钮 ✐ 时，
在命令行【选择对象】提示下，移动鼠标将拾取框置于要选择的对象上，单击鼠标左键，该
对象将变成高亮变色显示，表示该对象被选中。利用该方式亦可连续选择多个图形对象。

　（2）窗选方式　通过确定选取图形对象的范围进行对象选择，具体有窗口方式和窗交
方式两种形式。

　1）窗口方式。该方式用于选中完全显示在窗口的对象。如图 4-23 所示，在【选择对
象】提示下，用鼠标先给出左上角点 A，然后拖动鼠标至右下角 B 处，则出现如图 4-23 所
示的矩形窗口。单击鼠标左键，完全包含在矩形窗口中的对象变成高亮显示，表示被选中。

　2）窗交方式。该方式用于选中完全或部分显示在窗口的对象。如图 4-24 所示，在【选
择对象】提示下，用鼠标先给出右下角点 A，然后拖动鼠标至左上角 B 处，则出现如图 4-24
所示的矩形窗口，单击鼠标左键，则完全或部分处在矩形窗口中的对象都变成高亮显示被
选中。

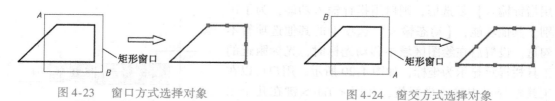

图 4-23　窗口方式选择对象　　　　　　　　图 4-24　窗交方式选择对象

（3）套索方式　如图 4-25 所示，在绘图区按住鼠标左键拖动，可拖出一个不规则的拾取框，此时可按空格键在【窗口】、【窗交】等几种方式之间循环切换。释放左键，可按选定的套索方式选择图形对象。

（4）全选方式　在【选择对象】提示下，输入"ALL"后回车，将选中整个图形对象。

4. 图形显示的控制方法

AutoCAD 2016 提供了多种控制图形显示的方式，用以满足用户观察图形的不同需求。一般这些命令

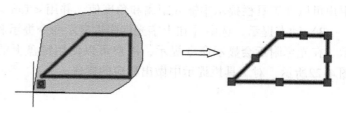

图 4-25　套索方式选择对象

只能改变图形在屏幕上的显示方式，如可按操作者期望的位置、比例和范围进行显示以便观察，但不能使图形产生实质性的改变，既不改变图形的实际尺寸也不影响对象间的相对位置。

（1）图形的缩放　图形的缩放显示命令可以改变图形实体在视窗中显示的大小，以便于实现准确绘制实体、捕捉目标等操作。启动该命令常用的方式有以下几种。

1）直接输入"ZOOM"命令，出现图 4-26 所示的信息提示，然后选中某一选项进行相应的缩放操作。

> ⊕▾ ZOOM [全部(A) 中心(C) 动态(D) 范围(E) 上一个(P) 比例(S) 窗口(W) 对象(O)]
> ✕ 🔧 <实时>：

图 4-26　ZOOM 命令的信息提示

2）选择【视图】|【缩放】菜单命令，弹出二级下拉菜单，如图 4-27 所示，可选择具体选项进行操作。

3）在【缩放】工具栏中单击相应的按钮，如图 4-28 所示。

各【缩放】选项的功能如下：

① 窗口缩放（W）🔍：通过定义窗口确定图形的缩放范围。

② 动态缩放（D）🔍：通过带有"×"的矩形拾取框缩放对象。

③ 比例缩放（S）🔍：使视图按给定比例进行缩放。

④ 圆心缩放（C）🔍：图形以该显示圆心为缩放圆心按给定的比例缩放。

图 4-27　【缩放】下拉菜单

⑤ 对象缩放（O）：将选择的图形对象最大化地显示在绘图窗口。

图 4-28 【缩放】工具栏

⑥ 放大缩放：图形放大至当前图形的 2 倍。

⑦ 缩小缩放：图形缩小至当前图形的 1/2。

⑧ 全部缩放（A）：在当前绘图窗口显示整个图形和绘图界限范围。

⑨ 范围缩放（E）：在当前绘图窗口最大化地显示全部图形内容。

（2）视图平移 使用 AutoCAD 绘图时，当前图形文件中的所有图形实体并不一定全部显示在屏幕内。此时可使用实时平移命令 Pan。Pan 比缩放视图要快得多，且其操作直观形象而且简便。单击【标准】工具栏上 图标按钮或键入 "Pan" 或选择【视图】|【平移】菜单命令均可启动该命令。

启动该命令后光标变为手形 （见图 4-29），按住鼠标左键，同时移动光标可将图形平移。当图形移到适当位置后，释放鼠标左键即可。也可按住鼠标中键直接执行该命令。

图 4-29 【实时平移】命令的操作

（3）图形的重画与重生成 在绘图和修改过程中，屏幕上常常留下对象的拾取标记。为了擦除这些不必要的临时标记使图形显得整洁清晰，可利用 AutoCAD 的重画和重生成功能来达到这一目的。

1）图形的重画。选择【视图】|【重画】菜单命令。执行该命令后，屏幕上原有的图形将被刷新。如果原图中有残留的临时标记，则在刷新后的图形中不再出现。

2）图形的重生成。选择【视图】|【重生成】菜单命令，执行该命令后系统则重新生成全部图形并在屏幕上显示出来。执行【重生成】命令时，系统要把图形文件的原始数据重新计算一遍，因此该命令比【重画】命令生成图形的速度慢。但该命令有一个优点，那就是通过重生成图形可以提高图形的显示质量。

第二节 AutoCAD 绘图环境的设置

一、绘图环境的设置

AutoCAD 2016 启动后，可在其默认的绘图环境中绘图，但是这种绘图环境并不能完全满足工程图样的要求。为了保证图形文件的规范性、图形的准确性，提高绘图效率，需要在绘制图形前对绘图环境进行设置。本节仅讲解其中的部分内容，包括图形单位、图形界限及图层设置等。

1. 图形单位设置

进行手工绘图工作时，用户要明确图形的单位设置，利用计算机进行绘图也是如此。在 AutoCAD 中图形单位并无特定的长度指称，可将其认定为毫米（mm）、米（m）等。如绘制机械图时，1 个图形单位默认为 1mm；而在绘制大型工程图时，1 个图形单位通常代表 1m。

选择【格式】|【单位】菜单命令或键入 "Units" 均可执行该命令，系统弹出【图形单位】对话框，可对各选项进行设置，具体如图 4-30 所示。

该对话框各选项的含义如下。

【长度】选项区域：根据制图国家标准，在长度单位的类型中选择【小数】选项，精度根据实际绘图的精度而定，一般选择【0.000】选项。

【角度】选项区域：角度类型一般选择【十进制度数】，精度根据绘图要求定，一般选择【0.0】选项。

【顺时针】复选框：如选中此项，则表示按顺时针旋转的角度值为正，未选中则表示按逆时针旋转的角度值为正。

【插入时的缩放单位】选项区域：用于选择插入到当前图形中块及图形的单位，即当前绘图环境单位。

【方向】按钮：单击该按钮将弹出图 4-31 所示【方向控制】对话框。该对话框用于设置起始角的方位，通常将【东】作为 0°的方向。

图 4-30　【图形单位】对话框

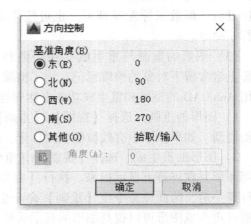

图 4-31　【方向控制】对话框

2. 图形界限设置

为了方便打印和控制图形显示，用户需指定一个绘图区域并在其界限内绘图，这个指定区域就是图形界限。图形界限相当于图纸的大小，一般根据国家标准中关于图幅尺寸的规定设置。

选择【格式】｜【图形界限】菜单命令或键入"LIMITS"均可执行该命令。命令行操作如下：

命令:_limits
重新设置模型空间界限:
指定左下角点或 [开(ON)/关(OFF)] <0.0000,0.0000 >:输入图形边界左下角的坐标(直接回车系统默认值显示为原点坐标 0,0)
指定右上角点 <420.0000,297.0000 >:输入右上角坐标(如 420,297)

操作结果相当于使用了一张图幅为 A3 的工程图纸。

具体选项说明如下：

【开（ON）】：打开边界检验功能，此时用户只能在设定的绘图范围内绘图。当图形超出设置的绘图范围时，系统会拒绝执行命令操作。此选项对于有严格外部尺寸要求的图形设计来说是非常有用的。

【关（OFF）】：关闭边界检验功能。此时用户不再受绘图范围的限制，一般不推荐。

3. 图层设置

图层是 AutoCAD 用来组织图形的一种重要工具。形象地说，图层就像透明纸，将图形对象的不同属性部分绘在不同的透明纸上（即不同一图层上），然后再将它们重叠起来就形成一幅完整图形。因此，图层是组织及管理图形的一种有效手段。

（1）图层的创建　在工程图样中，常用的图线有粗实线、细实线、虚线、点画线等。利用图层进行管理，不仅能使图形的各种信息清晰、便于观察，而且方便对图形编辑和打印。图层的创建过程如下：

1）启动【图层】命令。单击工具栏【图层】|【图层特性管理器】按钮，或在命令行输入"LAYER"，或选择【格式】|【图层】菜单命令，均可打开图 4-32 所示【图层特性管理器】对话框。

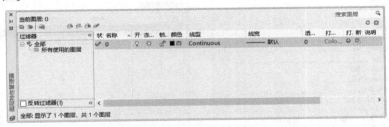

图 4-32　【图层特性管理器】对话框

其中，【0】图层是系统默认的图层，用户不能对该图层进行删除或重命名。在【0】图层名称前有【✔】，表示该图层为当前层，即用户当前正在使用的图层。

2）建立一个图层名为【点画线】的新图层。单击【图层特性管理器】对话框上方的【新建】按钮，在列表框中会自动出现一个名为【图层1】的新图层，此时【图层1】处于可修改状态，把【图层1】改为【点画线】，结果如图 4-33 所示。

图 4-33　创建并命名图层

3）设置颜色。在图 4-33 中，单击【点画线】层上【白】（该图层的初始颜色）颜色项，在【选择颜色】对话框中选择用户所需的颜色，如红色（见图 4-34），单击【确定】按钮完成颜色设置。

4）设置线型。在图 4-33 所示对话框中，单击【点画线】层【Continuous】线型项，弹出【选择线型】对话框，如图 4-35 所示。单击【加载】按钮，弹出【加载或重载线型】对话框（见图 4-36）。AutoCAD 中所有的线型均包含在线型库定义文件 acadiso. lin 中，选择【CENTER】线型，单击【确定】按钮后系统返回到【选择线型】对话框，选中已加载的

CENTER 线型（见图4-37），单击【确定】按钮完成该图层的线型设置。

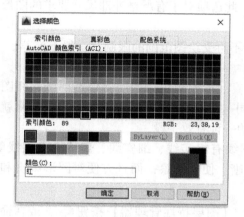

图 4-34 【选择颜色】对话框

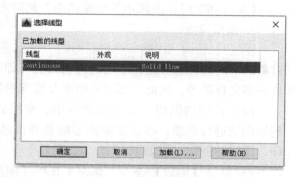

图 4-35 【选择线型】对话框

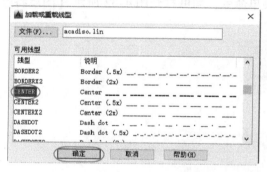

图 4-36 【加载或重载线型】对话框

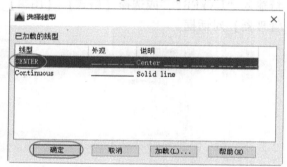

图 4-37 选取加载的线型

5）设置线宽。在图4-33所示对话框中，单击【点画线】层上的【默认】线宽项，打开【线宽】对话框，如图4-38所示。选择【0.20mm】线宽，单击【确定】按钮完成【点画线】层的线宽设置。

用类似的方式创建其他图层，结果如图4-39所示。

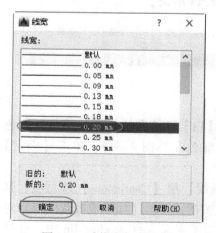

图 4-38 【线宽】对话框

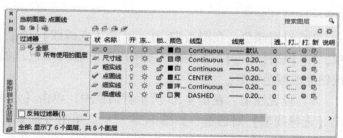

图 4-39 图层创建效果

（2）图层的管理

1）图层的调用。在 AutoCAD 中，系统默认在【0】图层上绘图。为了将不同的图形元素绘制在不同的图层上，画图时用户需要经常切换图层。如用户想在【粗实线】层中绘制图形，可在图 4-40 所示的【图层特性管理器】对话框中选中【粗实线】层，单击对话框上部的 ✍ 按钮把该层设置为当前层后，再进行相关图形要素的绘制。

2）图层的删除。用户要删除无用的图层，可在【图层特性管理器】对话框中选中该图层后，单击对话框上部的 ✖ 按钮删除该图层。

3）改变对象所在的图层。在实际绘图时，如果绘制完某一图形元素后发现该元素并没有绘制在预先设置的图层上，这时可用鼠标选中该图形元素，单击【图层】工具栏中右侧的【图层控制】按钮 ∨ ，在图 4-41 所示的下拉框中选择需要的图层（如【点画线】），将选中的粗实线图形改变成点画线，最后按 <Esc> 键退出当前选择状态。该方法切换图层较为便捷。

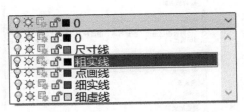

图 4-40　利用图层工具栏切换图层

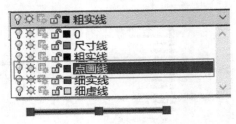

图 4-41　改变对象所在的图层

4）图层状态开关的控制。在 AutoCAD 中，用户可以通过【图层特性管理器】对话框中的【打开/关闭】、【冻结/解冻】、【锁定/解锁】、【打印样式】、【打印】等属性来进一步管理图层，提高绘图效率。图层的常用属性含义具体如下。

①【打开/关闭】：图层打开时图标显示为 💡，关闭时显示为 💡。关闭的图层与图形一起重生成，但不能被显示或打印。关闭而不冻结，可以避免每次解冻图层时重生成图形。如果需要频繁将图层在可见与不可见之间进行切换，可以关闭图层。

②【冻结/解冻】：图层解冻时图标显示为 ☀，冻结时图标显示为 ❄。冻结图层可提高对象选择的性能，减少复杂图形的重生成时间。被冻结图层上的对象不能显示、打印或重生成。解冻冻结的图层时，将重新生成图形并显示该图层上的对象。如果某些图层长时间不需要显示，为提高效率可以将其冻结。

③【锁定/解锁】：图层解锁时图标显示为 🔓，锁定时图标显示为 🔒。锁定的图层如果没有被冻结或关闭，则图层上的对象是可见的，但是不能被编辑或选择。可把锁定的图层设为当前图层并在其中创建新对象。锁定的图层可冻结和关闭或修改相关特性，也可在锁定图层上使用对象捕捉功能和查询命令。

④【打印】：图层能打印时图标显示为 🖨，不能打印时图标显示为 🖨。如果关闭了图层的打印，则该图层能显示但不能打印。

二、AutoCAD 绘图环境的保存与调用

在完成上述绘图环境的设置后可正式绘图。为了提高绘图效率和图纸的规范性，用户可以把设置好的 AutoCAD 绘图环境保存为样板图。在绘制新的工程图样时，使用样板图创建

新图，可减少不必要的重复设置，保证图纸格式的统一性。

1. 将绘图环境保存为样板图

选择【文件】|【另存为】菜单命令，此时弹出图 4-42 所示【图形另存为】对话框，在【文件类型】下拉列表中选择【AutoCAD 图形样板（＊.dwt）】，在【文件名】文本框中输入文件名（如【A3 样板图】），单击【保存】按钮，此时将弹出【样板选项】对话框（见图 4-43），用户可在对话框中简要说明，单击【确定】按钮完成样板图的保存。

2. 使用样板图创建新图形

创建好样板图后，选择【文件】|【新建】菜单命令或在【快速访问】工具栏或【标准】工具栏上单击【新建】按钮，在弹出的【选择样板】对话框中选择【A3 样板图.dwt】文件，单击【打开】按钮即可新建一个以 A3 样板图.dwt 作为样板的图形文件。

图 4-42　【图形另存为】对话框

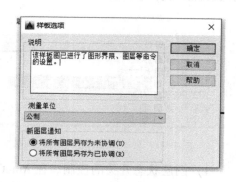

图 4-43　【样板选项】对话框

三、用户个性化设置

由于每台计算机使用的输入和输出设备不完全相同，用户喜好的风格（如绘图屏幕的颜色、显示精度、光标的大小等）也不完全相同，用户可根据需要在正式绘图前对绘图系统进行相关的配置。

选择【工具】|【选项】菜单命令或键入"PREFERENCES"，系统会弹出图 4-44 所示的【选项】对话框，该对话框中包含 10 个选项卡，可在其中查看或进行 AutoCAD 系统设置的相关调整。

（1）【显示】选项卡中的相关设置　AutoCAD 2016 默认的配色方案为【暗】，整个界面为暗黑金属色，可单击将配色方案修改为【明】。在绘图过程中十字光标的设置合理可以使光标定位更加精确，可在【显示】选项卡中拖动【十字光标大小】栏中的滑块，或在该滑块前面的文本框中输入所需的数值，单击【应用】按钮完成十字光标大小的调整。相关操作如图 4-44 所示。在默认的情况下 AutoCAD 2016 的绘图区背景为黑色背景，用户可以根据需要或个人习惯，单击【颜色】按钮来修改成其他颜色（如白色），相关操作如图 4-45 所示。

（2）【打开和保存】选项卡中的相关设置　可在【选项】对话框的【打开和保存】选项卡中对文件类型、文件的自动保存时间间隔及是否创建备份等进行设置，相关操作如图 4-46 所示。

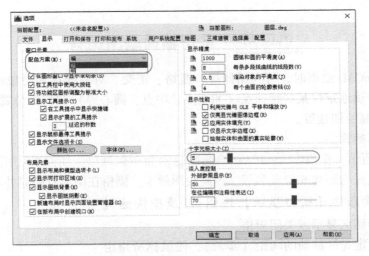

图 4-44　【选项】对话框

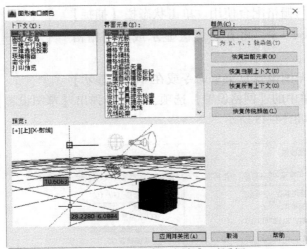

图 4-45　【图形窗口颜色】对话框

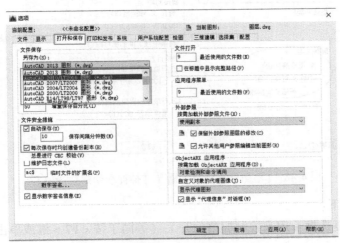

图 4-46　【打开和保存】选项卡

第三节　常用辅助绘图工具

在使用 AutoCAD 绘图时，可利用捕捉、栅格、正交、对象捕捉和对象追踪等辅助工具帮助用户快速准确地定位某些特殊点（如端点、中点、圆心等）和特殊位置（如水平位置、垂直位置），提高绘图速度。

一、栅格与捕捉

如图 4-47 所示，栅格在 AutoCAD 绘图区显示为一张网格，所起的作用就像是坐标纸，可为用户提供直观的距离和位置参照，提高绘图效率。**栅格在图形打印时并不会随图样输出而输出。**单击状态栏【栅格显示】按钮▥或按快捷键 <F7>，可在绘图区显示或关闭栅格。

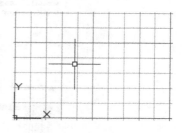

图 4-47　栅格显示

捕捉用于设定光标移动的间距（步长），使鼠标所指定的点都落在所定义的间距上，以便准确绘图，在精确绘图时，通常将捕捉模式与栅格配合使用。单击状态栏【捕捉】按钮▥或按快捷键 <F9>，可在绘图区显示或关闭栅格捕捉。

选择【工具】|【草图设置】菜单命令或在【栅格显示】按钮右键选取快捷菜单中的【网格设置】选项，系统会弹出【草图设置】对话框。单击【捕捉和栅格】选项卡，如图 4-48 所示。

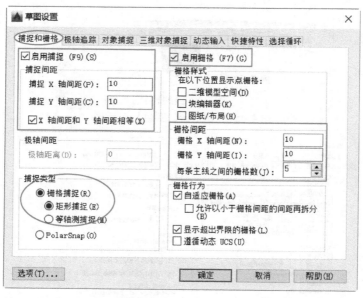

图 4-48　【草图设置】对话框（【捕捉和栅格】选项卡）

各选项含义如下：

【启用栅格】复选框：用来控制栅格的开关（等同于按 <F7> 键或单击状态栏【栅格显示】按钮▥）。

【栅格间距】：用于设置栅格在 X 方向与 Y 方向的间距；每个栅格的大小为【栅格 X 轴间距】×【栅格 Y 轴间距】。

【启用捕捉】复选框：用来控制光标捕捉的开关（等同于按 < F9 > 键或单击状态栏【捕捉】按钮 ▦ ）。

【捕捉间距】：主框用于设置捕捉栅格 X 方向和 Y 方向的间距。

【捕捉类型】：用于选择捕捉的类型，当选择【PolarSnap】复选框时，可设置沿极轴方向的捕捉间距。

二、正交与极轴追踪

正交与极轴追踪是 AutoCAD 的两项重要功能，主要用于控制绘图时光标移动的方向。其中，正交功能限定在绘制图形时光标只能沿水平线或垂直线方向进行移动，用来绘制水平线或垂直线；而极轴追踪功能可控制光标沿极轴增量角定义的极轴方向移动，常用来绘制指定角度的斜线。需要注意的是，【正交】开关与【极轴追踪】开关相互排斥，打开其中一个时另一个会自动关闭，也可同时关闭两开关。

单击状态栏【正交】按钮 ∟ 与【极轴追踪】按钮 ⊘ 可分别打开或关闭正交和极轴追踪模式，其对应的快捷键分别为 < F8 > 和 < F10 >。正交模式启用后，只能绘制水平或垂直方向的直线。当指定直线的起点并移动光标时，会出现一条水平或垂直的辅助线，如图 4-49 所示。由于正交功能已经限制了直线的方向，所以绘图时只需直接输入长度值，而不再需要输入完整的坐标。

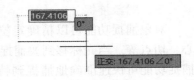

图 4-49　正交模式操作样例

选择【工具】|【草图设置】菜单命令，系统会弹出【草图设置】对话框，在对话框中选中【极轴追踪】选项卡，如图 4-50 所示。

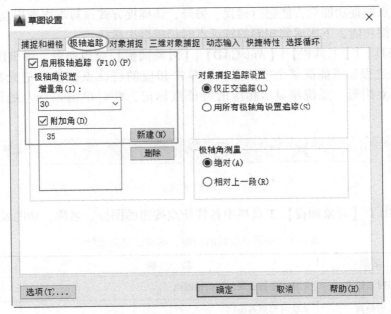

图 4-50　【草图设置】对话框（【极轴追踪】选项卡）

各选项含义如下。

【极轴角设置】：用于设置极轴角度。

【增量角】：可在其下拉列表框中选择已预设好的角度。如选择30°则系统将对所有30°倍角线进行追踪。如果预设的增量角不能满足用户需要的全部追踪角度，可选中【附加角】复选框，单击【新建】按钮，输入要增加的角度。如输入35°则仅增加对该角度的追踪。

【极轴角测量】：用于设置极轴角的参照标准。【绝对】选项表示使用绝对极坐标，以X轴正方向为0°；【相对上一段】选项表示根据上一段绘制的直线确定极轴追踪角，即把系统上一段直线所在方向设为0°。

极轴追踪设置完成并启用后，在绘图过程中当光标所在位置位于所设增量角、附加角或增量角的整数倍附近时，光标将自动吸附在这些角度线上并显示一条无限延伸的辅助线，单击鼠标左键，即可绘制出一条具有精确角度的直线，如图4-51所示。由于极轴追踪模式已控制了直线的方向，所以要绘制一定长度和角度的直线时也只需要输入长度值。

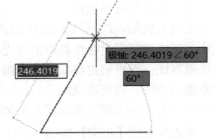

图4-51　极轴追踪操作样例

三、对象捕捉

对象捕捉功能可以精确定位现有图形对象的特征点，如直线的端点、中点或者圆的圆心、切点等。当光标移到要捕捉的特征点位置时，将显示特征点标记和相应提示。使用对象捕捉功能可快速准确地捕捉到特征点，达到准确绘图的目的。AutoCAD提供了两种捕捉方式，即临时捕捉和自动对象捕捉模式。

1. 临时捕捉

临时捕捉是一次性捕捉模式，这种捕捉模式不是自动的。当需要捕捉某个特征点时，需先激活该特征点捕捉功能后方能进行捕捉。另外，该捕捉方式仅对本次捕捉点有效，捕捉后将自动关闭捕捉功能，下次遇到相同的特征点时仍需再次激活。

选择【工具】|【工具栏】|【AutoCAD】|【对象捕捉】菜单命令，弹出图4-52所示工具栏。在绘图过程如需捕捉某个特征点，可单击相应的特征点按钮后把光标移动到要捕捉对象的特征点附近，系统将显示相应的特征点标记，此时单击鼠标左键即可完成对该点的捕捉。

图4-52　【对象捕捉】工具栏

表4-1列出了【对象捕捉】工具栏中各特征点按钮的图标、名称、功能及标记。

表4-1　特征点按钮的图标、名称、功能及标记

图标	名称	功　　能	标记
⊶○	临时追踪点	创建对象捕捉所使用的临时点	无
⌐•	捕捉自	从临时参照点偏移	无
∕	端点	捕捉到线段或圆弧上距光标最近的端点	□

（续）

图标	名称	功 能	标记
	中点	捕捉到线段或圆弧等对象的中点	△
	交点	捕捉到线段、圆弧、圆等对象之间的交点	×
	外观交点	捕捉到两个三维对象在二维平面上的外观交点（空间不相交）	⊠
	延长线	捕捉到直线或圆弧等延长线路径上的点	⋯
	圆心	捕捉到圆或圆弧的圆心	○
	象限点	捕捉到捕捉圆、圆弧上0°、90°、180°和270°位置上的点	◇
	切点	捕捉到圆或圆弧的切点	○
	垂足	捕捉到垂直于直线、圆或圆弧上的点	ㄥ
	平行线	捕捉所绘直线与已有直线平行的另一端点	//
	插入点	捕捉图块，文本对象及外部对象的插入点	⅗
	节点	捕捉由 POINT 等命令绘制的点	⊗
	最近点	捕捉处在直线、圆弧等图形对象上与光标最接近的点	⊠
	无	关闭对象捕捉模式	无
	对象捕捉设置	设置自动捕捉模式	无

2. 自动对象捕捉

当绘图需要频繁地捕捉一些相同类型的特殊点时，如用临时捕捉方式需频繁地单击【对象捕捉】工具栏的对应按钮执行操作，比较费时。为了避免出现这类问题，AutoCAD 提供了自动对象捕捉功能。该模式可设置多种特征点，启用后系统会始终自动捕捉这些特征点，直至关闭自动捕捉模式。单击状态栏【对象捕捉】按钮 □ 或按快捷键 < F3 >，可打开或关闭对象捕捉。

在【草图设置】对话框中打开【对象捕捉】选项卡可进行特征点捕捉的相关设置，如图 4-53 所示。

该选项卡中列出 14 种特征点，其功能与临时捕捉模式中的特征点基本相同，可从中选择一种或多种特征点形成一组固定模式，选择后单击【确定】按钮完成设置。

四、对象捕捉追踪

对象捕捉追踪是对象捕捉与对象追踪的综合。该功能可使光标从图形对象中的特征点起沿预先设置好的追踪路径进行追踪，找到需要的精确位置。追踪路径可通过前面图 4-50【草图设置】对话框中的【极轴追踪】选项卡右侧【对象捕捉追踪设置】区进行设置：选中【仅正交追踪】选项，将使对象捕捉追踪操作以水平和竖直方向为追踪方向获取所需点；选中【用所有极轴角设置追踪】选项，将使对象捕捉追踪操作沿【极轴追踪】所设置的极

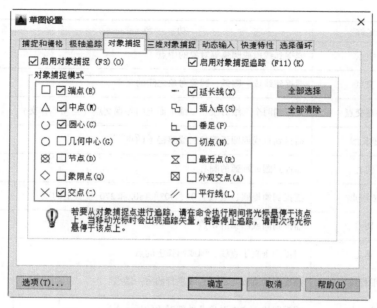

图 4-53 【草图设置】对话框（对象捕捉选项）

轴角方向获取所需点。

单击状态栏【对象捕捉追踪】按钮 ∠ 或按快捷键 < F11 > ，可打开或关闭对象捕捉追踪功能。在 AutoCAD 绘图中，对象捕捉追踪有单向追踪和双向追踪两种方式，可正交追踪，也可极轴追踪。其中，单向追踪是指捕捉到图形对象的某个特征点后对其进行追踪（见图 4-54）；双向追踪是指同时捕捉现有图形对象有两个特征点并分别对其追踪，如图 4-55 所示。

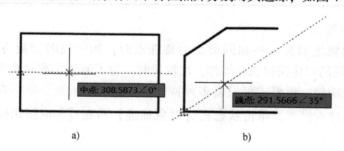

图 4-54 对象捕捉追踪（单向追踪）

a）正交追踪　b）极轴追踪

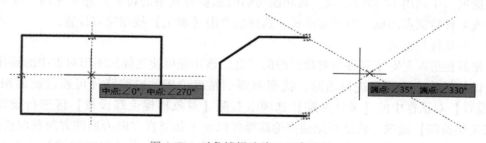

图 4-55 对象捕捉追踪（双向追踪）

常用绘图命令

在 AutoCAD 绘图中，不管图形有多复杂，实际上都是由直线、圆、圆弧、矩形、正多边形及样条曲线等基本图形对象组成的。AutoCAD 中的【绘图】工具栏提供了丰富的基本绘图命令，如图 4-56 所示。下面介绍一下常用绘图命令的具体操作。

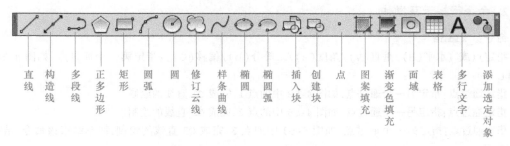

直线　构造线　多段线　正多边形　矩形　圆弧　圆　修订云线　样条曲线　椭圆　椭圆弧　插入块　创建块　点　图案填充　渐变色填充　面域　表格　多行文字　添加选定对象

图 4-56　【绘图】工具栏

一、直线

直线可以是单独一条线段，也可以是连续线段。每条线段都是独立的，可以单独编辑。

1. 启动方式

（1）菜单栏　选择【绘图】|【直线】菜单命令。

（2）工具栏　单击【绘图】工具栏【直线】按钮 ⁄ 。

（3）命令行　输入"LINE"或"L"。

2. 命令行提示及操作

命令:_line 指定第一点:输入直线的起点
指定下一点或[放弃(U)]:输入直线的端点或按回车键结束命令
指定下一点或[放弃(U)]:继续输入直线的另一端点或按回车键结束命令
指定下一点或[闭合(c)/放弃(U)]:继续输入直线的另一端点或按回车键结束命令

如要撤销上一步骤绘制的直线段，可按 < Ctrl > + < Z > 快捷键或者输入"U"后按回车键结束命令。结合 AutoCAD 提供的各种辅助工具，可方便地绘制平行线、垂直线和切线等特殊要求的线段，如图 4-57 所示。

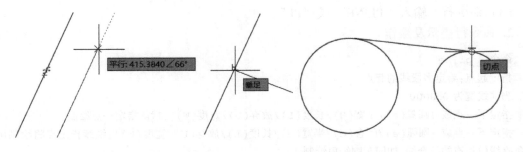

图 4-57　绘制平行线、垂直线和切线

二、构造线

构造线是一种没有起点和终点的无限延伸的直线，常用于绘制辅助线。

1. 启动方式

（1）菜单栏　选择【绘图】|【构造线】菜单命令。

（2）工具栏　单击【绘图】工具栏【构造线】按钮 。

（3）命令行　输入"XLINE"或"XL"。

2. 命令行提示及操作

命令:_xline

指定点或 [水平(H)/垂直(V)/角度(a)/二等分(b)/偏移(O)]:指定第一个通过点,如图 4-58 中的圆心点 O

指定通过点:指定另一个通过点,如图 4-58 中的点 1,完成 O1 直线的绘制

指定通过点:指定另一个通过点,如图 4-58 中的点 2,完成 O2 直线的绘制

指定通过点:指定另一个通过点,如图 4-58 中的点 3,完成 O3 直线的绘制,回车结束该命令,结果如图 4-58 所示

三、多段线

多段线命令不仅可以绘制直线，还可以绘制圆弧、直线和圆弧、圆弧与圆弧的组合图线以及等宽或不等宽的带有宽度的图线，如图 4-59 所示。

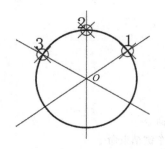

图 4-58 【构造线】样例

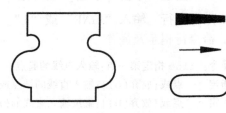

图 4-59 【多段线】样例

1. 启动方式

（1）菜单栏　选择【绘图】|【多段线】菜单命令。

（2）工具栏　单击【绘图】工具栏【多段线】按钮 。

（3）命令行　输入"PLINE"或"PL"。

2. 命令行提示及操作

命令:_pline

指定起点:给定多段线的起点

当前线宽为 0.0000

指定下一点或 [圆弧(a)/半宽(H)/长度(L)/放弃(U)/宽度(W)]:默认指定一点绘制

指定下一点或 [圆弧(a)/闭合(c)/半宽(H)/长度(L)/放弃(U)/宽度(W)]:继续指定点将绘制出由多条直线段相连的组合线,如回车则结束绘制

该命令提示中的其他常用选项含义如下。

【圆弧（a）】：表示转入画圆弧方式绘制多段线。

【宽度（W）】：用于改变当前线宽。操作时需指定起点线宽和端点线宽。

【半宽（H）】：用于设置多段线的半宽，即输入的数值为线宽的一半。

【闭合（c）】：用于封闭多段线并结束命令。

四、正多边形

该命令用于绘制 3 ~ 1024 边的正多边形。

1. 启动方式

（1）菜单栏　选择【绘图】|【正多边形】菜单命令。

（2）工具栏　单击【绘图】工具栏的【正多边形】按钮⬠。

（3）命令行　输入"POLYGON"或"POL"。

2. 命令行提示及操作

命令：_polygon 输入边的数目 < 4 >:输入要绘制正多边形的边数 6
指定正多边形的中心点[边(e)]:指定多边形的中心点(见图4-60a中的 O 点)
输入选项[内接于圆(I)/外切于圆(c)] < I >:输入 I 后回车(表示用内接于圆的方式绘制)
指定圆的半径:输入内接圆的半径,完成内接于圆的正多边形的绘制(见图4-60a)

利用【正多边形】命令中的选项，还可以绘制采用外切于圆方式以及边长方式的正多边形，如图4-60b、c所示。

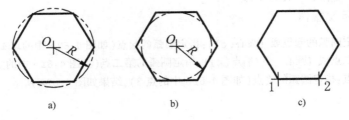

图 4-60 【正多边形】样例

a）内接于圆方式　b）外切于圆方式　c）边长方式

五、矩形

在 AutoCAD 中，矩形通常通过指定两个对角点的方式来进行绘制。

1. 启动方式

（1）菜单栏　选择【绘图】|【矩形】菜单命令。

（2）工具栏　单击【绘图】工具栏【矩形】按钮▭。

（3）命令行　输入"RECTANG"或"REC"。

2. 命令行提示及操作

命令：_rectang
指定第一个角点或[倒角(c)/标高(e)/圆角(f)/厚度(T)/宽度(W)]:输入矩形的对角点中的一个端点(如图4-61a中的 1 点)
指定另一个角点或[面积(a)/尺寸(d)/旋转(R)]:输入矩形的对角点中的另一个端点(如图4-61a中的 2 点),完成矩形绘制

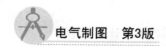

利用该命令中其他选项，也可通过倒角方式、圆角方式和尺寸等方式来绘制矩形，如图 4-61b ~ d 所示。一旦设置了矩形的宽度、厚度、圆角、倒角、标高等参数后，这些设置将被自动保存。再次执行该命令时，这些设置仍有效，但退出 AutoCAD 后这类设置将被自动清除。

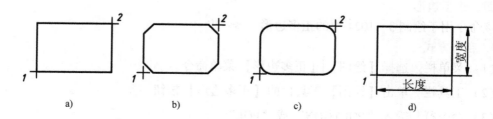

图 4-61 【矩形】样例

a）默认方式　b）倒角方式　c）圆角方式　d）尺寸方式

六、圆弧

绘制圆弧的方法有多种，默认情况下 AutoCAD 从起点到端点按逆时针方向绘制圆弧。

1. 启动方式

（1）菜单栏　选择【绘图】|【圆弧】菜单命令。

（2）工具栏　单击【绘图】工具栏的【圆弧】按钮 ⌒。

（3）命令行　输入"ARC"或"A"。

2. 命令行提示及操作

命令:_arc 指定圆弧的起点或 [圆心(c)]:指定圆弧的起点(如图 4-62a 中的点 1)
指定圆弧的第二点或 [圆心(c)/端点(e)]:指定圆弧的第二点(如图 4-62a 中的点 2)
指定圆弧的端点:指定圆弧的终点(如图 4-62a 中的点 3),结果如图 4-62a 所示

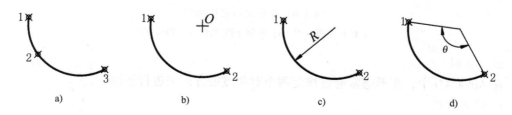

图 4-62 几种常见【圆弧】绘制样例

a）三点　b）起点、圆心、端点　c）起点、端点、半径　d）圆心、起点、角度

菜单栏【绘图】|【圆弧】提供了 11 种方式绘制圆弧的方式，其中【三点】、【起点、圆心、端点】、【起点、端点、半径】、【圆心、起点、角度】这几种方式较为常用，如图 4-62b ~ d 所示。

七、圆

绘制圆的方法有多种，默认情况下是通过指定圆心和半径来绘制。

1. 启动方式

（1）菜单栏　选择【绘图】|【圆】菜单命令。

（2）工具栏　单击【绘图】工具栏【圆】按钮 ⊘。

（3）命令行　输入"CIRCLE"或"C"。

2. 命令行提示及操作

命令:_circle
指定圆的圆心点或[三点(3P)/两点(2P)/相切、相切、半径(T)]:指定圆心
指定圆的半径或 [直径(d)]:输入半径,结果如图 4-63a 所示

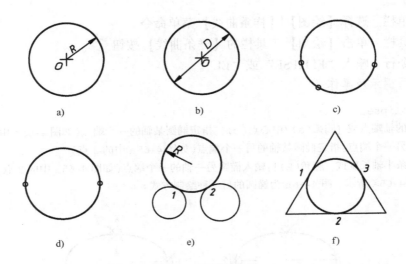

图 4-63　【圆】样例

a）圆心、半径方式　b）圆心、直径方式　c）三点方式　d）两点方式
e）相切、相切、半径方式　f）相切、相切、相切方式

利用【圆】命令中的其他选项，圆还可以采用多种方式绘制，如图 4-63b～e 所示。需要注意的是，图 4-63f 方式绘制圆只有选择【绘图】|【圆】菜单命令 ⚙ 相切、相切、相切(A) 才能进行。

八、样条曲线

该命令通过指定的一系列点拟合成一条光滑的曲线，主要用于绘制形状不规则的曲线，如波浪线和装饰图案等。

1. 启动方式

（1）菜单栏　选择【绘图】|【样条曲线】菜单命令。

（2）工具栏　单击【绘图】工具栏【样条曲线】按钮 ∿。

（3）命令行　输入"SPLINE"或"SPL"。

2. 命令行提示及操作

命令:_spline
当前设置:方式 =拟合节点 =弦
指定第一个点或 [方式(M)/节点(K)/对象(O)]:在绘图区
拾取第一个点(如图 4-64 中的 1 点)
输入下一个点或 [起点切向(T)/公差(L)]:在绘图区拾取第

图 4-64 【样条曲线】样例

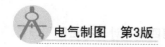

二个点(如图4-64中的2点)

输入下一个点或［端点相切（T）/公差（L）/放弃（U）］：可继续拾取所需的拟合点（如图4-64中的3、4点）。当无需再拾取拟合点时，回车结束命令操作。结果如图4-64所示。

九、椭圆

该命令用于快速绘制椭圆。

1. 启动方式

（1）菜单栏　选择【绘图】|【样条曲线】菜单命令。

（2）工具栏　单击【绘图】工具栏的【样条曲线】按钮⬭。

（3）命令行　输入"ELLIPSE"或"EL"。

2. 命令行提示及操作

命令：_ellipse
指定椭圆的轴端点或 ［圆弧(a)/中心点(c)］:指定椭圆某轴的一个端点(如图4-65a中的1点)
指定轴的另一个端点:指定椭圆某轴的另一个端点(如图4-65a中的2点)
指定另一条半轴长度或 ［旋转(R)］:输入椭圆另一轴的一个端点(如图4-65a中的3点)
结果如图4-65a所示。图4-65b为椭圆的另一种绘制方式。

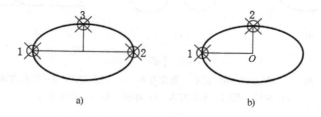

图4-65 【椭圆】样例

a）主轴上两点＋另一轴的半轴长度　b）圆心＋两半轴长度

十、图案填充

在实际工程设计中，常需要把某种图案填入某一指定区域，这个过程称为图案填充。

1. 启动方式

（1）菜单栏　选择【绘图】|【图案填充】菜单命令。

（2）工具栏　单击【绘图】工具栏的【图案填充】按钮▨。

（3）命令行　输入"BHATCH"或"H"。

2. 命令行提示及操作

系统弹出【图案填充和渐变色】对话框，如图4-66所示，可在该对话框内设置好图案填充的类型和图案、角度、比例等特性。

（1）选择填充图案　单击图4-66对话框【图案】下拉列表右边按钮▭，在图4-67所示对话框中选择适合的填充图案，如金属的剖面线常选用【ANSI】选项卡中的ANSI31类型。

（2）输入填充图案的角度和比例　在AutoCAD中，每种填充图案在定义时旋转角为零，初始比例为1，绘图时可根据所绘制图形的比例和要求适当地更改填充图案的角度和比例。在图4-66对话框中，可在【角度】文本框中输入角度值，相当于改变剖面线的方向；在【比例】文本框中输入比例值，比例值越小间隔越密，反之则越疏。

图4-66 【图案填充和渐变色】对话框

图4-67 【填充图案选项板】对话框

（3）确定填充区域的边界　单击图4-66对话框拾取点按钮，系统以拾取点的形式自动确定填充区域的边界。这时AutoCAD会临时切换到作图屏幕，并在命令提示行出现提示：

选择内部点：选择内部点（选择图4-68a填充区域内点A）

这时AutoCAD会自动确定出包围该点的封闭填充边界，并且被选中的填充边界以高亮度显示，用户可多次选择填充区域，如图4-68a中的B、C区域。

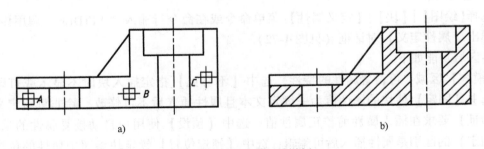

a)   b)

图4-68 【图案填充】样例

当待填充区域的边界不封闭时，如想要填充图案，会弹出警告提示（见图4-69），同时还会在没有封闭的边界端点处显示红色圆标记，提示用户在该处需要封闭边界，如图4-70所示。

（4）执行填充图案　当定义好填充区域后，单击鼠标右键或按回车键，又出现图4-66所示的对话框，单击该对话框【确定】按钮结束命令，按指定的方式进行图案填充，得到图4-68b所示的图形。

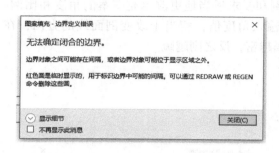

图 4-69 【边界定义错误】对话框

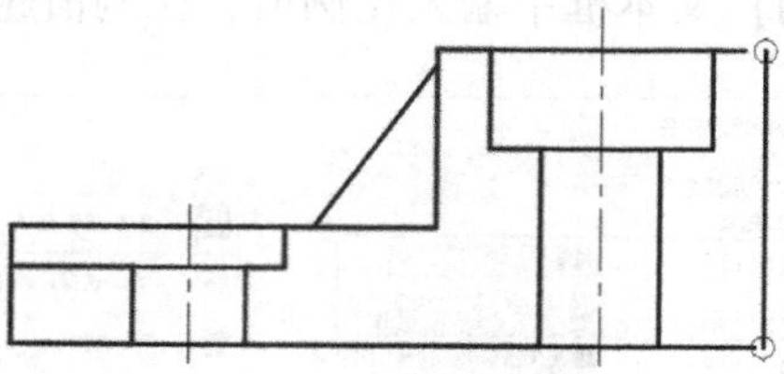

图 4-70 边界没封闭端点提示

十一、插入块与创建块

在使用 AutoCAD 绘图时,常常需要重复使用某些图形。如果每个图形都重新绘制,会浪费大量的时间和存储空间。可将这些重复要素创建成块,既可以包括图形,也可包括文本,其中块中的文本称为属性,需要时可整体插入到图形中需要的地方,提高绘图效率。

下面以图 4-71a 所示的标高为例介绍属性块的创建、插入等操作步骤。

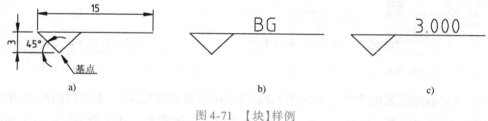

图 4-71 【块】样例

1. 绘制图形

本例为标高符号,可通过直线命令结合辅助绘图工具绘制完成,具体尺寸如图 4-71a 所示。

2. 定义属性

选择【绘图】|【块】|【定义属性】菜单命令或在命令行输入"ATTDEF"调用该命令,系统弹出【属性定义】对话框(见图 4-72)。

各区域功能如下。

【模式】区域:可设置属性的特性。选中【不可见】指定插入块时不显示或打印属性值;选中【固定】使块的属性值为一固定文本且属性插入后不可修改,除非重新定义;选中【验证】要求在插入属性前校正属性值;选中【预设】使用户自动接受属性的默认值,与【固定】的区别是属性插入后可编辑;选中【锁定位置】锁定块参照中属性的位置,解锁后属性可以相对于使用夹点编辑的块的其他部分移动并且可以调整多行文字属性的大小;选中【多行】指定属性值可以包含多行文字,可以指定属性的边界宽度。

【属性】区域:定义属性标记、插入属性块时 CAD 显示的属性提示和属性文本的默认值。

【插入点】区域:用于定义属性的插入点。该插入点是属性文本与图形的相对位置点,通常结合文字对正方式通过在图形中拾取适当位置来确定。

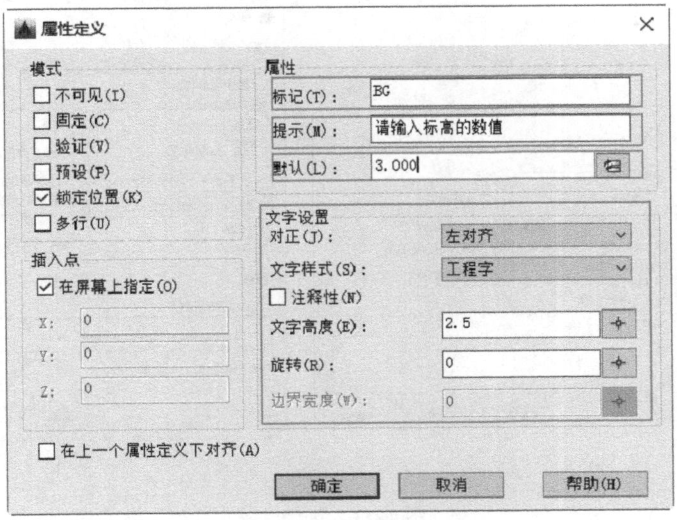

图 4-72 【属性定义】对话框

【文字设置】区域：用于定义属性文本的对正方式、文字样式、字符高度、旋转角度等。

本例中在该对话框中做的设置如图 4-72 所示，其中文字样式为【工程字】（注：此文字样式需用户创建好后方能使用，相关设置见本章第七节），其余保持默认设置，单击【确定】在绘图区域标高图形上方适当位置拾取一点作为文本插入点。完成属性定义后，操作结果如图 4-71b 所示。

3. 定义图块

定义图块有两种方式，一是使用 BLOCK 命令创建当前图形内部使用的块，弹出【块定义】对话框，如图 4-73a 所示；另一种方法是通过 WBLOCK 命令将块保存为单独的图形文件，使该图块能被其他文件插入使用，使用该命令弹出【写块】对话框，如图 4-73b 所示，在该对话框中要求为图块指定该图块文件的保存路径和名称，其余操作与【块定义】对话框大体相同。块定义相当于"内部块"，只能用于本文件，但可以直接调用；写块相当于"外部块"，可在任何文件中使用，但需知道其位置后方可调用。后者的操作步骤简单明了，建议用户多多利用该方法提高工作效率。写块时请注意文件路径，以备调用。另外，任何 AutoCAD （.dwg）文件都可通过块插入的方法进行调用，此时相当于把整个当前图形文件进行存盘操作，系统将把当前图形文件当作一个独立的图块对待。

本例以【写块】对话框为例加以说明。在【文件名和路径】下设定该图块文件的存盘路径和名字，在【基点】区域单击【拾取点】，对话框暂时消失后返回绘图工作区，捕捉到图形中三角形部分最下点，拾取完毕后会自动返回对话框，在【对象】区域指定图块的组成图形以及创建为块文件后原对象的处理方法（可保留原对象、将原对象转换为块、将原对象删除）。单击【选择对象】按钮，回到绘图工作区选择图形（本例包括三条直线和定义的属性文本共四个对象），选取图形完成后，右击返回对话框。其余保持默认设置，单击【确定】按钮。由于该块包含属性且原对象处理方式为【转换为块】，系统将弹出【编辑属

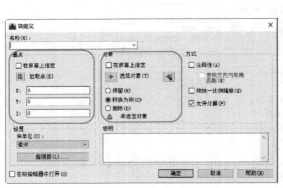

a)   b)

图 4-73 创建块

a)【块定义】对话框 b)【写块】对话框

性】对话框。如采用默认值，直接单击【确定】按钮结束操作，此时系统会在绘图区左上方快速显示一预览窗口，表示完成写块命令。创建好的属性块如图 4-71c 所示。

4. 插入块

块创建好后即可根据需要插入到图形指定位置使用。本例中两直线位置表示图形中需要标注标高符号的两个水平位置。单击【绘图】工具栏【插入】按钮 或在命令行键入 IN-SERT 命令，系统弹出【插入】对话框（见图 4-74）。

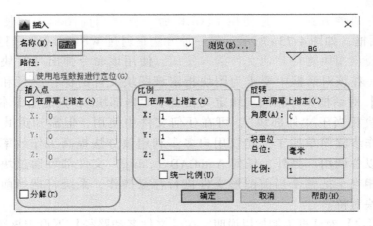

图 4-74 【插入】对话框

单击对话框中 浏览(B)... 按钮选择要插入的文件，指定插入点（通常选择【在屏幕上指定】），指定缩放比例（勾选【统一比例】可以为 X、Y 和 Z 坐标指定单一的比例值），指定旋转角度（指定旋转角度值为正将使块逆时针旋转后插入图形，角度值为负将使块顺时针旋转后插入图形）。设置完成后单击【确定】按钮，拾取块的插入点即可完成块的插入。若块具有属性，通常还需要指定属性值。

以图 4-75 为例，调用 INSERT 命令，选择名为【标高】的块文件，采用默认的设置（比例为 1、旋转角度为 0、在屏幕上指定插入点），单击【确定】按钮，在"直线 1"上适当位置单击一点作为插入点，在提示输入标高值时默认即可；重复该命令，完成"直线 2"处块的插入，在提示输入标高值时 7.905 即可。完成后的图形如图 4-75 所示。

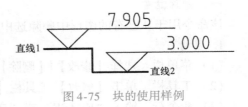

图 4-75　块的使用样例

5. 编辑块

若需修改已插入到图形中的块的属性，可双击块对象或通过 EATTEDIT 命令打开增强属性编辑器来修改属性的值，如属性文字的样式、对正方式、高度、角度、颠倒、反向等设置，如图 4-76 所示。

在上述对话框中单击【确定】按钮，将进入默认为灰色背景的绘图区域，该区域为专门的动态块创建区域。通过 BEDIT 命令打开块编辑器，块编辑器包含一个特殊的编写区域，在该区域中可以像在绘图工作区中一样绘制和编辑几何图形，如图 4-77 所示。

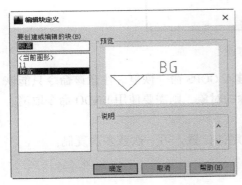

图 4-76　【编辑块定义】对话框

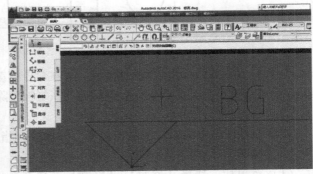

图 4-77　【块编辑】对话框

第五节　常用修改命令

单纯地使用绘图命令和绘图工具只能绘制基本的图形对象。要绘制复杂的图形，还必须借助修改命令。AutoCAD 2016 提供了许多图形修改命令，如复制、移动、旋转等。图 4-78 所示为【修改】工具栏，本节将逐一介绍。

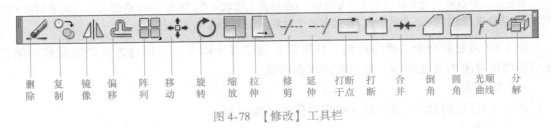

图 4-78　【修改】工具栏

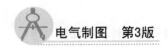

一、删除命令

该命令用于从已有的图形中删除选中的对象。

1. 启动方式

(1) 菜单栏　选择【修改】|【删除】菜单命令。

(2) 工具栏　单击【修改】工具栏【删除】按钮 。

(3) 命令行　输入"ERASE"或"E"。

2. 命令提示及操作

命令:_erase

选择对象:选择要删除的对象,可多次点拾取,按回车键完成对象选择

选取后该对象呈灰显状态显示,按回车键或空格键后即可删除已选择的对象

图 4-79 为删除命令的操作样例。

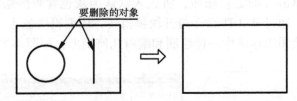

图 4-79 【删除】样例

若不小心误删了图形上的某些要素,可在命令行键入 OOPS 命令恢复。注意该命令只能恢复最后一次被删除的对象,如果要连续向前恢复被删除的对象,则需要使用 UNDO 命令取消。

二、复制命令

该命令可将选中的对象复制出副本,并放置到指定的位置,可一次或多次复制。

1. 启动方式

(1) 菜单栏　选择【修改】|【复制】菜单命令。

(2) 工具栏　单击【修改】工具栏【复制】按钮 。

(3) 命令行　输入"COPY"或"CO"。

2. 命令提示及相关操作

命令:_copy

选择对象:选择要复制的对象(如图 4-80 中的小圆),按回车键完成对象选择

指定基点 [位移(d)] < 位移 >:在屏幕上拾取一点,该点是确定新复制实体位置的参考点(如图 4-80 左侧图形中小圆的圆心)

指定第二个点或 < 使用第一个点作为位移 >:在屏幕上拾取一点(如图 4-80 中的 A 点),将复制出一个对象,继续拾取(如图 4-80 中的 B 点)将复制多个对象,最后按回车结束操作

图 4-80 为复制命令的操作样例。如果需要创建多个副本,可通过连续指定位移的第二点来创建该对象的其他副本,直到按回车键结束。

三、镜像命令

该命令可以绕指定轴翻转对象创建对称的镜像图形。

1. 启动方式

(1) 菜单栏　选择【修改】|【镜像】菜单命令。

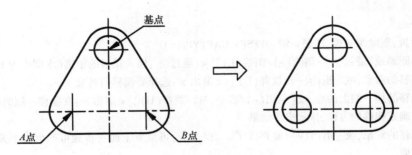

图4-80 【复制】样例

（2）工具栏 单击【修改】工具栏【镜像】按钮 ⊿▲。

（3）命令行 输入"MIRROR"或"MI"。

2. 命令提示及操作

命令：_mirror

选择对象：选择要镜像的对象（如图4-81a中实线框部分），按回车键完成对象选择

指定镜像线的第一点：拾取镜像线上第一点（如 A 点）

指定镜像线的第二点：拾取镜像线上另一点（如 B 点）

是否删除源对象？[是(Y)/否(N)] <N>：回车（表示不删除原有的要镜像的部分）完成镜像操作，结果如图4-81b所示。

图4-81c 为删除源对象方式的操作结果。默认情况下，镜像文字对象时不更改文字的方向。如果要反转文字，则将 MIRRTEXT 系统变量设置为1。

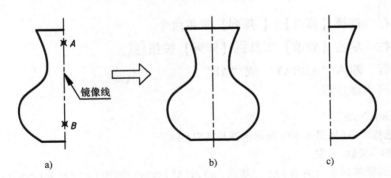

图4-81 【镜像】样例

a）选取对象及镜像线 b）镜像时不删除源对象 c）镜像时删除源对象

四、偏移命令

该命令可创建与选定对象平行并保持等距的新对象，被偏移的对象可以是直线、圆、圆弧、矩形等。

1. 启动方式

（1）菜单栏 选择【修改】|【偏移】菜单命令。

（2）工具栏 单击【修改】工具栏【偏移】按钮 ⊾。

（3）命令行 输入"OFFSET"或"O"。

2. 命令提示及操作

命令：_offset

当前层设置：删除源＝否，图层＝源 OFFSET GAPTYPE ＝ O

指定偏移距离或［通过（T）/删除（e）/图层（L）］＜通过＞：输入偏移的距离（本例中为 10）

选择要偏移的对象，或［退出（e）/放弃（U）］＜退出＞：选择要偏移的对象

指定要偏移的那一侧上的点，或［退出（e）/多个（M）/放弃（U）］＜退出＞：在偏移一侧的任意位置单击鼠标左键用以确定偏移的方位，显示操作结果

选择要偏移的对象，或［退出（e）/放弃（U）］＜退出＞：可重复上面两步骤可产生多个偏移对象，按回车键则命令结束

图 4-82 所示为偏移命令的操作样例。

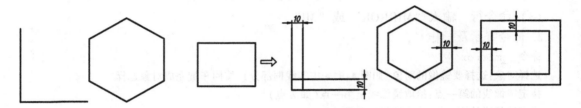

图 4-82 【偏移】样例

五、阵列命令

该命令可将指定目标对象复制成多个对象，并把这些对象按一定的规则排列，生成矩形阵列、环形排列或者路径阵列。

1. 启动方式

（1）菜单栏　选择【修改】|【阵列】菜单命令。

（2）工具栏　单击【修改】工具栏【阵列】按钮 ▦。

（3）命令行　输入"ARRAY"或"AR"。

2. 矩形阵列创建步骤

命令：_arrayrect

选择对象：选择对象（如图 4-83a 所示的圆及其中心线）

类型 ＝ 矩形　关联 ＝ 是

选择夹点以编辑阵列或［关联（AS）/基点（b）/计数（COU）/间距（S）/列数（COL）/行数（R）/层数（L）/退出（X）］＜退出＞：系统随机生成一矩形阵列，如图 4-83b 所示

单击新生成的阵列（此时为一个整体，类似块），系统弹出一快捷对话框，如图 4-84 所示。可在此进行行数、列数、行间距、列间距等参数的设置，回车结束操作。图 4-83c 所示为该命令完成后的结果。

注意在输入【行间距】、【列间距】的数值时，注意正负号。【行间距】若为负值，阵列将从上向下布置行，【列间距】若为负值，阵列将从右向左布置列。

3. 环形阵列创建步骤

选择【阵列】下拉式按钮 ▦，命令操作如下：

命令：_arraypolar

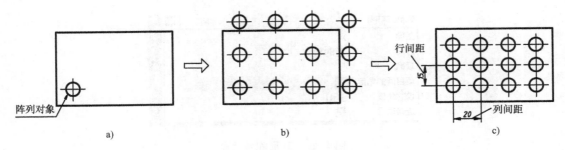

图 4-83　【矩形阵列】样例

a) 矩形阵列前　b) 矩形阵列命令显示　c) 矩形阵列参数设置

选择对象:选择对象(如图 4-85a 所示的矩形)

类型 = 极轴　关联 = 是

指定阵列的中心点或 [基点(b)/旋转轴(a)]:选择中心点

选择夹点以编辑阵列或 [关联(AS)/基点(b)/项目(I)/项目间角度(a)/填充角度(f)/行(ROW)/层(L)/旋转项目(ROT)/退出(X)] <退出>:系统随机生成一环形阵列,如图 4-85b 所示

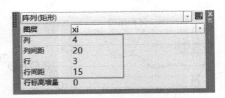

图 4-84　矩形阵列设置

单击新生成的环形阵列（为一个整体，类似块），系统弹出一快捷对话框，如图 4-86 所示。可在此进行方向、项数、项目间的角度等参数的设置，回车结束操作。图 4-85c 所示为该命令完成后的结果。

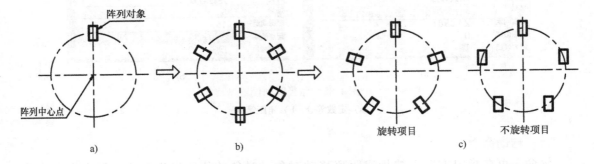

图 4-85　【环形阵列】样例

a) 环形阵列前　b) 环形阵列命令显示　c) 环形阵列参数设置后

4. 路径阵列创建步骤

选择阵列下拉式按钮 ⟋ ，命令操作如下：

命令:_arraypath

选择对象:选择对象(如图 4-87a 所示的圆)

类型 = 路径　关联 = 是

选择路径曲线:选择路径曲线(可以是直线、多段线、样条曲线、螺旋、圆弧、圆或椭圆等)

选择夹点以编辑阵列或 [关联(AS)/方法(M)/基点(b)/切向(T)/项目(I)/行(R)/层(L)/对齐项目(a)/z 方向(Z)/退出(X)] <退出>:系统随机生成一路径阵列,如图 4-87b 所示

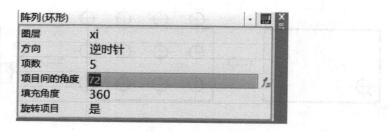

图 4-86　环形阵列设置

　　单击新生成的路径阵列，系统弹出一快捷对话框（见图 4-88），可在此进行方式、项数、项目间距等参数的设置，回车结束操作。图 4-87c 所示为该命令完成后的结果。

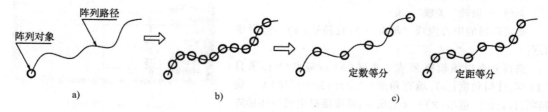

图 4-87　【路径阵列】样例

a）路径阵列前　b）路径阵列命令显示　c）路径阵列参数设置

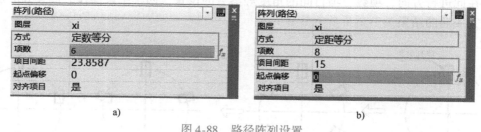

图 4-88　路径阵列设置

a）定数等分　b）定距等分

六、移动命令

该命令可在指定方向上按指定距离移动对象，对象的位置发生改变，但方向和大小不变。

1. 启动方式

（1）菜单栏　选择【修改】|【移动】菜单命令。

（2）工具栏　单击【修改】工具栏【移动】按钮 ✛ 。

（3）命令行　输入"MOVE"或"M"。

2. 命令提示及操作

命令:_move

选择对象:选择需要移动的对象,按回车键完成对象选择

指定基点或 [位移(d)] <位移>:指定一点作为位移矢量的起点

指定第二个点或 ＜使用第一个点作为位移＞：指定第二点作为位移矢量的终点,则选择的对象将按给定的矢量进行移动

图 4-89 所示为移动操作的样例。

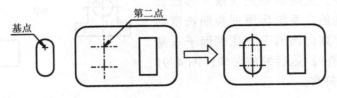

图 4-89　【移动】样例

七、旋转命令

该命令可将图形围绕着一个固定的点（称之为基点）旋转一定的角度。

1. 启动方式

（1）菜单栏　选择【修改】|【旋转】菜单命令。

（2）工具栏　单击【修改】工具栏【旋转】按钮 。

（3）命令行　输入 "ROTATE" 或 "RO"。

2. 命令行提示及操作

命令：_rotate
UCS 当前的正角方向： ANGDIR＝逆时针　ANGBASE＝0
选择对象:选择需要旋转的对象,按回车完成对象选择
指定基点:指定基点作为旋转的中心
指定旋转角度,或[复制(c)/参照(R)] ＜0＞:输入旋转的角度,完成对象旋转

若旋转对象按逆时针旋转则输入正值，反之则输入负值。图 4-90 为旋转命令的操作样例。

八、缩放命令

该命令可将选中的对象相对于某一个基点，按比例进行尺寸的放大或缩小。

1. 启动方式

（1）菜单栏　选择【修改】|【缩放】菜单命令。

（2）工具栏　单击【修改】工具栏【缩放】按钮 。

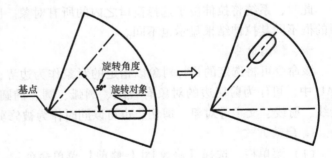

图 4-90　【旋转】样例

（3）命令行　输入 "SCALE" 或 "SC"。

2. 命令提示及操作

命令：_scale
选择对象:选择要缩放的图形,按回车键完成对象的选择
指定基点:选择缩放基点(缩放中心点)

指定比例因子或 [复制(c)/参照(R)]:输入缩放的比例值,回车结束命令操作

当比例因子介于 0 和 1 之间时缩小对象,当比例因子大于 1 时放大对象。该命令也可将对象按参照的方式缩放,此时需要依次输入参照长度的值和新的长度值,系统将根据参照长度与新长度的值自动计算比例因子(比例因子 = 新长度值/参照长度值),然后缩放对象。图 4-91 为缩放命令的操作样例。

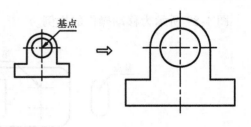

图 4-91 【缩放】样例

九、拉伸命令

该命令能够将图形中的一部分拉伸、移动或变形,而其余部分保持不变,是一种十分灵活的调整图形的工具。

1. 启动方式

(1) 菜单栏　选择【修改】|【拉伸】菜单命令。

(2) 工具栏　单击【修改】工具栏【拉伸】按钮 ▢。

(3) 命令行　输入"STRETCH"或" S"。

2. 命令提示及操作

命令:_stretch

以交叉窗口或交叉多边形选择要拉伸的对象...

选择对象:选择要拉伸对象(如图 4-92 所示,选中 AB 框),按右键完成对象选择(注意:用其他方式选择对象拉伸操作无效)

指定基点或 [位移(d)] <位移>:指定基点

指定第二个点或 <使用第一个点作为位移>:输入位移(本例中为 30),按回车键结束命令操作

此时,系统将拉伸位于选择窗口之内的所有对象。图 4-92 为拉伸命令的操作样例,选择的框不同其拉伸结果显示也不同。

十、修剪命令

该命令可将选定的目标对象以指定的对象作为边界,剪去对象中的多余部分。在 Auto-CAD 中,可作为剪切边的对象有直线、圆弧、圆、椭圆、椭圆弧、多段线、样条曲线、构造线、射线、文字等对象。剪切边也可以同时作为被修剪的对象。

1. 启动方式

(1) 菜单栏　选择【修改】|【修剪】菜单命令。

(2) 工具栏　单击【修改】工具栏【修剪】按钮 -/--。

(3) 命令行　输入"TRIM"或"TR"。

2. 命令提示及操作

命令:_trim

当前设置:投影 UCS,边 = 无

选择剪切边……

选择对象或 <全部选择>:选择作为剪切边界的对象,可以选择多个对象作为剪切边界(如图 4-93 所示的直线①、②),按回车键结束剪切边界选择

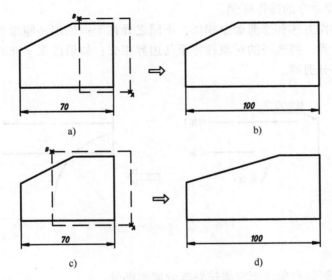

图 4-92 【拉伸】样例

a）拉伸前（窗口 *AB* 用虚线显示）　b）拉伸后　c）拉伸前（窗口 *AB* 用虚线显示）　d）拉伸后

选择要修剪的对象或按住 < Shift > 键,选择要延伸的对象,或 [栏选(f)/窗交(c)/投影(P)/边(e)/放弃(U)]:单击需要除掉的部分,即被修剪的实体(如图 4 - 93 中的直线③、④、⑤),按回车键结束

图 4-93 为修剪命令的操作样例。

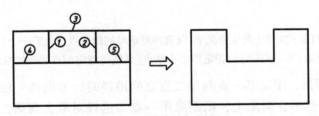

图 4-93 【修剪】样例

十一、延伸命令

该命令可将直线、圆弧、椭圆弧和非闭合多段线等对象延长到指定对象的边界。

1. 启动方式

（1）菜单栏　选择【修改】|【延伸】菜单命令。

（2）工具栏　单击【修改】工具栏【延伸】按钮 --/ 。

（3）命令行　输入"EXTEND"或"EX"。

2. 命令提示及操作

命令: _extend
当前设置:投影 = UCS,边 = 无
选择边界的边...
选择对象或 < 全部选择 >:选择延伸边界(如图 4-94 所示),按回车键结束选择
选择要延伸的对象,或按住 < Shift > 键选择要修剪的对象,或 [栏选(f)/窗交(c)/投影(P)/边(e)/放弃(U)]:选择要延伸的对象,可多次选择(如图 4-94 中的对象 1、2、3),按回车键结束选择

图 4-94 为延伸命令的操作样例。

延伸命令的操作方法和修剪命令相似，不同之处在于：使用延伸命令时，在默认情况下系统将以延伸边为界，将选择的对象延伸至与边界相交；如果按住 <Shift> 键则将对象上位于拾取点一侧的部分剪掉。

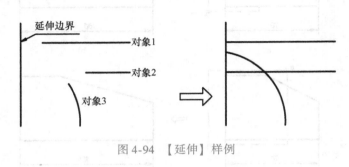

图 4-94 【延伸】样例

十二、打断命令

该命令可部分删除对象或把对象按要求分成两部分。

1. 启动方式

（1）菜单栏　选择【修改】|【打断】菜单命令。

（2）工具栏　单击【修改】工具栏【打断】按钮 ▱。

（3）命令行　输入"BREAK"或"BR"。

2. 命令提示及操作

命令:_break
选择对象:选择要打断的对象(默认情况下,以选择对象时的拾取点作为第一个打断点)
指定第二个打断点或[第一点(f)]:指定第二个断点(系统将指定两点之间的对象打断)

若断开对象为圆弧，删除第一点与第二点之间沿逆时针方向的一段圆弧，如图 4-95a、b 所示。如果第二个点不在对象上，则删除第一点与选择对象上离第二点最接近的点，如图 4-95c、d 所示。

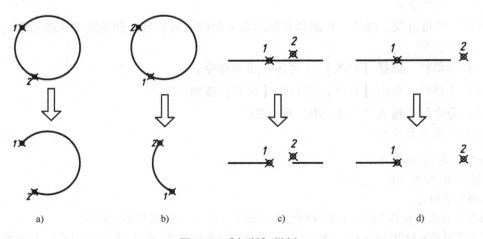

图 4-95 【打断】样例

另外，还可以使用【打断于点】命令（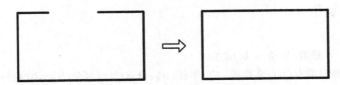按钮）将对象在某一点处断开成两个独立的对象。在圆或圆弧对象上使用【打断于点】命令无效。

十三、合并命令

该命令可以将对象连接以形成一个完整的对象。可以合并的对象有：共线的两直线段（可以有间隙）、同一假想圆周上的两段圆弧或同一假想椭圆上的两段椭圆弧、没有间隙的多段线与直线、圆弧等。

1. 启动方式

（1）菜单栏 选择【修改】|【合并】菜单命令。

（2）工具栏 单击【修改】工具栏【合并】按钮 ✦。

（3）命令行 输入"JOIN"或"J"。

2. 命令提示及操作

命令：_join
选择源对象或要一次合并的多个对象:选择源对象
选择要合并的对象:选择要合并到源的对象
选择要合并的对象:确定后所选对象即可与源对象合并为一个整体
2 条直线已合并为 1 条直线

图4-96所示为合并命令的操作样例。合并后的对象特性与首先选择的对象（源对象）相同。

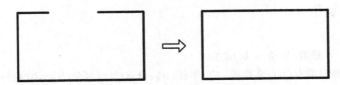

图 4-96 【合并】样例

十四、倒角命令

该命令可以用指定的距离和角度，按用户选择对象的次序为对象绘制倒角。

1. 启动方式

（1）菜单栏 选择【修改】|【倒角】菜单命令。

（2）工具栏 单击【修改】工具栏【倒角】按钮 ◹。

（3）命令行 输入"CHAMFER"或"CHA"。

2. 命令提示及操作

命令：_chamfer
（"修剪"模式）当前倒角距离 1 = 0.0000,距离 2 = 0.0000
选择第一条直线或 [放弃(U)/多段线(P)/距离(d)/角度(a)/修剪(T)/方式(e)/多个(M)]:d(选择距离选项)
　指定 第一个倒角距离 <0.0000>:输入倒角距离1(本例中为2)
　指定 第二个倒角距离 <2.0000>:输入倒角距离2(按回车键表示数值相同)
　选择第一条直线或 [放弃(U)/多段线(P)/距离(d)/角度(a)/修剪(T)/方式(e)/多个(M)]:选择第

203

一条直线(如图 4-97 中为对象 1)

选择第二条直线,或按住 <Shift> 键选择直线以应用角点或 [距离(d)/角度(a)/方法(M)]:选择第二条直线(如图 4-97 中为对象 2),结束命令操作

图 4-97 所示为倒角命令的操作样例。其中,倒角修剪模式有修剪或不修剪两种,系统默认为不修剪模式。注意倒角距离或倒角角度不能太大,否则无效。当两个倒角距离均为 0 时,倒角命令将延伸两条直线使之相交,不产生倒角。此外,如果两条直线平行则不能修倒角。

图 4-97 【倒角】样例

十五、圆角命令

该命令可以在两对象间绘制一段具有指定半径的圆弧,且该圆弧与两对象保持相切。

1. 启动方式

(1) 菜单栏　选择【修改】|【圆角】菜单命令。

(2) 工具栏　单击【修改】工具栏【圆角】按钮 。

(3) 命令行　输入"FILLET"或"FI"。

2. 命令提示及操作

命令:_fillet

当前设置:模式 = 修剪,半径 = 0.0000

选择第一个对象或 [放弃(U)/多段线(P)/半径(R)/修剪(T)/多个(M)]:R(选择半径选项)

指定圆角半径 <0.0000>:输入圆角半径(本例中为 10)

选择第一个对象或 [放弃(U)/多段线(P)/半径(R)/修剪(T)/多个(M)]:选择第一个倒角对象(如图 4-98 中为对象 1)

选择第二个对象,或按住 <Shift> 键选择对象以应用角点或 [半径(R)]:选择第二个倒角对象(如图 4-98 中为对象 2),结束命令操作

图 4-98 所示为圆角命令的操作样例。其中,圆角修剪模式有修剪或不修剪两种,系统默认为不修剪模式。AutoCAD 允许对两条平行线进行圆角,无论设置圆角半径为多大,实际圆角半径为两条平行线距离的一半。

图 4-98 【圆角】样例

十六、光顺曲线命令

该命令可以在两条开放曲线的端点之间创建相切或平滑的样条曲线。

1. 启动方式

（1）菜单栏　选择【修改】|【光顺曲线】菜单命令。

（2）工具栏　单击【修改】工具栏【光顺曲线】按钮◯。

（3）命令行　输入"BLEND"。

2. 命令提示及操作

命令：_blend

连续性 ＝ 相切

选择第一个对象或 [连续性(CON)]:选择曲线1

选择第二个点:选择曲线2,结束命令操作

图4-99为光顺曲线命令的操作样例。选择端点附近的每个对象时，生成的样条曲线形状取决于指定的连续性，选定对象的长度始终保持不变。

图4-99 【光顺曲线】样例

十七、分解命令

该命令可将多段线、矩形、正多边形等分解成若干个独立的子对象。

1. 启动方式

（1）菜单栏　选择【修改】|【分解】菜单命令。

（2）工具栏　单击【修改】工具栏【分解】按钮⬜。

（3）命令行　输入"EXPLODE"或"X"。

2. 命令提示及操作

命令：_explode

选择对象:选择要分解的对象,选取后该对象呈高亮状态显示,按回车键即可结束对象选择,此时系统将已选择的对象分解成单个图形对象

选择对象:可多次选择对象,按回车键结束选择

图4-100为分解命令的操作样例。使用分解命令可以将正多边形、矩形、多段线、块等组合对象分解开，以便对其中的单个对象进行操作。

除上述修改命令外，还可使用夹点编辑对已有对象进行编辑，其功能十分强大。夹点就

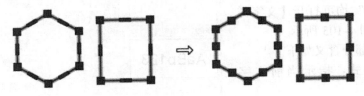

图4-100 【分解】样例

是一些实心的小方框，当图形被选中时，图形关键点（如中点、端点、圆心等）上将出现夹点，如图4-101所示。拖动夹点可以直接而快速地编辑对象，选择执行的编辑操作称为夹点编辑模式，包括拉伸、移动、旋转、缩放和镜像五种夹点编辑模式。

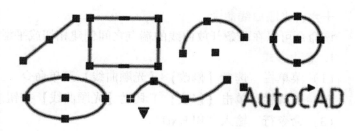

图4-101 不同对象的夹点显示

夹点操作时首先要拾取要编辑的对象，此时被拾取的对象上会出现若干个蓝色小方框。若用鼠标左键单击某一夹点，该夹点呈现为红色，成为夹点编辑的基点，同时进入夹点编辑状态。可执行拉伸、移动等五种编辑操作，各种夹点编辑模式之间可通过空格键或回车键循环切换。图4-102a~d所示为夹点拉伸图形模式的操作过程。另四种模式操作与之类似。

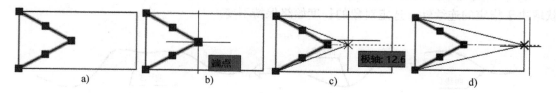

图4-102 夹点拉伸图形模式

a）选中需要拉伸的对象 b）单击鼠标左键选中拉伸基点 c）将基点向右拉伸至端点 d）完成拉伸后的效果

第六节 文字与表格

一幅完整的工程图除图形外，还包含文字注释或者表格，用来表明图样中的一些非图形信息，如技术要求、装配说明、材料说明、施工要求、标题栏及明细栏等。本节介绍AutoCAD中文字与表格的绘制与编辑。

一、文字

（一）设置文字样式

AutoCAD中，可以在【文字样式】对话框设置字体、字号、倾斜角度、方向和其他文字特征。输入文字时，系统使用当前文字样式。如果要使用其他文字样式来创建文字，可以将其他文字样式置于当前。

选择【格式】|【文字样式】菜单命令或单击【样式】工具栏【文字样式】按钮 A，或者在命令行输入"STYLE"或"ST"均可打开【文字样式】对话框，如图4-103所示。

对话框中各部分含义如下。

当前文字样式：指示当前文字样式。

【样式】列表：列出当前可用的

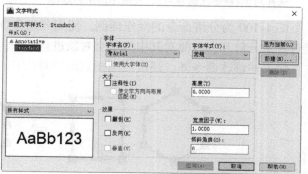

图4-103 【文字样式】对话框

文字样式，默认的文字样式为【Standard】。预览框中显示随着字体的改变和效果的修改而动态更改的样例文字。

【字体】区域：对文字的字体属性进行设置。【字体名】下拉列表框列出所有注册的 TrueType 字体和 Fonts 文件夹中编译的形（SHX）字体供用户选择；【字体样式】下拉列表框用于选择字体格式（斜体、粗体、常规等），选定【使用大字体】后，该选项变为【大字体】，用于选择大字体文件。【使用大字体】，指定亚洲语言的大字体文件。只有在【字体名】中指定 SHX 文件，才能使用大字体。

【大小】区域：对文字的高度进行设置。【高度】通常设为 0，这样在使用 DTEXT 命令标注文字时，命令行将提示要求指定文字高度；如果在【高度】文本框中输入了文字高度，AutoCAD 将按此高度标注文字，而不再按提示指定高度。

【效果】区域：对文字的显示效果进行设置，如【颠倒】、【反向】、【垂直】、【倾斜角度】等。【宽度因子】文本框用于设置文字字符的高度和宽度之比。当宽度因子小于 1 时字符会变窄；反之字符变宽。

现在以创建【工程字】为例进行说明。单击上述对话框右侧【新建】按钮，将弹出【新建文字样式】对话框（见图 4-104），输入样式名"工程字"，单击【确定】后返回【文字样式】对话框，见图 4-105，进行工程字的相关设置。在工程图中，【SHX 字体】通常可选择 gbenor. shx（正体）或 gbeitc. shx（斜体）。选中对话框左侧的【工程字】样式名，单击对话框右上角【置为当前】按钮，将该样式设为当前样式。最后单击【应用】按钮后再单击【关闭】按钮，完成【工程字】文字样式的创建。

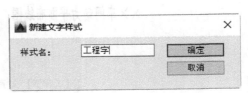

图 4-104　【新建文字样式】对话框

按上述方法完成【汉字】文字样式的创建，具体设置如图 4-106 所示。

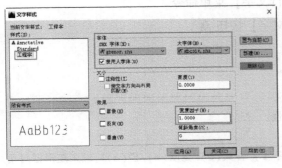

图 4-105　【工程字】文字样式设置

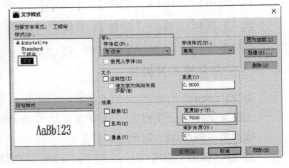

图 4-106　【汉字】文字样式设置

（二）创建文字

可以使用【单行文字】或【多行文字】命令创建文字。

1. 创建单行文字

利用该命令可创建一行或多行文字。其中每行文字都是独立的对象，可对其单独进行重新定位、调整格式或进行其他修改。

（1）启动方式

1）菜单栏　选择【绘图】|【文字】|【单行文字】菜单命令。

2）命令行　输入"TEXT""DTEXT"或"DT"。

（2）命令提示及操作

命令:_text

当前文字样式:"工程字"　文字高度: 2.5000　注释性: 否　对正: 左

指定文字的起点 或 [对正(J)/样式(S)]:指定文字起点的位置

指定高度 <2.5000 >:设置文字的高度(本例中为5)

指定文字的旋转角度 <0 >:输入旋转角度,按回车键默认为0度

此时绘图区光标闪烁，提示可以录入文字。默认情况下，通过指定单行文字行基线的起点位置、文字高度、文字旋转角度创建文字。【对正】选项可以设置文字的对正方式。【样式】可以设置当前使用的文字样式。图4-107为【单行文字】命令的一个操作样例。

ＸＸ车间动力平面布线图　**ＸＸ车间动力平面布线图**

a)　　　　　　　　　　　　　b)

图4-107　【单行文字】样例

a)【工程字】文字样式　b)【汉字】文字样式

2. 创建多行文字

【多行文字】也称为段落文字，整个段落都作为一个整体处理。可使用该命令创建较为复杂的文字说明。多行文字命令可以根据用户设置的宽度自动换行，并且在垂直方向上延伸，不像单行文字仅在水平方向上延伸；可以选用不同的字体；可以实现边输入边编辑；结束编辑后在编辑器内建立的文本将以文本块的形式标注在图中指定位置。

（1）启动方式

1）菜单栏　选择【绘图】|【文字】|【多行文字】菜单命令。

2）工具栏　单击【绘图】工具栏【多行文字】按钮**A**。

3）命令行　输入"MTEXT"或"MT"。

（2）命令提示及操作

命令:_mtext

当前文字样式:"工程字"　文字高度: 5　注释性: 否

指定第一角点:输入矩形框对角点1

指定对角点或 [高度(H)/对正(J)/行距(L)/旋转(R)/样式(S)/宽度(W)/栏(c)]:输入矩形框对角点2

打开【文字编辑器】选项卡，绘图区光标闪烁即可开始编辑文字，完成后单击【确定】按钮结束操作，如图4-108所示。

【文字编辑器】提供了常用的文字格式调整工具，可设置文字样式、文字字体、文字高度、加粗、倾斜、加下划线、堆叠、文字对正方式、段落格式、特殊符号、插入字段、字符间距、段落间距等参数。在文字输入区域内输入文字，输入文字后可以根据需要对个别文字

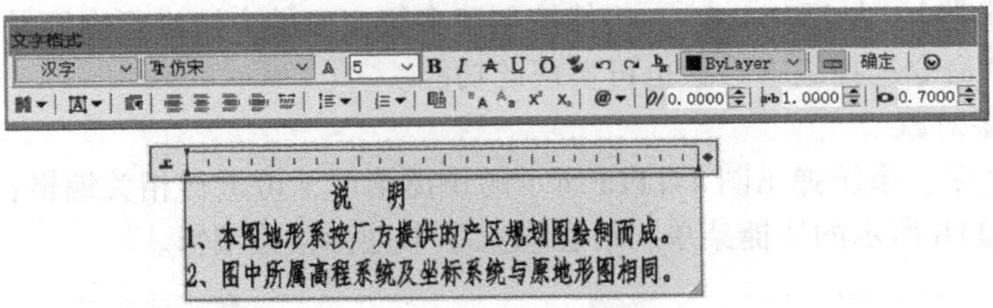

图 4-108 【文字编辑器】选项卡

的大小、字体、效果等进行修改。

利用【文字编辑器】可以录入特殊符号。可在多行文字录入框中单击鼠标右键，在弹出快捷菜单中选择【符号】命令，在打开的符号列表（见图 4-109）中选择所需符号即可输入到文本中。单行文字编辑器要录入特殊符号时，必须直接输入相应的控制代码。

利用【文字编辑器】还可以创建堆叠文字。当输入的文本之间使用【/】、【#】或【^】三种堆叠符号时（如输入"1^2"），选择需要进行堆叠的文本，单击按钮即可完成堆叠操作（完成效果如图 4-110a 所示）。包含【^】时将上下并排堆叠；包含【/】时将按水平分数堆叠，包含【#】时将按斜分数堆叠，这三种堆叠效果如图 4-110 所示。如果选中已经堆叠的文本后单击按钮，则文本恢复到非堆叠形式。

图 4-109 符号列表

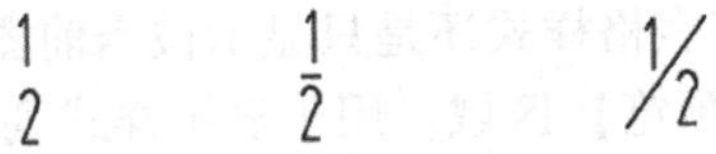

图 4-110 文字的三种堆叠效果

a) 1【^】2 b) 1【/】2 c) 1【#】2

(三) 编辑文字

创建了单行文字或多行文字后，如发现文字需要修改，通常采用以下方法对文字进行编辑修改。

1. 双击文字对象

对于单行文字，将自动打开文字编辑框，可以修改单行文字的内容；对于多行文字，则

打开【文字编辑器】（见图4-108），仍然按创建多行文字的方法进行内容及格式的编辑。通过输入 DDEDIT 命令选择编辑对象也可实现此功能。

2. 单击文字对象

单击单行文字，系统弹出图 4-111a 所示的快捷菜单，可进行相关编辑；单击多行文字，系统弹出图 4-111b 所示的快捷菜单，可在该菜单中进行相关编辑。

图 4-111　编辑文字快捷菜单

a)【单行文字】快捷菜单　b)【多行文字】快捷菜单

二、表格

（一）设置表格样式

表格样式用来控制一个表格的外观，具体参数有字体、颜色、文本、高度和行距等。可以使用默认的表格样式，也可以自定义个性化的表格样式。

选择【格式】|【表格样式】菜单命令或单击【样式】工具栏【表格样式】按钮 ▶ 或者在命令行输入"TABLESTYLE"或"TS"均可打开【表格样式】对话框，如图 4-112 所示。对话框中各选项的含义如下。

【当前表格样式】：显示当前表格样式的名称，默认表格样式为"Standard"。

【样式】列表框：列出图形中的表格样式，当前样式被亮显。

【列出】：控制样式列表中是列出所有表格样式还是只显示被当前图形中的表格所使用的表格样式。

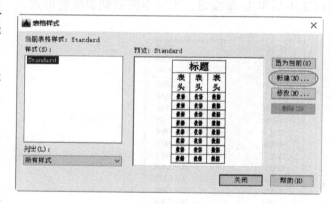

图 4-112　【表格样式】对话框

【预览】区域：用于显示样式列表中选定样式的预览图像。

【置为当前】按钮：将【样式】列表中选定的表格样式设置为当前样式，所有新表格都将使用此表格样式创建。

【新建】按钮：创建新表格样式。

【修改】按钮：修改已有的表格样式。

【删除】按钮：可以删除当前样式和已被使用过的样式以外的其他表格样式。

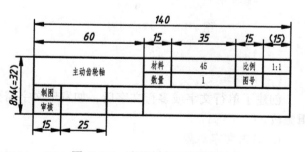

图 4-113　表格样例（标题栏）

以图 4-113 所示的标题栏为例进行表格创建的说明。

在图 4-112 所示的对话框中单击【新建】按钮将显示【创建新的表格样式】对话框（见图 4-114），可在该对话框中定义新表格样式的名称以及选择新表格样式的基础样式（本例中命名为"表格 1"），单击【继续】按钮后弹出【新建表格样式】对话框（见图 4-115），从中可以定义新的单元样式、表格方向、边框特性和文本样式等内容。

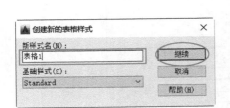

图 4-114　【创建新的表格样式】对话框　　　　图 4-115　【新建表格样式】对话框

设置表格样式主要是设置表格的数据、表头和标题的样式，在【新建表格样式】对话框中，可以在【单元样式】选项区域的下拉列表框中选择【数据】、【表头】、【标题】来分别设置对应样式。

新建表格样式包括【常规】、【文字】和【边框】三个选项卡，可以分别指定单元基本特性、文字特性和边界特性。其中：

【常规】选项卡用于设置表格的填充颜色、对齐方向、格式、类型及页边距等特性。

【文字】选项卡用于设置表格单元中的文字样式、高度、颜色和角度等特性。

【边框】选项卡用于设置是否需要表格边框。当有边框时，还可设置表格的线宽、线型、颜色和间距等特性。注意边框特性设置好后必须单击相应的边框以应用，直接确定将忽略。

图 4-112 所示对话框中，单击【修改】可以修改表格样式。系统将弹出【修改表格样式】对话框，具体设置内容与新建表格样式内容相同，不再赘述。

（二）创建表格

1. 启动方式

（1）菜单栏　选择【绘图】|【表格】菜单命令。

（2）工具栏　单击【绘图】工具栏【表格】按钮▦。

（3）命令行　输入"TABLE"或"TA"。

2. 命令提示及操作

命令：_table

此时系统弹出【插入表格】对话框（见图 4-116），可从【表格样式】下拉列表中选择一种表格样式，或者通过右侧的按钮创建新的表格样式。对话框中各选项的含义如下：

【插入选项】区域：单选【从空表格开始】可以创建手动填充数据的空表格；单选【自

数据链接】可以从外部电子表格中的数据创建表格；单选【自图形中的对象数据】可以启动数据提取向导来创建表格。

【预览】：显示当前表格的样例。

【插入方式】区域：指定表格位置。单选【指定插入点】指定表格左上角的位置，可以使用定点设备，也可以在命令提示下输入坐标值，如果表格样式将表格的方向设置为由下而上读取，则插入点位于表格的左下角；单选【指定窗口】指定表格的大小和位置，可以使用定点设备，也可以在命令提示下输入坐标值，选定此选项时，行数、列数、列宽和行高取决于窗口的大小以及列和行设置。

【列和行设置】区域：用于设置列和行的数目和大小。

【设置单元样式】区域：用于对不包含起始表格的表格样式，指定新表格中行的单元格式。

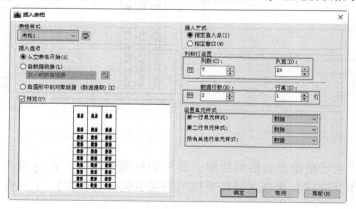

图 4-116 【插入表格】对话框

本例中各选项的设置如图 4-116 所示，将【表格样式】设为表格1，【列数】设为7，【列宽】设为20，【数据行数】设为2，【设置单元样式】选项组均选择【数据】项，单击【确定】按钮创建了一个4行7列的表格，操作结果如图 4-117 所示。

图 4-117 【插入表格】样例

（三）编辑表格

编辑表格包括编辑表格和编辑表格单元。

编辑表格可通过夹点编辑（包括移动表格、改变表格行高与列宽、打断表格成几段等）或者选中整个表格时右键弹出的快捷菜单（见图 4-118a）进行操作，具体包括对表格进行剪切、复制、删除、移动、缩放和旋转以及调整行列大小等。

编辑表格单元可通过选中表格单元时右键弹出的快捷菜单（见图 4-118b）或者选择单元格时功能区自动弹出的【表格】单元选项卡（见图 4-119）进行操作，具体包括行和列的插入与删除、单元格的合并与拆分、单元样式及格式修改设置等。

继续以图 4-113 所示的标题栏为例介绍编辑表格的操作方法。选中该表格第一列中所有单元格，右击弹出图 4-120 所示的快捷菜单，选中【特性】选项打开【特性】对话框，在该对话框中将【单元宽度】设为15，【单元高度】设为7，单击对话框上的 ✕ 按钮完成对第一列参数的设置。

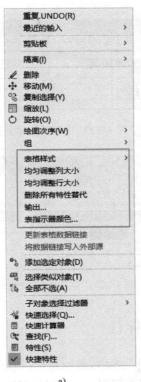

a)　　　　　　　　　　　　　　　　b)

图 4-118　编辑表格的右键快捷菜单

a）选中整个表格时的快捷菜单　b）选中单元格时的快捷菜单

图 4-119　【表格】单元选项卡

用同样的方法可对表格中其余的行高及列宽进行设置，最终操作结果如图 4-121 所示。

选中表格右下角共 8 个单元格，在弹出的【表格】单元选项卡中单击【合并】按钮 右侧下拉按钮中的【全部】选项（见图 4-122），即可将选中的单元格合并为一格。用同样的方法选中左上角 6 个单元格，再次进行单元格的合并，操作结果如图 4-123 所示。

双击要输入文字的单元格则出现文字输入窗口，此时即可进行文字录入，如图 4-124 所示。按此方法录入所有文字，最终完成该标题栏的绘制与填写。

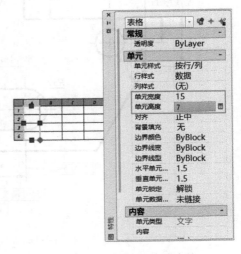

图 4-120　【特性】修改表格

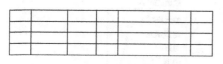

图 4-121　编辑完成后的标题栏

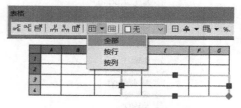

图 4-122　【合并】单元操作

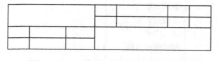

图 4-123　合并单元格操作结果

图 4-124　在单元格中输入文字

第七节　尺寸标注

尺寸标注是工程图中一项重要的内容。一个完整的尺寸标注应由标注文字、尺寸线、尺寸界线等组成。本节将重点介绍 AutoCAD 图形尺寸标注的相关知识。AutoCAD 2016 提供了十余种标注工具用以标注图形对象，如线性尺寸、角度尺寸、对齐尺寸等标注，如图 4-125 所示。

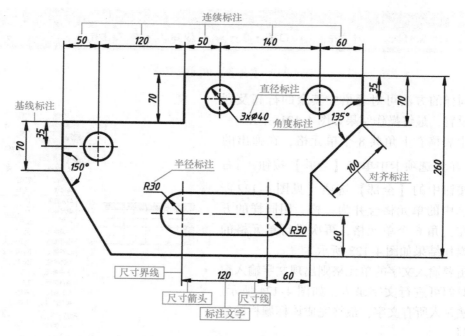

图 4-125　尺寸标注的组成及类型

一、创建与设置标注样式

标注环境的设置是尺寸标注的基础，对尺寸的标注有着非常重要的作用。AutoCAD 默认的标注环境并不能完全满足我国工程图标注的需要，特别是具体零件产品的个性化标注，因此有必要在进行图形尺寸标注前创建并设置好要使用的尺寸标注样式。使用标注样式可以控制标注的格式和外观，建立强制执行的绘图标准，并有利于对标注格式及用途进行修改。

创建与设置尺寸标注样式在【标注样式管理器】中进行。单击菜单栏【格式】|【标注样式】按钮 ⼴ 或在命令行输入 "DIMSTYLE" 或 "D"，均可弹出【标注样式管理器】对话框（见图 4-126）。

1. 创建新标注样式

在【标注样式管理器】中单击【新建】按钮，即可创建新标注样式（见图 4-127）。在该对话框中，可以为新样式指定新样式名、基础样式和适用范围。

另外，在【标注样式管理器】单击【修改】按钮或【替代】按钮，可以对图形中已有的标注样式进行样式修改或样式替代设置，其具体内容与创建新标注样式的设置相似。

2. 设置标注样式

以设置线性尺寸标注样式为例进行说明，该种尺寸类型主要用于水平、垂直及倾斜尺寸的标注。

在【创建新标注样式】对话框中单击【继续】按钮，将弹出【新建标注样式】对话框，可以设置新标注样式中线、符号和箭头、文字、主单位等具体内容。该对话框中共有七张选项卡，每张选项卡中都有许多有关标注样式的参数值。由于【线性标注】是由【ISO‒25】作为基础样式来创建的，而我国国标与 ISO 标准接近，因此只需修改部分选项卡的个别参数即可。

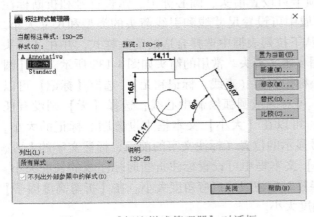

图 4-126 【标注样式管理器】对话框

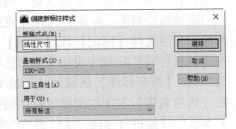

图 4-127 【创建新标注样式】对话框

（1）【线】选项卡 在该选项卡可设置尺寸线和尺寸界线的格式和位置。在【尺寸线】区域中，可以设置尺寸线的颜色、线型、线宽、超出标记以及基线间距、隐藏控制等属性；在【尺寸界线】区域中，可以设置尺寸界线的颜色、线型、线宽、超出尺寸线、起点偏移量、隐藏等属性，通过勾选【固定长度的尺寸界线】复选框，还可以使用具有特定长度的尺寸界线标注图形，其中在【长度】文本框中可以输入尺寸界线的长度数值。图 4-128、图 4-129 分别是设置尺寸线及设置尺寸界线可见性的三种不同情况。

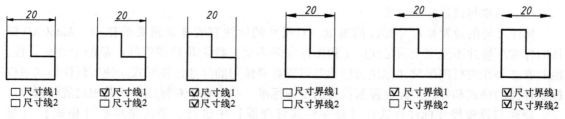

图 4-128 尺寸线显示控制　　　　　　　　　　图 4-129 尺寸界线显示控制

本例中，仅将【起点偏移量】改为 0，其余不做修改，具体如图 4-130 所示。

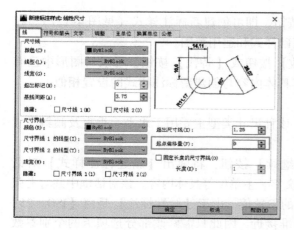

　　　图 4-130 【线】选项卡　　　　　　　　　　图 4-131 【符号和箭头】选项卡

（2）【符号和箭头】选项卡　该选项卡可设置箭头、圆心标记、弧长符号和折断标注等，如图 4-131 所示。其中，【箭头】区域中可设置尺寸线和引线箭头的类型和尺寸大小。AutoCAD 设置了 20 多种箭头样式，可以从下拉列表框中选择合适的箭头样式，并在【箭头大小】文本框中设置其大小，也可以使用自定义箭头。常用的箭头如图 4-132 所示。在【圆心标记】区域中可以设置圆或圆弧的圆心标记类型（直线、标记和无）。选择【标记】可以对圆或圆弧绘制圆心标记；选择【直线】可对圆或圆弧绘制中心线；选择【无】则没有任何标记。当选择【标记】或【直线】时，可以在【大小】文本框中设置圆心标记的大小。在【弧长符号】区域中可以设置弧长符号显示的位置（标注文字的前缀、标注文字的上方、无）。在【折断标注】区域的【折断大小】文本框中可设置标注折断时标注线的长度大小。在【折弯角度】文本框中设置标注圆弧半径时标注线的折弯角度大小。在【折弯高度因子】文本框中设置折弯标注打断时折弯线的高度大小。

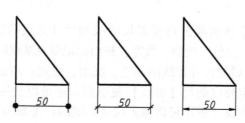

图 4-132 尺寸箭头的常用类型

本例中不做任何修改，具体如图4-131所示。

（3）【文字】选项卡 该选项卡可以设置标注文字的外观、位置和对齐方式等，如图4-133所示。【文字样式】下拉列表框可选择标注的文字样式，也可以单击其后的[...]按钮，打开【文字样式】对话框选择已有的文字样式或新建文字样式；【文字颜色】、【填充颜色】下拉列表框可选择标注文字的颜色及文字的背景颜色；【文字高度】、【分数高度比例】文本框可分别设置标注文字的高度和标注文字中分数相对于其他标注文字的比例；【绘制文字边框】复选框可以设置是否给标注文字添加边框。

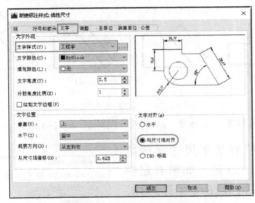

图4-133 【文字】选项卡

【文字位置】区域用于设置文字的垂直位置、水平位置以及从尺寸线的偏移量。其中，【垂直】下拉列表框用于设置标注文字相对于尺寸线在垂直方向的位置，其位置效果如图4-134所示。【水平】下拉列表框用于设置标注文字相对于尺寸线和尺寸界线在水平方向的位置，其位置效果图如图4-135所示。【从尺寸线偏移】设置标注文字与尺寸线之间的距离。

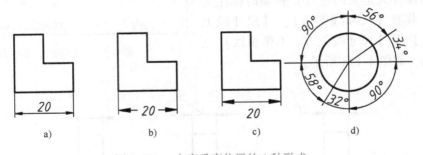

图4-134 文字垂直位置的4种形式

a）上方 b）置中 c）外部 d）JIS

【文字对齐】区域用于设置标注文字是保持水平还是与尺寸线平行。【水平】使标注文字水平放置；【与尺寸线对齐】使标注文字方向与尺寸线方向一致。【ISO标准】使标注文字按ISO标准旋转，当标注文字在尺寸界线之内时，它的方向与尺寸线方向一致，而在尺寸界线之外时将水平放置。其位置效果如图4-136所示。

本例中在【文字样式】中选择【工程字】，其余不做任何修改，具体如图4-133所示。

（4）【调整】选项卡 该选项卡用来控制标注文字、箭头、引线和尺寸线的放置，如图4-137所示。

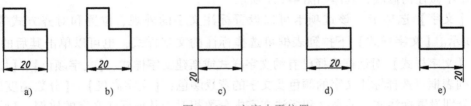

图 4-135 文字水平位置

a）置中 b）第一条尺寸界线 c）第一条尺寸界线上方 d）第二条尺寸界线 e）第二条尺寸界线上方

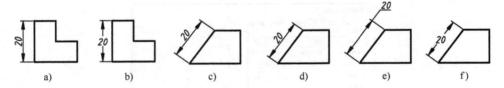

图 4-136 文字对齐方式

a）与尺寸线对齐或 ISO 标准 b）水平 c）与尺寸线对齐 d）ISO 标准 e）ISO 标准 f）水平

【调整选项】区域可控制基于尺寸界线之间可用空间的文字和箭头的位置。如果有足够大的空间，文字和箭头都将放在尺寸界线内。否则，可通过【文字或箭头（最佳效果）】、【箭头】等五种单选按钮或者【若箭头不能放在尺寸界线内，则将其清除】复选框重新进行调整。

【文字位置】区域可设置标注文字从默认位置（由标注样式定义的位置）移动时标注文字的位置。共有【尺寸线旁边】、【尺寸线上方，带引线】及【尺寸线上方，不带引线】三种方式可选，如图 4-138 所示。

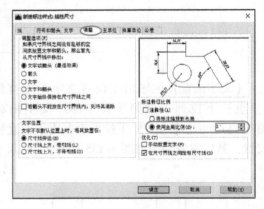

图 4-137 【调整】选项卡

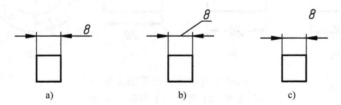

图 4-138 各选项中文字的位置

a）尺寸线旁边 b）尺寸线上方，带引线 c）尺寸线上方，不带引线

【标注特征比例】区域可设置全局标注比例值或图纸空间比例。【将标注缩放到布局】可根据当前模型空间视口⊖和图纸空间之间的比例确定比例因子；【使用全局比例】可为所

⊖ CAD 中，视口表示显示图形模型空间中某个部分的绑定的区域。视口好比放大镜，可以将在模型空间中绘制的图形进行放大或缩小，因此视口比例可以根据需要进行设置。

有标注样式设置一个比例，这些设置指定了大小、距离或间距，包括文字和箭头大小。该缩放比例并不更改标注的测量值。图4-139为全局比例分别为1和2的效果图。

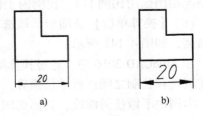

图4-139 使用全局比例因子控制标注尺寸
a) 设置全局比例为1 b) 设置全局比例为2

【优化】区域对标注文字和尺寸线进行细微调整，有【手动放置文字】及【在尺寸界线之间绘制尺寸线】两种方式可选。

本例中基本不做修改，具体如图4-137所示。在进行尺寸标注时若发现整个尺寸标注外观不合理时，可根据预览对【使用全局比例】做微调，以便统一缩放各种尺寸元素。注意尽可能不要逐一调整文字、箭头和各种间隙的尺寸，这样容易导致混乱。

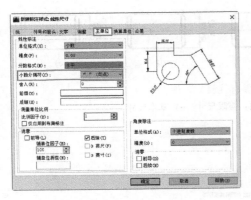

图4-140 【主单位】选项卡

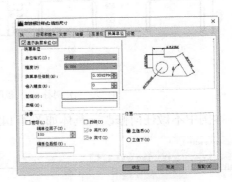

图4-141 【换算单位】选项卡

（5）【主单位】选项卡 该选项卡可设置主单位的格式和精度，并设置标注文字的前缀和后缀，如图4-140所示。

【线性标注】区域设置线性标注的格式和精度。其中，【单位格式】设置除角度之外的所有标注类型的当前单位格式；【精度】显示和设置标注文字中的小数位数；【分数格式】设置分数格式；【小数分隔符】设置用于十进制格式的分隔符号；【舍入】为除角度之外的所有标注类型设置标注测量值的舍入规则；【前缀】和【后缀】用于设置在标注文字中是否包含前缀和后缀。

【测量单位比例】区域定义线性比例选项。其中，【比例因子】设置线性标注测量值的比例因子，该值不应用到角度标注，也不应用到舍入值或者正负公差值；【仅应用到布局标注】仅将测量单位比例因子应用于布局视口中创建的标注，除非使用非关联标注，否则，该设置应保持取消复选状态。

【消零】区域控制不输出前导零和后续零。

【角度标注】区域显示和设置角度标注的单位格式、精度以及控制是否消除角度尺寸的前导零和后续零。

本例中在【小数分隔符】中选择【句点】选项，其余不做任何修改，具体如图4-140所示。注意【测量单位比例】区域中的【比例因子】值应等于图形所绘制比例的倒数。一

般情况绘图选用比例1:1，比例因子也相应为【1】。

（6）【换算单位】选项卡　该选项卡可指定标注测量值中换算单位的显示并设置其格式和精度，如图4-141所示。

在AutoCAD 2016中，通过换算标注单位，可以转换使用不同测量单位制的标注，通常是在英制和公制之间进行单位换算。

本例中不做任何修改，具体如图4-141所示。

（7）【公差】选项卡　该选项卡可设置是否标注公差，以及用何种方式进行公差标注。

【公差格式】选项组的【方式】下拉列表框中有五种公差标注样式，如图4-142所示。【上偏差】、【下偏差】文本框用于设置尺寸的上下极限偏差，【高度比例】文本框用于确定公差文字的高度比例因子。【垂直位置】下拉列表框用于控制公差文字相对于尺寸文字的位置。【消零】选项组用于设置是否消除公差值的前导零或后续零。

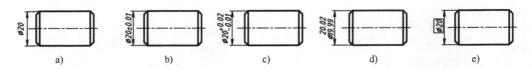

图4-142　五种公差标注样式

a）无　b）对称　c）极限偏差　d）极限尺寸　e）基本尺寸

本例中不做任何修改，具体如图4-143所示。

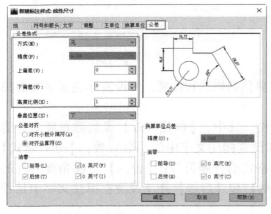
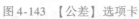

图4-143　【公差】选项卡

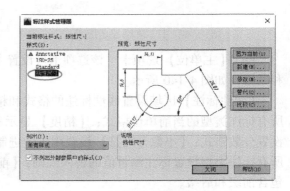

图4-144　返回的标注样式管理器

完成上述标注参数的设置，系统返回到【标注样式管理器】对话框（见图4-144）。此时新增【线性尺寸】样式，标注预览也同步发生变化。单击【关闭】按钮完成该标注样式的创建。

【标注样式管理器】对话框中其他按钮的作用具体如下：

【置为当前】按钮：用于把需要标注的某样式设为当前样式。

【修改】按钮：用于修改已有的标注样式。但修改后所有按该标注样式标注的尺寸，包括已经标注和将要标注的尺寸，均自动按修改后的标注样式进行更新。

【替代】按钮：用于设置当前样式的临时替代样式。它与【修改】按钮的不同之处在于它仅对将要标注的尺寸有效。要想结束替代功能，可将另一标注样式置为当前样式，或选中该样式右击，在弹出的快捷菜单中选择【删除】项即可。

【比较】按钮：用于比较标注样式的不同之处，列出参数不同时的对照表。

尺寸标注一般根据所标注的内容进行，但有时一种标注样式往往不能满足标注的需要。因此，掌握【尺寸样式】设置中的【替代】设置，合理使用替代尺寸标注样式也是非常重要的。

同理，可在【线性尺寸】样式设置的基础上新建【圆弧类尺寸】标注样式，用于圆弧类尺寸（如半径、直径等）的标注，具体设置如图4-145所示，其余和【线性尺寸】样式设置相同。

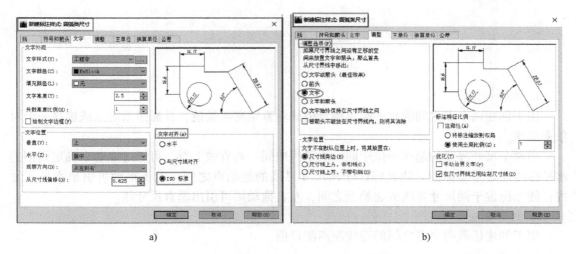

a)   b)

图4-145 【圆弧类尺寸】标注的参数设置

a)【文字】设置 b)【调整】设置

继续在【线性尺寸】样式设置的基础上新建【角度尺寸】标注样式，用于角度尺寸的标注，具体设置如图4-146所示，其余和【线性尺寸】样式设置相同。

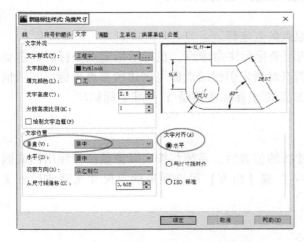

图4-146 【角度尺寸】标注的参数设置   图4-147 常用的三种尺寸标注样式

将上述尺寸样式设置完成后，可保存至样板文件（*.dwt），如图4-147所示，根据具体尺寸类型作相应的尺寸样式调用。如遇特殊尺寸，可根据具体情况灵活进行相应的参数设置。

二、标注尺寸

创建并设置好标注样式后，即可对图形进行尺寸标注。标注命令的启用有多种方法，如选择【标注】菜单栏下各标注选项命令，或在命令行输入标注选项命令等。比较方便的方法是利用【标注】工具栏（见图4-148）中的命令按钮来启动。

图 4-148 【标注】工具栏

1. 线性标注

用于创建两个点之间的水平距离测量值或垂直距离测量值，并通过指定点或选择一个对象来实现。

当两个尺寸界线的起点不位于同一水平线或同一垂直线上时，可通过拖动来确定是创建水平标注还是垂直标注。使光标位于两尺寸界线的起始点之间，上下拖动可引出水平尺寸线；使光标位于两尺寸界线的起始点之间，左右拖动则可引出垂直尺寸线。

2. 对齐标注

用于创建任意两个点之间的连线距离测量值。

3. 弧长标注

用于标注圆弧线段或多段线圆弧线段部分的弧长。

当选择了需要标注的对象并指定了尺寸线的位置后，系统将按实际测量值标注出圆弧的长度。也可以利用【多行文字】、【文字】或【角度】等选项来确定尺寸文字或尺寸文字的旋转角度，以及利用【部分】选项标注选定圆弧某一部分的弧长。

4. 坐标标注

用于创建相对于当前用户坐标系坐标原点的点坐标。

坐标标注由 X 或 Y 值和引线组成。调用坐标标注命令后，在提示指定点坐标时确定要标注坐标尺寸的点，当系统提示指定引线端点时指定引线端点即可创建所需点坐标。默认情况下，指定的引线端点将自动确定是创建 X 基准坐标标注还是 Y 基准坐标标注。

5. 半径标注

用于标注圆和圆弧的半径。

当选择了需要标注的对象并指定了尺寸线的位置后，系统将按实际测量值标注出圆或圆弧的半径。也可以利用【多行文字】、【文字】或【角度】等选项来确定尺寸文字或尺寸文字的旋转角度。

6. 折弯标注

常用于标注半径较大的圆或圆弧的半径。

该标注方式与半径标注方法基本相同，但需要指定一个位置代替圆或圆弧的圆心。可以指定任意位置作为圆或圆弧的圆心替代位置。

7. 直径标注

用于标注圆和圆弧的直径。

当选择了需要标注的对象并指定了尺寸线的位置后，系统将按实际测量值标注出圆或圆弧的直径。也可以利用【多行文字】、【文字】或【角度】等选项来确定尺寸文字或尺寸文字的旋转角度。

8. 角度标注

角度标注两条直线或三个点之间的角度。

要测量圆的两条半径之间的角度，可以选择此圆，然后指定角度端点。对于其他对象，需要选择对象然后指定标注位置，还可以通过指定角度顶点和端点标注角度。

9. 基线标注

创建一系列由相同的标注原点测量出来的标注。

在进行基线标注之前必须先创建（或选择）一个线性标注、坐标标注或角度标注作为基准标注，然后执行基线标注命令，在提示指定第二条尺寸界线原点时直接确定下一个尺寸的第二条尺寸界线原点。AutoCAD 将按基线标注方式标注出尺寸，直到按下回车键结束命令为止。

10. 连续标注

创建一系列首尾相连的标注，每个连续标注都是从前一个标注的第二个尺寸界线处开始。

与基线标注一样，在进行连续标注之前也必须先创建（或选择）一个线性标注、坐标标注或角度标注作为基准标注，然后执行连续标注命令。在提示指定第二条尺寸界线原点时，直接确定下一个尺寸的第二条尺寸界线原点，AutoCAD 按连续标注方式标注出尺寸，即把上一个标注（或所选标注）的第二条尺寸界线作为新尺寸标注的第一条尺寸界线标注尺寸，直到按下回车键结束命令为止。

11. 标注间距

可以自动调整图形中现有的平行线性标注和角度标注，以使其间距相等或在尺寸线处相互对齐。

12. 标注打断

可以在标注或尺寸界线与其他线重叠处打断标注或尺寸界线。

13. 公差

可以通过特征控制框来添加几何公差。

14. 圆心标记

创建圆和圆弧的圆心标记或中心线。

15. 折弯标注

在线性标注或对齐标注的尺寸线中添加或删除折弯线。

三、编辑尺寸标注

在 AutoCAD 2016 中可对已标注对象的文字、位置及尺寸样式等进行修改，而不必删除所标注的尺寸对象再重新进行标注。常用的尺寸编辑命令有：

1. 编辑标注

用于编辑已有标注的文字内容的放置位置。

单击工具栏【标注】|【编辑标注】按钮 或在命令行输入"DIMEDIT"或"DIMED"均可操作此命令。编辑标注有四种编辑类型，其中【默认】用于将修改过文字位置的尺寸文字重新按默认位置和方向放置；【新建】用于创建新的标注文字内容并将其应用到选择的尺寸对象；【旋转】可以将标注文字旋转一定的角度；【倾斜】用于将非角度标注的尺寸界线倾斜某一个角度。操作结果如图 4-149 所示。

2. 编辑标注文字

用于移动或旋转标注文字。

单击工具栏【标注】|【编辑标注文字】按钮 Ａ 或在命令行输入"DIMTEDIT"或"DIMTED"均可操作此命令。默认情况下，可以通过拖动光标来确定尺寸文字的新位置，也可输入【左对齐】、【右对齐】、【居中】、【默认】、【角度】等选项来指定文字的新位置，操作结果如图 4-150 所示。

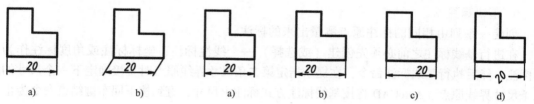

图 4-149 【编辑标注】效果
a）默认不倾斜 b）倾斜

图 4-150 【编辑标注文字】效果
a）居中（默认）b）左对齐 c）右对齐 d）角度

3. 更新标注

使已标注的对象采用当前标注样式。

单击工具栏【标注】|【标注更新】按钮 或在命令行输入"DIMSTYLE"均可操作此命令。

其中，【注释性】设置标注样式是否为注释性；【保存】将当前尺寸系统变量的设置作为一种尺寸标注样式来命名保存；【恢复】将用户保存的某一尺寸标注样式恢复为当前样式；调用【状态】选项可切换到文本窗口并显示各尺寸系统变量及其当前设置；【变量】显示指定标注样式或对象的全部或部分尺寸系统变量及其设置；【应用】可以根据当前尺寸系统变量的设置更新指定的尺寸对象；【?】显示当前图形中命名的尺寸标注样式。

另外，也可使用【标注样式管理器】首页的【替代】功能进行某些特殊尺寸的编辑。尺寸标注一般根据所标注的内容进行，但有时一种标注样式往往不能满足标注的需要，合理地使用替代尺寸标注样式显得十分有必要。替代将应用到正在创建的标注以及所有使用该替代样式后创建的标注，直到撤销替代或将其他标注样式置为当前为止。

第八节 AutoCAD 绘图综合举例

前面各节侧重于 AutoCAD 2016 软件命令的讲解，本节将通过一些具体绘图实例将 AutoCAD 知识串接起来综合运用，建立起用 AutoCAD 绘图的整体概念，巩固前面各节所学的命令操作，学会 AutoCAD 作图的技巧，提高实际绘图能力。

一、绘图的一般操作流程

1. 启动应用程序

双击 AutoCAD 2016 应用程序图标 启动程序。

2. 设置适合自己的工作环境

通过命令"OPTIONS"打开选项对话框并进行设置，也可通过自定义命令"CUI"打开自定义用户界面进行设置。也可省略这一步而采用系统默认设置。

3. 绘图环境的设置

按第二节所示方法进行工程图绘图环境的设置，具体包括设置绘图界限、绘图单位以及创建图层等操作，具体不再赘述。

4. 设置文字样式

在绘制工程图时，需要在图样中加入文本进行说明或注释，文本中使用的字体及字符高度应符合国家标准有关规定：字母和数字通常采用正体 gbenor. shx；如有需要也可采用斜体 gbeitc. shx；汉字字体采用长仿宋大字体形文件 gbcbig. shx。不同对象以及不同图幅中的汉字与字母规定的字符高度也有所不同，但一般要求汉字高度不小于 3.5mm，数字和字母高度不小于 2.5mm。具体操作详见第六节。

5. 设置标注样式

尺寸标注样式用来控制图形中尺寸标注效果，对于不同种类的图形，尺寸标注的要求也不完全相同。默认提供的标注样式 ISO−25 也不完全符合我国的图形标注习惯。具体操作详见第七节。

6. 创建图块

可根据需要，绘制工程图中常用的图块。具体操作详见第四节"插入块与创建块"部分。

7. 保存样板图

将上述 1~6 所做的设置保存为"样板图（*.dwt）"文件，以方便后续工程图的绘制，具体操作详见第二节相关内容。

8. 开始绘制新图形

使用自定义的样板开始绘制一幅新的图形。

9. 保存图形及打印图形

在绘制图形的过程中要注意及时保存，以避免意外事故所造成的损失。图形完成后还可根据需要打印成图（详见本章第九节）。

二、典型平面工程图形绘制实例

在 AutoCAD 中绘制同一个图形对象，可以采用不同的命令或不同的方法来完成，每个人在绘图过程中都可能会有自己的方法与技巧。以下介绍几个典型的平面图形的绘制方法，使读者能够在进一步熟练基本命令的情况下，掌握一些 AutoCAD 绘图的方法和技巧。

为避免重复设置，请参照本节第一小节的样板图制作的步骤创建名为【工程图】的样板文件。一般的工程图形并不太复杂，图层一般只需设置粗实线、细实线、细虚线、点画线、尺寸标注等图层即可（见图 4-151）。文字样式、尺寸标注样式等设置也应符合国家标准要求。

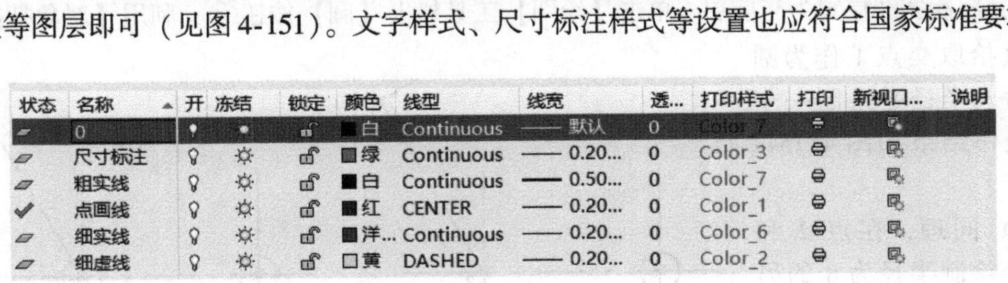

状态	名称	▲ 开	冻结	锁定	颜色	线型	线宽	透...	打印样式	打印	新视口...	说明
⊘	0				■白	Continuous	—— 默认	0	Color_7	⊜	⊡	
⊘	尺寸标注	♀	☼	⬚	■绿	Continuous	—— 0.20...	0	Color_3	⊜	⊡	
⊘	粗实线	♀	☼	⬚	■白	Continuous	—— 0.50...	0	Color_7	⊜	⊡	
✔	点画线	♀	☼	⬚	■红	CENTER	—— 0.20...	0	Color_1	⊜	⊡	
⊘	细实线	♀	☼	⬚	■洋...	Continuous	—— 0.20...	0	Color_6	⊜	⊡	
⊘	细虚线	♀	☼	⬚	□黄	DASHED	—— 0.20...	0	Color_2	⊜	⊡	

图 4-151 样板文件中需要创建的图层

【例 4-1】 完成图 4-152 所示的连杆零件平面图形。

绘图要求：通过本例熟练掌握直线、圆、偏移、复制、修剪、打断等命令，以及新建、保存等相关文件操作。

1. 调用样板图并命名图形

以第二节创建的【A3 样板图】为样板文件新建一幅图。

2. 绘制基准线

1）将点画线层置为当前层，按 < F8 > 键（或单击状态栏按钮 ⊙ ）打开正交开关。

2）单击【绘图】工具栏上【直线】按钮 ✏ ，在绘图区内任意一点处单击确定直线的起点，向右拖动鼠标输入直线长度 130，绘制一条水平直线 *AB*。用同样的方法再绘出一条长度为 50 左右的竖直直线 *CD*，两直线相交于点 1。操作结果如图 4-153a 所示。

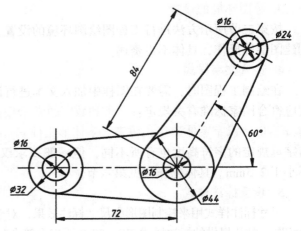

图 4-152　工程图例一：连杆

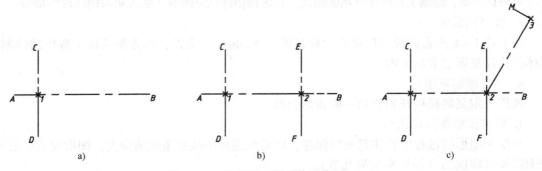

图 4-153　连杆平面图形作图步骤（一）

3）单击【修改】工具栏上【偏移】按钮 ⬒ ，输入偏移距离 72，选择要偏移的对象 *CD*，并在 *CD* 直线右侧单击生成偏移直线 *EF*，*EF* 与 *AB* 相交于点 2。操作结果如图 4-153b 所示。

4）设置极轴追踪角度为 30，绘制长度为 72、角度与水平方向成 60°的斜线 23。利用极轴追踪功能继续绘制斜线 3*M*，该直线与水平成 150°。操作结果如图 4-153c 所示。

3. 绘制轮廓图形

1）将粗实线层置为当前层。单击【绘图】工具栏上【圆】按钮 ⊙ ，利用【对象捕捉】辅助工具拾取交点 1 作为圆心，输入半径 8 绘制一个圆，操作结果如图 4- 154a 所示。

2）同理，在点 2 和点 3 处绘制半径为 8 的另两个圆。也可利用复制命令将点 1 处的圆复制至点 2 和点 3 处。操作结果如图 4-154b 所示。

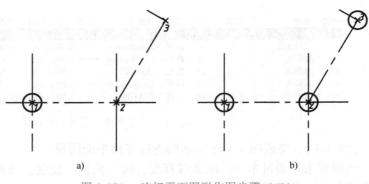

图 4-154　连杆平面图形作图步骤（二）

3）继续在点 1、点 2 和点 3 处分别绘制半径为 16、22 和 12 的三个圆，操作结果如图 4-155a 所示。

4）利用直线命令，结合【对象捕捉】工具栏上切点 功能，绘制切线 PQ。单击【修改】工具栏上【镜像】按钮，以直线 AB 为镜像线，得到下半部分对称切线 ST。操作结果如图 4-155b 所示。

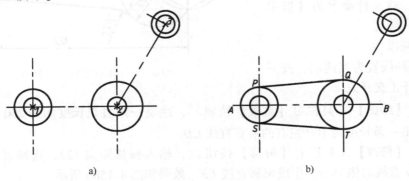

图 4-155 连杆平面图形作图步骤（三）

5）重复第 4 步操作，绘制切线 UV。利用镜像功能，以直线 23 为镜像线，得到对称切线 XY。操作结果如图 4-156a 所示。

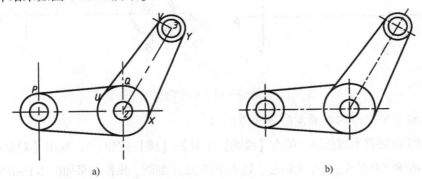

图 4-156 连杆平面图形作图步骤（四）

4. 整理图形、标注尺寸

1）单击【修改】工具栏上【修剪】按钮，剪掉 PQ 直线上多余的部分。灵活运用打断命令及夹点编辑功能调整图中各点画线长度，对图中的点画线进行拉长或变短。操作结果如图 4-156b 所示。

2）将尺寸标注层置为当前图层，对图形各部分的尺寸进行标注。本图中可设置两种尺寸标注样式，分别是线性尺寸和圆弧类尺寸标注样式，具体设置详见本章第七节。分别利用【标注】工具栏 、 、 及 等按钮对图中各类尺寸进行标注，过程不再赘述。

3）在命令行输入 "LTSCAL" 或 "LTS"，调整点画线的线型比例因子。单击状态栏上【线宽】按钮 ，打开线宽开关，单击 按钮保存图形，存盘名为 "连杆平面图形 . dwg"，最终操作结果如图 4-152 所示。

【例 4-2】 完成图 4-157 所示的扳手零件平面图形。

绘图要求：通过本例熟练掌握直线、圆、正六边形、旋转、偏移、复制、修剪、打断等命令。

1. 调用样板图并命名图形

建立一个以【模板】作为样板的图形文件，将文件命名为【扳手平面图形】。

2. 绘制基准线

1）将点画线置为当前层，按下 <F8> 键打开正交开关。

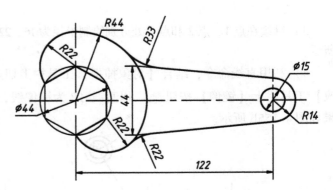

图 4-157　工程图例二：扳手

2）单击【绘图】工具栏上【直线】按钮 ╱，绘制一条直线长度约为 200 的水平直线 AB，同理绘出一条长度为 100 左右的竖直直线 CD。

3）单击【修改】工具栏上【偏移】按钮 ⊑，输入偏移距离 122，选择要偏移的对象 CD，并在 CD 直线右侧单击，生成偏移直线 EF，效果如图 4-158a 所示。

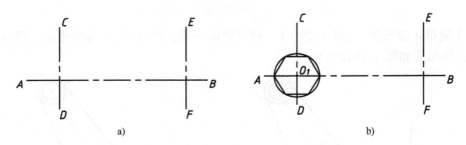

a)　　　　　　　　　　　　　　　　b)

图 4-158　扳手平面图形作图步骤（一）

3. 绘制扳手平面图形中的左部分结构

1）将细实线层置为当前层。单击【绘图】工具栏【圆】按钮 ⊙，利用【对象捕捉】工具栏拾取直线 AB 和 CD 的交点 O_1 为圆心，输入半径 22 绘制圆，操作结果如图 4-158b 所示。

2）将粗实线层置为当前层。单击【绘图】工具栏【正多边形】按钮 ⬡，输入边的数目为 6，选择 O_1 点作为中心点，选用【内接于圆】方式并输入圆的半径 22 绘制出正六边形。

3）由于所画的正六边形不符合图示要求，故用旋转命令进行编辑。单击【修改】工具栏【旋转】按钮 ↻，选择正六边形作为旋转对象，选择 O_1 点作为基点，输入旋转角度"90"，操作结果如图 4-159a 所示。

4）继续利用【圆】命令继续绘制三个圆，半径分别为 44、22 和 22，其圆心分别为 O_1、O_2 和 O_3，操作结果如图 4-159a 所示。

5）单击【修改】工具栏上【修剪】按钮 ╱┈，直接按回车键选中当前图形中的所有对象作为剪切边，用鼠标单击需要修剪掉的部分，最终结果如图 4-159b 所示。

4. 绘制扳手平面图形中的右部分结构

1）利用【圆】命令绘制两同心圆，圆心为 O_2，半径分别为 14 和 7.5（见图 4-160a）。

2）单击【偏移】按钮 ⬔，输入偏移距离 22，选择要偏移的对象 AB，在直线 AB 上方

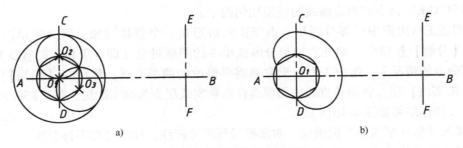

图 4-159 扳手平面图形作图步骤（二）

单击，生成一偏移直线。再次拾取要偏移的对象 AB，在 AB 直线下方单击生成另一偏移直线，效果如图 4-160a 所示。

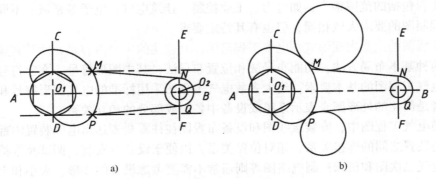

图 4-160 扳手平面图形作图步骤（三）

3）单击 ⟳ 按钮选取 M 点作直线的第一点，再单击【对象捕捉】工具栏 ⟳ 图标，移光标至 R14 圆的上方靠近实际切点处，按鼠标左键单击作为直线的下一点，绘制出了一条直线 MN，该线与 R14 圆相切。用同样的方法绘制出 PQ 直线，该线也与 R14 圆相切。

4）单击【修改】工具栏【删除】按钮 ☰ ，删除通过偏移操作生成的两条水平直线。

5）选择【绘图】|【圆】|【相切、相切、半径】菜单命令，按命令行提示进行操作，分别在 M 点上方 R44 的圆弧上和直线 MN 上单击，输入半径值 33，创建一圆与 R44 的圆弧和直线 MN 均相切。用同样的方法绘制出半径为 22 的圆，该圆与 R22 的圆弧以及直线 PQ 均相切，结果如图 4-160b 所示。

6）单击按钮 ⊟ ，剪掉图形中多余的对象，操作结果如图 4-161a 所示。

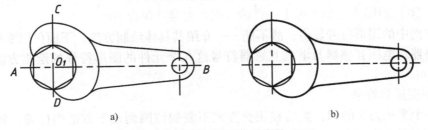

图 4-161 扳手平面图形作图步骤（四）

5. 整理图形、标注尺寸

1）利用夹点编辑功能进行操作，调整图中点画线的长度，以超出轮廓 3～5mm 为宜。

通过"LTSCALE"命令调整点画线的线型比例因子。

2）调整正六边形中的部分图层。由于正六边形是一个整体对象，因此先单击工具栏【修改】|【分解】按钮，将正六边形分解成单一的图形对象（即6条独立的直线）。在不执行任何命令的情况下，选中正六边形左侧需要修改的两条直线，然后在【图层】工具栏中单击【细实线】层，将两条直线的图层属性由粗实线层变为细实线层，按＜ESC＞键退出选择状态。操作结果如图4-161b所示。

3）将尺寸标注层置为当前图层，对图形进行尺寸标注。标注过程不再赘述。

4）单击状态栏上【线宽】按钮，打开线宽开关，单击按钮保存图形，存盘名为"扳手平面图形.dwg"，最终操作结果如图4-157所示。

三、电气图形绘制实例

电气工程包括的范围很广，如电力、工业控制、建筑电气、电子等领域。不同的应用范围，其工程制图的要求大致相同，但也有其特定要求。

电气工程图的主要表现形式是电气工程简图，其描述的主要内容是元件及其连接。电气工程图有两种基本布局方法：功能布局法和位置布局法，其中图形符号、文字符号和项目代号是构成电气工程图的基本要素。绝大多数电气工程图采用标准的电气图形符号和带注释的方框，或者是简化的外形图来表示系统或设备中各组成部分的相互关系。

在各类电气工程图中，安装接线图和设备布置图往往需要表达出电气装置内部各元件之间及与其他装置之间的连接关系、相对位置关系，以便于设备的安装、调试及维护。而电气一次图、电气二次图和机床控制电路图等则通常不需要考虑设备的外形、大小和尺寸，只要准确表达出各部分的连接关系和功能即可，绘图时注意要合理绘制图形符号且使布局合理、美观。

下面分别以电气接线图和电气安装图为例，讲述各类电气图的绘制方法。为避免重复设置图层及文字样式、标注样式等，各图形文件可以以本章第二节中制作的样板文件开始。

【例4-3】　绘制图4-162所示的某发电厂电气主接线图。

绘图分析：该图基本上由图形符号、连接线及文字注释组成，不涉及具体尺寸。图形符号的绘制是本图最主要的内容。本图涉及的电气元件的图形符号很多，可分别绘制好这些图形符号后保存为块文件（命令：WBLOCK），方便后续同类图纸的调用。

绘制方法和主要步骤如下：

1）以自定义的样板文件创建新图，设置图层、文字样式、标注样式等绘图环境参数。也可以采用以前创建的同类图形的样板文件开始创建新图。

2）在【0】图层上绘制图形中涉及的各图形符号并保存为块。

由于本例中的图形符号较多，故不能一一介绍其具体绘制方法。下面仅以变压器、隔离开关、断路器、电压互感器及电流互感器符号这几个元件的图形符号的绘制方法为例进行介绍。

1. 绘制变压器符号

绘制一个半径为5的圆，然后在正交方式下复制该圆到正下方适当位置，如图4-163a所示；以上方圆心为端点正交向上绘制长为3的直线，采用夹点编辑的【旋转】模式，以圆心为基点旋转复制出其余两条互差120°的直线段，如图4-163b所示；以下方圆心为中心，绘制一个半径为3的内接三角形，然后旋转到图形所示的位置，如图4-163c所示。

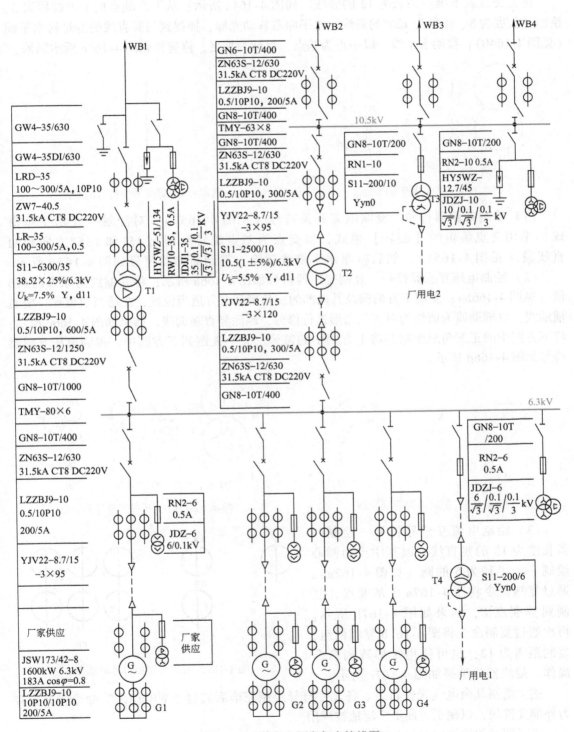

图 4-162 某发电厂电气主接线图

2. 绘制隔离开关符号

在正交方式下画一条长为 12 的竖线，如图 4-164a 所示；从下方端点向上追踪距离 3，绘制一长度为 8、倾角为 120° 的斜线，水平向右移动光标，捕捉到与竖直线的垂足得水平线（见图 4-164b）；移动水平线，以中点为基点，目标为垂足，修剪得到图 4-164c 所示结果。

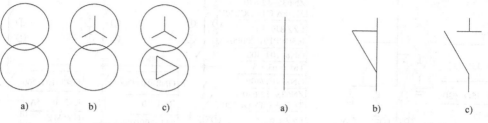

图 4-163　变压器符号的绘制　　　　　　　　　　图 4-164　隔离开关符号的绘制

（1）绘制断路器符号　复制隔离开关符号（见图 4-165a），对静触头（水平短横线）采用夹点编辑的【旋转】模式，以交点为基点旋转复制出 45° 和 135° 方向和两直线段（见图 4-165b），然后将原水平横线删除，得到断路器符号如图 4-165c 所示。

（2）绘制电压互感器符号　复制变压器符号如图 4-166a 所示；将其缩放为原来的 0.5 倍（见图 4-166b）；复制下方的圆及其内部的三角形到右方适当位置，在适当位置作一竖直辅助线，以辅助线为剪切边对正三角形进行修剪，删除竖直辅助线，结果如图 4-166c 所示；将下方圆中的正三角形删除并将上方圆中的符号"⊥"复制到下方圆中，得到电压互感器符号如图 4-166d 所示。

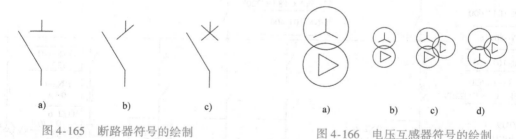

图 4-165　断路器符号的绘制　　　　　　　　　　图 4-166　电压互感器符号的绘制

（3）绘制电流互感器符号　绘制一条长度为 15 的竖直线，以其中点为圆心绘制一个半径为 5 的圆（见图 4-167a）。通过复制命令将图 4-167a 由基准点 A 复制到基准点 B，结果如图 4-167b 所示。再次通过复制命令将图 4-167b 复制两组，复制距离为 12，也可使用矩形阵列命令操作。最终操作结果如图 4-167c 所示。

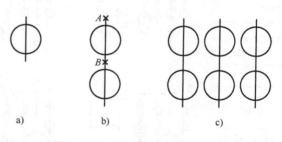

图 4-167　电流互感器符号的绘制

逐个绘制其余电气元件符号。各元件符号绘制完毕后通过 "WBLOCK" 命令将其保存为外部文件块，以便更方便更广泛地被调用。

以下图形的绘制应当将各母线、连接导线及元器件、文字等不同特性的对象分别绘制在不同的图层上。

3. 绘制 6.3kV 支路

绘制 6.3kV 母线，按顺序依次插入已做好的各元件块，将其连成图 4-168a 所示的 G1 支路。在正交方式下，复制其余发电机支路，如图 4-168b 所示。复制注意时各支路间的距离，有的位置需要进行文字标注，因此还应预留相应的空间。

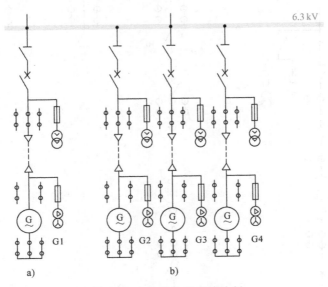

图 4-168　各发电机支路绘制

4. 绘制 38.5kV 侧回路

该电厂 38.5kV 高压侧只有一回出线，依次插入已做好的图块并将其连成一条支路，如图 4-169a 的 WB1 回路所示。

5. 绘制 10.5kV 侧回路

绘制 10.5kV 母线，在 10.5kV 母线和 6.3kV 母线之间依次插入已做好的图块并将其连成一条支路，如图 4-169b 的 T2 所在回路所示。在 10.5kV 出线侧插入元件块并将其连接，绘制出图 4-169b 中的 WB2 支路，复制 WB2 支路到适当位置得到 10.5kV 母线其余各出线，如图 4-169c 所示。

6. 厂用电回路绘制

插入块并将其连接，绘制出从 6.3kV 母线上引出的厂用电回路 1，将其复制并适当修改后绘制出从 10.5kV 母线上引出的厂用电回路 2。

7. 绘图细节修改及调整

对已绘制的图形进行补充绘制及细节修改。

8. 文字注写

在各进线及出线回路适当位置需要进行文字注写并绘制文字框线。注意此过程应当尽量使用复制命令将文字复制到需要标注的位置，然后双击需要修改的文字进行编辑修改即可，如图 4-170 所示。也可设置好表格样式后通过插入表格的方式来完成文字注写。

9. 图框及标题栏的填写

按图纸要求还可插入图框和标题栏等内容，最后保存图形并按适当的比例进行图形打印。

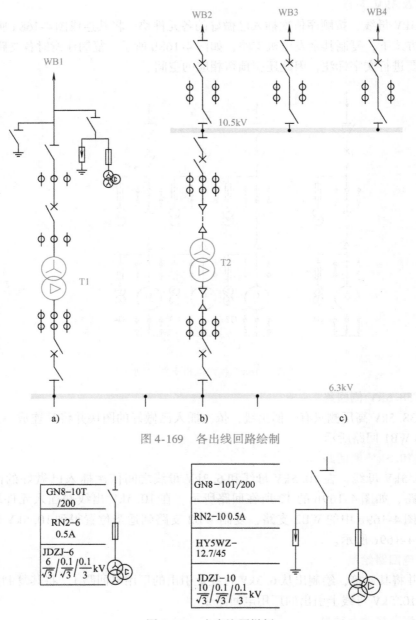

图 4-169　各出线回路绘制

图 4-170　文字注写样例

【例4-4】　绘制图4-171所示的某变电所立面图。

绘图分析：此图为电气安装图。这是一种表达电气设备、装置、线路等在建筑物中的安装位置、连接关系及安装方法的图形。这类图形与建筑图和电气图有一定的联系，但也有区别。

本图例中的一些设备和材料如电力变压器、绝缘支柱瓷绝缘子、电缆头、电缆保护管、母线支架等，在绘制时对尺寸要求并不是很严格，只要表达出它们之间的相对位置关系和连接关系即可。但是对于一些关键的安装位置，则必须结合建筑物绘制，并按一定比例准确给出相互间的尺寸关系。

绘制此图的主要方法步骤如下：

1. 创建新图

以默认样板文件创建新图，设置图层、文字样式、标注样式等。

或者可以采用以前创建的同类图形的样板文件开始创建新图。

2. 确定绘图比例

因为安装图涉及精确的尺寸位置关系，而建筑图形尺寸较大，因此需要首先确定绘图比例。本图采用 1:1 的绘图比例，在标注时由于图形尺寸很大，可在【标注样式管理器】中将【调整】选项卡中【标注特征比例因子】选中【全局比例因子】并设为 100，然后再进行标注。除此方法外，也可将本图缩小为 1/100 后（即 1:100 的比例）进行绘图，标注前

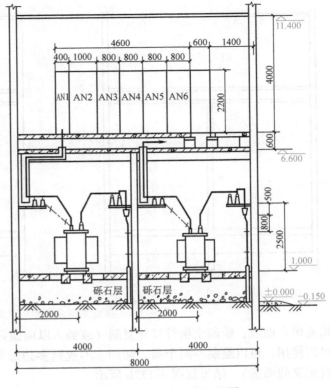

图 4-171　某变电所立面图

则需要在标注样式中将【主单位】下的【测量单位比例因子】修改为 100，以使标注出的尺寸为各部分真实尺寸。

以下各部分图形元素绘制时，请注意不同特性的对象应当分别绘制在不同的图层上。

3. 绘制建筑物墙体

输入 "MLINE" 调用多线命令来绘制墙体（使用时将比例修改为 240 绘制竖直墙体，比例修改为 120 绘制水平墙体），在正交方式下绘制一长为 13000 的竖直墙体，并在其两端画上折断线表示被假想断开部分的边界，复制该墙体至水平右方距离 4000 和 8000 两个位置。绘制一水平墙体，然后将其复制到适当位置。输入 "MLEDIT" 调用多线编辑命令对多线各交点进行编辑，结果如图 4-172a 所示。

4. 绘制变压器、母线支架、瓷绝缘子、电缆保护管等设备

这部分设备只要给出示意图，具体尺寸不作要求。结果如图 4-172b 所示。底层左侧变压器室内的各设备可通过右侧变压器室复制并适当修改得到。

5. 绘制各低压配电屏

低压配电屏只需绘出外轮廓，可通过绘制距右侧墙体中心线 1400、高为 2200 的竖直线开始，然后复制到适当位置。

6. 细节绘制及修改

进行其余细节处的绘制及修改，结果如图 4-173a 所示。

7. 进行图案填充等

本图中的图案填充可以通过采用【ar-conc】和【ANSI31】（比例设为 60）两种图案二

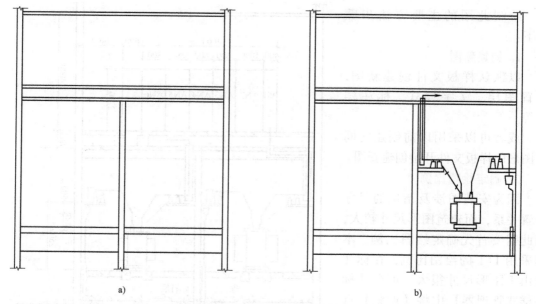

图 4-172　某变电所立面图的绘制（一）

次填充组合而成；绘制土壤符号并复制（或插入以前做好的块）；砾石层图案没有现成的图案可以使用，可以绘制一两个圆、椭圆、不规则多边形等，然后复制而成（当然也可以采用自定义的图案）。结果如图 4-173b 所示。

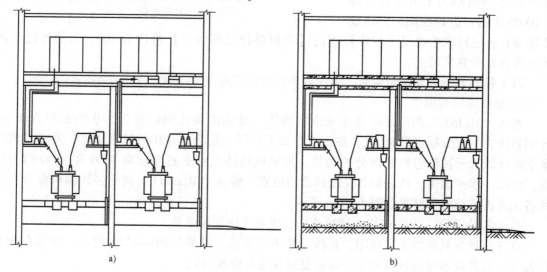

图 4-173　某变电所立面图的绘制（二）

8. 进行尺寸标注

本例主要采用线性尺寸标注、连续标注等命令进行尺寸标注。各高层的标注可插入本章第四节中创建的名为【标高】的属性块，在提示输入属性值时注意输入各标高层对应的数值。

9. 整理图形，保存文件

图形绘制完成后，根据整体效果显示整理图形，对不符合要求的部分进行编辑修改。最后保存文件。

第九节 图形的输入、输出与打印发布

AutoCAD 2016 提供了图形输入与输出接口，用户不仅可以将在其他应用程序中处理好的数据传送给 AutoCAD 以显示图形，还可以将在 AutoCAD 中绘制好的图形打印，或者把信息输出传递给其他应用程序。

一、图形的输入与输出

AutoCAD 以 "＊.dwg" 格式保存自身的图形文件，但这种格式不能适用于其他软件平台或应用程序。要在其他应用程序中使用 AutoCAD 图形，必须将其转换为特定的格式。AutoCAD 可以输出多种格式的文件，供用户在不同软件之间交换数据。除此以外，AutoCAD 也可使用其他软件生成图形文件。常见的文件输入与输出格式有 ＊.bmp、＊.wmf、＊.dxf、＊.dwf、＊.dxx、＊.dxb、＊.acis、＊.3ds、＊.stl、＊.sat 等，具体含义如下。

1）＊.bmp：位图文件，该格式可以供所有图像处理软件使用。

2）＊.wmf：Windows 图元文件格式。

3）＊.dxf：图形交换格式。

4）＊.dwf：Autodesk Web 格式，便于网上发布。

5）＊.dxx：属性数据的抽取文件格式。

6）＊.dxb：二进制图形交换格式。

7）＊.3ds：3D Studio 文件格式。

8）＊.stl：实体对象立体画文件格式。

9）＊.sat：ACIS 文件格式。

1. 输入图形

AutoCAD 可以输入包括 ＊.sat、＊.3ds、＊.wmf 等类型格式的文件，操作方式类似。单击【插入】工具栏按钮 或者在命令行输入 "IMPORT" 均可执行该命令，此时系统打开【输入文件】对话框。在其中的【文件类型】下拉列表框中可以看到系统允许输入的格式文件，如图 4-174 所示。

图 4-174 【输入文件】对话框

除此以外，可直接利用【插入】工具栏进行其他文件格式的输入，如图 4-175 所示。

图 4-175 【插入】工具栏

2. 输出图形

AutoCAD 可输出包括 *.dwf、*.eps、*.wmf、*.bmp、*.stl 等类型格式的文件。选择【文件】|【输出】菜单命令或输入命令"EXPORT"均可执行该命令，此时系统打开【输出数据】对话框（见图 4-176），在【文件类型】下拉列表框中可以选择各种格式的文件类型。

除此以外，可直接单击应用程序▲下拉菜单下【输出】选项（见图 4-177），进行相关格式文件的输出。

图 4-176 【输出数据】对话框

图 4-177 选择【输出】选项

二、图形的打印与发布

1. 图形的打印

工程图绘制完成后，通常要打印到图纸上，也可以生成电子图纸便于通过互联网访问。在进行绘图输出时，利用【打印】命令可以将图形输出到绘图机、打印机或图形文件中。AutoCAD 2016 的打印和绘图输出非常方便，其中打印预览功能非常有用，可实现所见即所得。AutoCAD 2016 支持所有的标准 Windows 输出设备。一般家用打印机可打印 A4 或 A3 幅面的图形，若要打印 A2、A1、A0 及加长幅面的图形，则必须用专用的工程图纸打印设备——绘图仪。但无论使用哪种打印设备，方法都是相似的。

单击【标准】工具栏按钮🖶或选择【文件】|【打印】菜单命令或输入命令"PLOT"或利用快捷键 < Ctrl > + < P >，系统将显示【打印】对话框，按下右下角的按钮，将对话框展开（见图 4-178），可在该对话框中进行相关打印参数的设置。

在【打印】对话框中可以设置打印设备参数和图纸尺寸、打印份数等。各区域具体含义如下：

1）【页面设置】区域：用于指定打印的页面设置，也可通过【添加】按钮添加新设置。

2）【打印机/绘图仪】区域：用来设置打印机配置，选中【打印到文件】复选框，可以

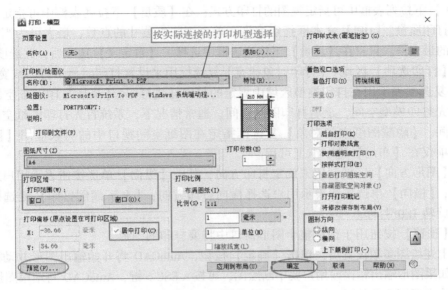

图 4-178　【打印】对话框

指示将选定的布局发送到打印文件，而不是发送到打印机。可在【名称】下拉列表框中选择系统所连接的打印机或绘图机名。下面的提示行给出了当前打印机名称、位置以及相应说明。用【特性】按钮来确定打印机或绘图机的配置属性。

3)【图纸尺寸】列表框：用来确定图纸尺寸。

4)【打印份数】区域：用来指定每次打印图纸的份数。

5)【打印比例】区域：用来确定绘图比例，通过【比例】下拉列表框确定绘图比例。当选择【自定义】选项时，可在下面的文本框中自定义任意打印比例。【缩放线宽】复选框用来确定是否打开线宽比例控制。该复选框只有在打印图纸空间时才会用到。

6)【打印区域】区域：用来确定打印区域的范围。【窗口】选项选定打印窗口的大小。【范围】选项与【范围缩放】命令相类似，可打印当前绘图空间内所有包含实体的部分（已冻结层除外）。在使用【范围】之前，最好先用【范围缩放】命令查看一下系统将打印的内容。【图形界限】选项控制系统打印当前层或由绘图界限所定义的绘图区域。如果当前视点并不处于平面视图状态，系统将按【范围】选项处理。当前图形在图纸空间时对话框中显示【布局】按钮；当前图形在模型空间时对话框显示【图形范围】按钮。【显示】选项控制系统打印当前视窗中显示的内容。

7)【打印偏移】区域：用来确定打印位置。【居中打印】复选框控制是否居中打印。【X】、【Y】文本框分别控制 X 轴和 Y 轴打印偏移量。

8)【打印样式表】区域：用来确定准备输出的图形的相关参数。【名称】下拉列表框可选择相应的参数配置文件名。

9)【着色视口选项】区域：用来指定着色和渲染视口的打印方式，并确定它们的分辨率大小和 DPI 值。以前只能将三维图像打印成线框，为了打印着色渲染图像，必须将场景渲染为位图，然后在其他程序中打印此位图。现在使用着色打印便可以在 AutoCAD 中打印着色三维图像或渲染三维图像。还可以使用不同的着色选项和渲染选项设置多个视口。其中在

【着色打印】下拉列表框中可指定视图的打印方式；在【质量】下拉列表框中可指定着色和渲染视口的打印质量。【DPI】文本框指定渲染和着色视图每英寸的点数，最大可为当前打印设备分辨率的最大值。只有在【质量】下拉列表框中选择了【自定义】选项后，此选项才可用。

10)【打印选项】区域：【打印对象线宽】复选框用来设置打印时显示打印线宽。【按样式打印】复选框表示用在打印类型区域中规定的打印样式打印。【最后打印图纸空间】复选框表示首先打印模型空间，最后打印图纸空间。通常情况下，系统首先打印图纸空间，再打印模型空间。【隐藏图纸空间对象】复选框指定在图纸空间视口中的对象应用【隐藏】操作。此选项仅在【布局】选项卡上可用。

11)【图形方向】区域：用来确定打印方向，其中【纵向】单选按钮表示用户选择纵向打印方向；【横向】单选按钮表示用户选择横向打印方向；【上下颠倒打印】复选框控制是否将图形旋转180°打印。

12)【预览】按钮用于预览整个图形窗口中将要打印的图形。

完成上述绘图参数设置后，单击【确定】按钮，AutoCAD 将开始输出图形并动态显示绘图进度。如果图形输出错误或用户要中断绘图，可按 < ESC > 键，AutoCAD 将结束图形输出。

如要将本章第八节的图 4-157（扳手平面图形）1:1 打印到 A4 幅面的图纸上，设置参数如图 4-178 所示。打印预览效果如图 4-179 所示，这也是最终打印到图纸上的效果。

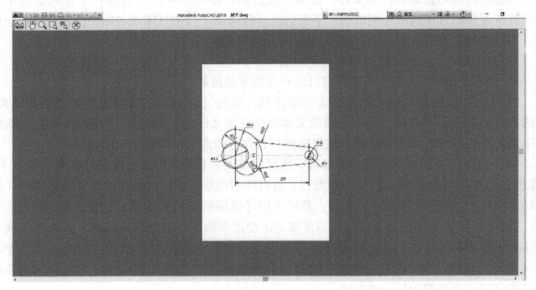

图 4-179 打印【预览】效果图

使用 AutoCAD 2016 输出 PDF 格式的方法与打印类似，选择只需在图 4-178 所示的对话框在【打印机/绘图仪】区域选择 PDF 功能的打印选项（见图 4-180）。除使用系统自带的输出 PDF 文件的功能输出外，还可通过安装 PDF 虚拟打印机将 ".dwg" 打印输出为 PDF 文件。常见的 PDF 虚拟打印机有 Adode PDF、Foxit PDF 等。

2. 图形的发布

使用图形发布功能，可以将图形和打印集直接合并到图纸或发布为 DWF（Web 图形格式）文件，然后将其发布到在每个布局的页面设置中指定的设备中去（打印机或文件）。其

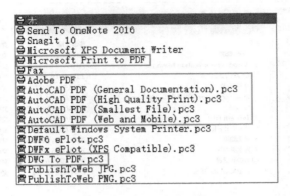

图 4-180 PDF 打印功能

特点为能灵活地创建电子或图纸图形集并将其用于分发，以便接收方查看或打印。图形发布的创建方法如下。

1）打开一个已有文件，如第八节绘制的"扳手平面图"。

2）单击【标准】工具栏按钮🖨或选择【文件】|【发布】菜单命令或输入命令"PUB-LISH"，系统将打开【发布】对话框，如图 4-181 所示。

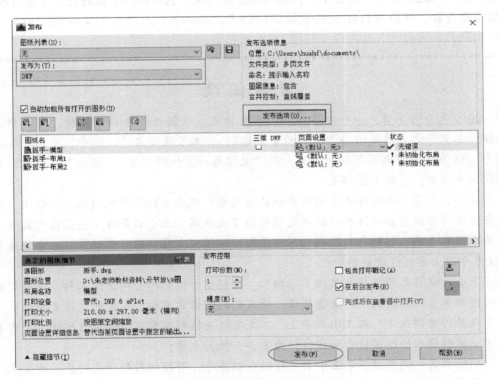

图 4-181 【发布】对话框

3）选择【发布为】下拉列表框中的文件格式类型（如 DWF），单击【发布】按钮。系统弹出图 4-182 所示的【指定 DWF 文件】对话框，将其保存至指定文件夹。系统最终生成"扳手 . dwf"的文件。

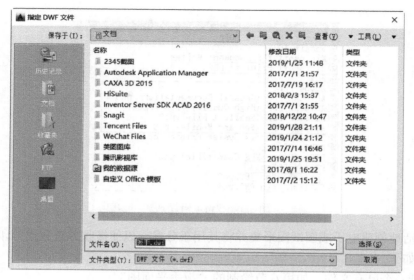

图 4-182 【指定 DWF 文件】对话框

DWF 是由 Autodesk 公司开发的一种安全的适用于在 Internet 上发布的文件格式。该文件高度压缩，因此比设计文件更小，传递起来更加快速。它可以将丰富的设计数据高效率地分发给需要查看、评审或打印这些数据的任何人。Autodesk 公司的 Design Review 或 DWF Viewer 浏览器均可打开、查看以及打印 DWF 文件。

素 养 阅 读

2019 年 9 月 7 日，一个振奋人心的消息传来：我国世界级科学大奖，有"中国版诺贝尔奖"之称的第四届"未来科学大奖"，公布了获奖名单。其中，中国科学院院士、53 岁的清华大学教授王小云，获"数学与计算机科学奖"，她是未来科学大奖开设四年以来，首位女性得主！

王小云，是十年破译五部顶级密码的女天才！现在全球计算机网络大量使用，网络安全成为各国竞相关注和不断加大研究的重大课题。王小云解开了美国认为最安全的两个据称是无人能解开的密码，那可是即使采用现在最快的巨型计算机，也要运算 100 万年以上才可能破解的！

王小云说自己的梦想是永远不忘初心，做好整个国家的密码保障工作，把我们的密码防御体系布局在国家的重要领域，使我们的国家更安全，人民的生活更幸福！

盛开的铿锵玫瑰！在王小云身上，不光有着女性科学家闪耀的夺目光辉，更有着属于中国科研人的国家使命和担当！为王小云教授点赞！

期盼中国，能有更多像王小云一样的巾帼英才，引领祖国科研走向更远的未来！

没有大国崛起，哪有小民尊严？没有所谓天赋异禀，只有不断努力进取。同学们，为祖国的繁荣昌盛、更加强大，努力吧！

思　考　题

4-1　在 AutoCAD 2016 中，图形文件可以保存为哪些类型？

4-2　在 AutoCAD 2016 中，直线有什么特点？

4-3　在 AutoCAD 2016 中，选择对象有哪些？如何使用"窗口"和"窗交"选择对象？

4-4　在 AutoCAD 2016 中，点坐标的输入有哪几种表示方法？

4-5　在 AutoCAD 2016 中，打断命令与打断于点有何区别？

4-6　在 AutoCAD 2016 中，如何使用夹点编辑对象？

4-7　在 AutoCAD 2016 中，如何创建图层？如何设置图层的特性？如何管理图层？

4-8　在 AutoCAD 2016 中，如何设置文字样式、标注样式及表格样式？

4-9　在 AutoCAD 2016 中，块属性有哪些特点？如何创建带属性的块？如何插入使用图块？

4-10　样板图有什么作用？如何创建样板图？

习　　题

4-1　利用直线命令，结合动态输入、对象追踪以及极轴追踪等辅助功能绘制图 4-183 所示的平面图形（不标注尺寸）。

4-2　利用直线、圆、圆弧、偏移、阵列、修剪、打断、圆角、镜像等命令，绘制图 4-184～图 4-188 所示的平面图形，并且标注尺寸。

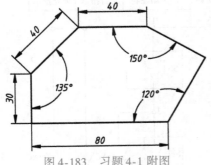

图 4-183　习题 4-1 附图

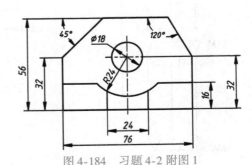

图 4-184　习题 4-2 附图 1

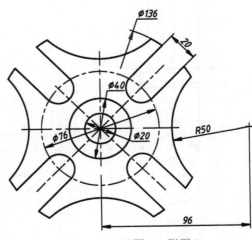

图 4-185　习题 4-2 附图 2

图 4-186　习题 4-2 附图 3

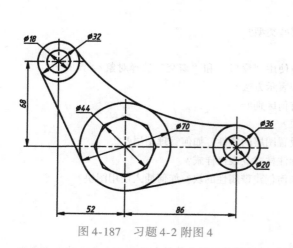

图 4-187　习题 4-2 附图 4

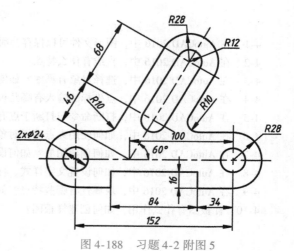

图 4-188　习题 4-2 附图 5

4-3　绘制图 4-189 所示的某电动机控制原理图。

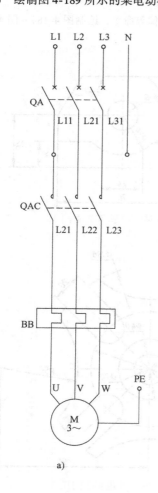

a)

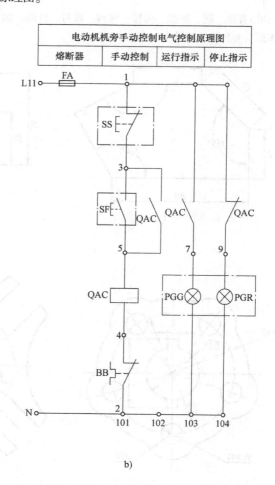

b)

图 4-189　习题 4-3 附图

附录

附录 A 电变量专用的字母代码（摘自 GB/T 16679—2009）

附录 A 列出的是 GB 3102.5 和 IEC 60027 中规定的电学和磁学的量和单位的字母代码，也可以用作电变量的测量传感器输出信号代码名称的第一个字母。

第一个字母	变 量	第一个字母	变 量
F	频率	R	电阻
I	电流	U（或 V）	电压
P	功率	Z	阻抗
Q	无功功率		

附录 B 部分特定导体的标识（摘自 GB/T 16679—2009）

附录 B 列出的是 GB/T 4026 中用于部分特定导体端子的标识，也可以用作该导体相关信号的信号代号的一部分。

标识	导 体	标识	导 体
L1	交流电源第 1 相	E	接地导体
L2	交流电源第 2 相	PE	保护导体
L3	交流电源第 3 相	PEN	保护接地中性导体（见 GB/T 2900.73—2008）
N	中性线	PEM	保护接地中间导体（见 GB/T 2900.73—2008）
L＋	直流电源正极	PEL	保护接地线导体（见 GB/T 2900.73—2008）
L－	直流电源负极	FE	功能接地线
M	直流电源中线	FB	功能等电位连接线

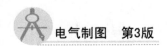

附录 C 强电图样的常用图形符号（摘自 GB/T 50786—2012）

序号	常用图形符号		说　明	应用类别
	形式 1	形式 2		
1			导线组(示出导线数，如示出三根导线)	电路图、接线图、平面图、总平面图、系统图
2			软连接	
3			端子	
4			端子板	电路图
5			T 形连接	电路图、接线图、平面图、总平面图、系统图
6			导线的双 T 连接	
7			跨接连接(跨越连接)	
8			阴接触件(连接器的)、插座	电路图、接线图、系统图
9			阳接触件(连接器的)、插头	电路图、接线图、平面图、系统图
10			定向连接	
11			进入线束的点(本符号不适用于表示电气连接)	电路图、接线图、平面图、总平面图、系统图
12			电阻器，一般符号	
13			电容器，一般符号	
14			半导体二极管，一般符号	电路图
15			发光二极管(LED)，一般符号	

（续）

序号	常用图形符号		说　明	应用类别
	形式1	形式2		
16	双向晶闸管		双向晶闸管	电路图
17			PNP 型晶体管	
18	★		电机,一般符号 见注2	电路图、接线图、平面图、系统图
19	M 3～		三相笼型异步电动机	
20	M 1～		单相笼型异步电动机 有绕组分相引出端子	电路图
21	M 3～		三相绕线转子 异步电动机	
22			双绕组变压器,一般符号 （形式 2 可表示瞬时 电压的极性）	电路图、接线图、平面图、总平面图、系统图 形式 2 只适用电路图
23			星形-三角形联结的 三相变压器	电路图、接线图、平面图、总平面图、系统图 形式 2 只适用电路图
24	3		单相变压器组成的 三相变压器,星形- 三角形联结	
25			具有分接开关的 三相变压器,星形- 三角形联结	电路图、接线图、平面图、接线图 形式 2 只适用电路图

（续）

序号	常用图形符号		说　明	应用类别
	形式1	形式2		
26			三相变压器,星形-星形-三角形联结	电路图、接线图、系统图 形式2只适用电路图
27			自耦变压器,一般符号	电路图、接线图、平面图、总平面图、系统图 形式2只适用电路图
28			单相自耦变压器	
29			三相自耦变压器	电路图、接线图、系统图 形式2只适用电路图
30			电抗器,一般符号	
31			电压互感器	
32			电流互感器,一般符号	电路图、接线图、平面图、总平面图、系统图 形式2只适用电路图
33			具有两个铁心,每个铁心有一个二次绕组的电流互感器(见注3,其中形式2中的铁心符号可以省略)	电路图、接线图、系统图 形式2只适用电路图
34			在一个铁心上具有两个二次绕组的电流互感器,形式2中的铁心符号必须画出	

（续）

序号	常用图形符号		说　明	应 用 类 别
	形式 1	形式 2		
35		L1　L2　L3	三个电流互感器 （四个二次侧引线引出）	
36	L1、L3	L1　L2　L3	两个电流互感器， 导线 L1 和导线 L3； 三个二次侧引线引出	电路图、接线图、系统图 形式 2 只适用电路图
37	L1、L3	L1　L2　L3	具有两个铁心，每个铁心 有一个二次绕组的两个 电流互感器	
38		◯		
39		▢	物件，一般符号	电路图、接线图、平面图、系统图
40		注 4		
41			有稳定输出电压的变换器	
42			整流器	
43			逆变器	电路图、接线图、系统图
44			整流器/逆变器	
45			原电池，长线代表阳极，短线代表阴极	
46			常开（动合）触点，一般符号；开关，一般符号	

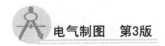

（续）

序号	常用图形符号		说　明	应用类别
	形式1	形式2		
47			常闭(动断)触点	
48			先断后合的转换触点	
49			中间断开的转换触点	
50			先合后断的双向换触点	
51			延时闭合的常开触点 (当带该触点的器件被吸合时,此触点延时闭合)	
52			延时断开的常开触点 (当带该触点的器件被释放时,此触点延时断开)	电路图、接线图
53			延时断开的常闭触点 (当带该触点的器件被吸合时,此触点延时断开)	
54			延时闭合的常闭触点 (当带该触点的器件被释放时,此触点延时闭合)	
55			自动复位的手动按钮开关	
56			无自动复位的 手动旋转开关	
57			带有防止无意操作的 手动控制的具有常开 触点的按钮开关	

序号	常用图形符号		说　　明	应用类别
	形式1	形式2		
58			热继电器,常闭触点	
59			接触器;接触器的主常开触点(在非操作位置上触点断开)	
60			接触器;接触器的主常闭触点(在非操作位置上触点闭合)	
61			隔离器	
62			隔离开关	
63			带自动释放功能的隔离开关(具有由内装的测量继电器或脱扣器触发的自动释放功能)	电路图、接线图
64			断路器,一般符号	
65			带隔离功能断路器	
66			继电器线圈,一般符号;驱动器件,一般符号	
67			缓慢释放继电器线圈	
68			缓慢吸合继电器线圈	
69			热继电器的驱动器件	
70			熔断器,一般符号	
71			熔断器式隔离器	
72			熔断器式隔离开关	

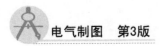

（续）

序号	常用图形符号		说　明	应用类别
	形式1	形式2		
73	►—◄		火花间隙	电路图、接线图
74	—►—□—		避雷器	
75	Ⓥ		电压表	
76	Wh		电能表（瓦时计）	电路图、接线图、系统图
77	Wh		复费率电能表（示出二费率）	
78	⊗		信号灯，一般符号	
79	🔔		音响信号装置，一般符号（电喇叭、电铃、单击电铃、电动汽笛）	电路图、接线图、平面图、系统图
80	⌓		蜂鸣器	
81	□		发电站，规划的	
82	▨		发电站，运行的	
83	▥		热电联产发电站，规划的	总平面图
84	▩		热电联产发电站，运行的	
85	○		变电站、配电所，规划的	
86	◍		变电站、配电所，运行的	

序号	常用图形符号		说　明	应　用　类　别
	形式 1	形式 2		
87	●		接闪杆	接线图、平面图、总平面图、系统图
88	─○─		架空线路	总平面图
89	─□─		电力电缆井/人孔	
90	─▭─		手孔	
91	⇒		电缆梯架、托盘和槽盒线路	平面图、总平面图
92	⇢		电缆沟线路	
93	─╱─		中性线	电路图、平面图、系统图
94	─╱─		保护线	
95	─╱─		保护线和中性线共用线	
96	─⫫╱╱─		带中性线和保护线的三相线路	
97	╱		向上配线或布线	平面图
98	╱		向下配线或布线	
99	╱		垂直通过配线或布线	
100	╱		由下引来配线或布线	
101	╲		由上引来配线或布线	
102	⊙		连接盒；接线盒	

（续）

序号	常用图形符号		说　　明	应用类别
	形式1	形式2		
103	形式1	形式2　MS	电动机起动器，一般符号	电路图、接线图、系统图　形式2用于平面图
104			电源插座、插孔，一般符号（用于不带保护极的电源插座）见注5	平面图
105	形式1	形式2	多个电源插座（符号表示三个插座）	
106			带保护极的电源插座	
107			单相二、三极电源插座	
108			带保护极和单极开关的电源插座	
109			带隔离变压器的电源插座	
110			开关，一般符号（单联单控开关）	
111			双联单控开关	
112			三联单控开关	平面图
113			带指示灯的开关（带指示灯的单联单控开关）	
114			带指示灯双联单控开关	
115			带指示灯的三联单控开关	
116			单极限时开关	
117			单极声光控开关	

序号	常用图形符号		说　明	应用类别
	形式1	形式2		
118			双控单极开关	
119			单极拉线开关	
120			按钮	
121			带指示灯的按钮	
122			防止无意操作的按钮 （例如借助于打碎 玻璃罩进行保护）	
123			灯，一般符号 见注6	
124			应急疏散指示标志灯	平面图
125			应急疏散指示标 志灯（向右）	
126			应急疏散指示标 志灯（向左）	
127			应急疏散指示标 志灯（向左、向右）	
128			专用电路上的应急照明灯	
129			自带电源的应急照明灯	
130			荧光灯，一般符号 （单管荧光灯）	
131			二管荧光灯	

（续）

序号	常用图形符号		说　　明	应用类别
	形式1	形式2		
132	三管荧光灯		三管荧光灯	平面图
133	*n*		多管荧光灯，*n* > 3	平面图
134			单管格栅灯	平面图
135			双管格栅灯	平面图
136			三管格栅灯	平面图
137	⊗		投光灯，一般符号	平面图
138	⊗→		聚光灯	平面图
139			风扇；风机	平面图

注：1. 当电气元器件需要说明类型和敷设方式时，宜在符号旁标注下列字母：EX—防爆；EN—密闭；C—暗装。

2. 当电机需要区分不同类型时，符号"★"可采用下列字母表示：G—发电机；GP—永磁发电机；GS—同步发电机；M—电动机；MG—能作为发电机或电动机使用的电机；MS—同步电动机；MGS—同步发电机-电动机等。

3. 符号中加上端子符号（。）表明是一个器件，如果使用了端子代号，则端子符号可以省略。

4. ☐可作为电气箱（柜、屏）的图形符号，当需要区分其类型时，宜在☐内标注下列字母：LB—照明配电箱；ELB—应急照明配电箱；PB—动力配电箱；EPB—应急动力配电箱；WB—电能表箱；SB—信号箱；TB—电源切换箱；CB—控制箱、操作箱。

5. 当电源插座需要区分不同类型时，宜在符号旁标注下列字母：1P—单相；3P—三相；1C—单相暗敷；3C—三相暗敷；1EX—单相防爆；3EX—三相防爆；1EN—单相密闭；3EN—三相密闭。

6. 当灯具需要区分不同类型时，宜在符号旁标注下列字母：ST—备用照明；SA—安全照明；LL—局部照明灯；W—壁灯；C—吸顶灯；R—筒灯；EN—密闭灯；G—圆球灯；EX—防爆灯；E—应急灯；L—花灯；P—吊灯；BM—浴霸。

附录 D　发电厂与变电所电路图上的交流回路标号数字序列

回路名称	用途	标号数字序列				
		L1 相	L2 相	L3 相	中性线 N	零序 L
保护装置及测量表计的电流回路	LH	U401 ~ U409	V401 ~ V409	W401 ~ W409	N401 ~ N409	L401 ~ L409
	1LH	U411 ~ U419	V411 ~ V419	W411 ~ W419	N411 ~ N419	L411 ~ L419
	2LH	U421 ~ U429	V421 ~ V429	W421 ~ W429	N421 ~ N429	L421 ~ L429
	9LH	U491 ~ U499	V491 ~ V499	W491 ~ W499	N491 ~ N499	L491 ~ L499
	10LH	U501 ~ U509	V501 ~ V509	W501 ~ W509	N501 ~ N509	L501 ~ L509
	…	…	…	…	…	…

（续）

回路名称	用途	标 号 数 字 序 列				
		L1 相	L2 相	L3 相	中性线 N	零序 L
保护装置及测量表计的电压回路	YH	U601～U609	V601～V609	W601～W609	N601～N609	L601～L609
	1YH	U611～U619	V611～V619	W611～W19	N611～N619	L611～L619
	2YH	U621～U629	V621～V629	W621～W629	N621～N629	L621～L629
控制、保护、信号回路		U1～U399	V1～V399	W1～W399	N1～N399	L1～L399
绝缘监察电压表的公用回路		U700	V700	W700	N700	

注：表中文字符号"LH"及"YH"为电流互感器和电压互感器的旧符号，GB/T 50786—2012 中规定文字符号均为"BE"，见表2-3。

这里是为了避免不同种类互感器的混淆，而沿用旧符号"LH"及"YH"。

附录 E　发电厂与变电所电路图上的小母线文字符号

小 母 线 名 称		小 母 线 标 号	
		新	旧
直流控制和信号的电源及辅助小母线			
控制回路电源小母线		+WC，－WC	+KM，－KM
信号回路电源小母线		+WS，－WS	+XM，－XM
事故音响信号小母线	用于配电装置内	WAS	SYM
	用于不发遥远信号	1WAS	1SYM
	用于发遥远信号	2WAS	2SYM
	用于直流屏	3WAS	3SYM
预报信号小母线	瞬时动作的信号	1WFS	1YBM
		2WFS	2YBM
	延时动作的信号	3WFS	3YBM
		4WFS	4YBM
直流屏上的预报信号小母线(延时动作的信号)		5WFS	5YBM
		6WFS	6YBM
灯光信号小母线		WL	－DM
闪光信号小母线		WF	（＋）SM
合闸小母线		WO	+HM，－HM
"掉牌未复归"光字牌小母线		WSR	PM
交流电压、同期和电源小母线			
同期小母线	待并系统	WOSu	TQMa
		WOSw	TQMc
	运行系统	WOSu′	TQMa′
		WOSw′	TQMc′
电压小母线		WV	YM

附录 F　建筑总平面图常用图例（摘自 GB/T 50103—2010）

名　称	图例符号	说　明
新建的建筑物	8 ▲	右上角数字为层数；用中粗实线表示；"▲"表示出入口
拆除的建筑物		用细实线表示
围墙及大门		

(续)

名　称	图例符号	说　明
原有道路		
拆除的道路		
原有建筑物		用细实线表示
室外地坪标高	▼ 143.00	也可用等高线表示
新建的道路	0.30% R=6.00 100.00 101.10	"R=6.00"表示道路转弯半径;"107.50"为道路中心线交叉点设计标高,两种表示方式均可,同一图样采用一种方式表示;"100.00"为变坡点之间距离,"0.30%"表示道路坡度,——表示坡向
计划扩建的道路		用中虚线表示
计划扩建的预留地或建筑物		用中虚线表示
人行道		
植草砖、铺地		
填挖边坡		

附录 G　常用建筑材料图例(摘自 GB/T 50001—2017)

序号	名　称	图　例	备　注
1	自然土壤		包括各种自然土层
2	夯实土壤		
3	砂、灰土		靠近轮廓线绘较密的点
4	砂砾石、碎砖三合土		

（续）

序号	名　称	图　例	备　注
5	石材		
6	毛石	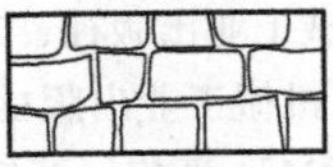	
7	实心砖、多孔砖	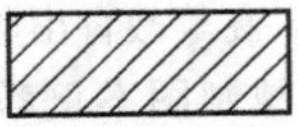	包括普通砖、多孔砖、混凝土砖等砌体
8	混凝土		1. 包括各种强度等级、骨料、添加剂的混凝土 2. 在剖面图上画出钢筋时，不画图例线 3. 断面图形较小，不易画出图例线时，可涂黑或深灰（灰度宜70%）
9	钢筋混凝土		
10	木材	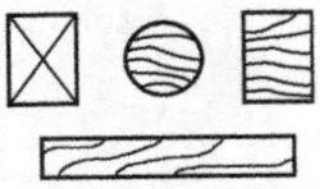	1. 上图为横断面，左上图为垫木、木砖或木龙骨 2. 下图为纵断面
11	胶合板	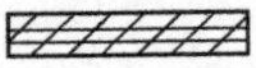	应注明为×层胶合板
12	石膏板	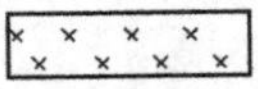	包括圆孔或方孔石膏板、防水石膏板、硅钙板、防火石膏板等
13	金属		1. 包括各种金属 2. 图形较小时，可涂黑或深灰（灰度宜70%）
14	液体		应注明具体液体名称
15	玻璃		包括平板玻璃、磨砂玻璃、夹丝玻璃、钢化玻璃、中空玻璃、夹层玻璃、镀膜玻璃等
16	橡胶		
17	塑料		包括各种软、硬塑料及有机玻璃等
18	粉刷	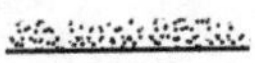	本图例采用较稀的点

注：图例中的斜线、短斜线、交叉斜线等一律为45°。

参 考 文 献

[1] 叶玉驹，焦永和，张彤．机械制图手册 ［M］．5 版．北京：机械工业出版社，2012．

[2] 朱献清．物业供电与电气设备 ［M］．北京：机械工业出版社，2004．

[3] 朱献清．物业供用电 ［M］．北京：机械工业出版社，2006．

[4] 朱献清，郑静．电气制图 ［M］．2 版．北京：机械工业出版社，2014．

[5] 孙燕华．Auto CAD 机械制图 ［M］．2 版．北京：机械工业出版社，2015．

[6] 单正娅，芮长颖．单片机应用技术（C 语言版）［M］．西安：西安电子科技大学出版社，2018．

[7] 华红芳．机械制图与零部件造型测绘 ［M］．北京：高等教育出版社，2016．

[8] 杨豪虎，邢伟，江健．中文版 AutoCAD 2016 机械制图案例教程 ［M］．上海：上海交通大学出版社，2016．

[9] 文杰书院．中文版 AutoCAD 2016 基础教程 ［M］．北京：清华大学出版社，2016．